U0813894

普通地质学简明教程

杨 伦 刘少峰 王家生 编著

中国地质大学出版社

内 容 简 介

本书主要介绍了地质学发展简史，地球的表面形态特征、物理性质、圈层结构及物理组成，地质年代，发生于地球表面环境中的各种地质作用(如风化作用，陆地流水、风、海洋和湖泊的地质作用)，成岩作用与沉积岩，构造运动与地质构造，岩浆作用与岩浆岩，变质作用与变质岩；扼要叙述了板块构造学说，造山带与盆地的基本知识，矿产资源的基本知识，地质环境与全球变化对人类的影响，地震、山崩、滑坡、泥石流、地面沉降与塌陷等地质灾害的特点及预报和预防。

本书可作为高等院校地质类专业教材及有关专业选修课教材，也可供地质技术人员及科研人员参考。

图书在版编目(CIP)数据

普通地质学简明教程/杨伦，刘少峰，王家生编著．—武汉：中国地质大学出版社有限责任公司，1998.8(2019.10 重印)

ISBN 978-7-5625-1333-9

Ⅰ．普…

Ⅱ．①杨…②刘…③王…

Ⅲ．地质学-高等学校-教材

Ⅳ．P5

中国版本图书馆 CIP 数据核字(2007)第 020902 号

普通地质学简明教程　　杨 伦　刘少峰　王家生　编著

责任编辑：张华瑛　　技术编辑：阮一飞　　责任校对：杨 霖

出版发行：中国地质大学出版社有限责任公司(武汉市洪山区鲁磨路 388 号)　邮政编码：430074

电　话：(027)67883511　　传真：67883580　　E-mail：cbb @ cug.edu.cn

经　销：全国新华书店　　http://www.cugp.cug.edu.cn

开本：787 毫米×1092 毫米 1/16　　字数：352 千字　印张：13.75

版次：1998 年 8 月第 1 版　　印次：2019 年 10 月第 18 次印刷

印刷：荆州市鸿盛印务有限公司　　印数：45 501—47 500 册

ISBN 978-7-5625-1333-9　　定价：25.00 元

如有印装质量问题请与印刷厂联系调换

前言

为了适应地质科学的飞速发展，根据地质类专业调整的需要，本着“少而精”的原则，编写了本教材。编者根据十几年从事地质学教学工作的实践，将普通地质学的内容划分为几大部分，每一部分内容有其特点、规律和内部联系。为了突出这些特征，本书在内容和章节安排上与同类教材相比作了较大的调整，以便于学生理解和掌握。

本书的章节安排分为绪论和地球的基本知识、地表动力地质作用、岩石圈动力地质作用、地质环境与人类四篇（共十四章）。与以往的普通地质学教材不同，我们在绪论中用一定的篇幅对地质学的形成和发展作了较为详细的介绍，目的是使学生对地质学的发展历史有一个概略的了解，认识到地质学的形成和发展与人类的物质文明的发展和科学技术的进步密切相关；新增加的造山带与盆地、矿产资源、地质环境及地质灾害四章，论述的内容是以往的普通地质学教材很少论述，却是目前人类十分关注的、地质工作者将来需要重点解决的一些问题。

本教材适合于本、专科地质类各专业学生，供50～70学时普通地质学课程使用，也适合其他专业学生选修地质学课程使用。教材内容不包含实习课内容，实习课内容由另一本普通地质学实习指导书论述。本教材试图以新颖的体系，简明而准确的内容，向学生全面介绍地质学的基本知识及新的研究领域，力求反映当前地质科学的水平。总之，我们希望在有限的篇幅内，提供更多的知识和信息。

本教材是在陈钟惠教授、曹伯勋教授关心和支持下完成的。教材的编写提纲由杨伦同志提出，编者们集体讨论并在教研室内广泛地征求了意见，教材的主要内容反映了教研室多年的教学研究成果。在编写过程中参阅了大量的前人编写的著作和教科书，叶俊林教授、桑隆康教授审阅了全稿，提出了不少具体修改意见，李鸿儒教授、闻立峰教授等阅读了部分原稿，并提出了宝贵意见，陈德兴教授提供了部分有价值的资料，在此一并表示感谢。

本书的编写分工如下：绪论、第三章、第四章、第五章、第六章、第七章、第十三章、第十四章由杨伦编写；第一章、第二章、第八章由刘少峰编写；第九章、第十章、第十一章、第十二章由王家生编写；全书由杨伦定稿。书中全部插图由中国地质大学（武汉）绘图室张红波、方敏、徐晓玲、何建华、魏国鹏等清绘，在此表示衷心感谢。

由于编者水平所限，书中不妥之处在所难免，欢迎同行专家和广大读者批评、指正。

编　者

目　录

第三篇　岩石圈动力地质作用

第四篇　地质环境与人类

绪　论

第一节　地质学的形成和发展

地质学（geology）是以地球（earth）为研究对象的一门自然科学。它的研究内容包括地球的物质组成、构造及其演化历史。当前，它的研究重点是地球的固体表层地壳（crust）或岩石圈（lithosphere）。

人类对地球的了解最早是从认识地壳的物质组成——矿物（mineral）、岩石（rock）和洪水、地震、火山等灾害现象开始的。地质学的形成是人类对地球矿产资源需求及对地球奥秘探究的结果。

一、古代地质思想的萌芽

生活在50多万年前的北京猿人因生活需要使用打制石器，这类石器大部分是从河床中捡来的砾石打制而成的，是一些质地坚硬的岩石和矿物，有细砂岩、石灰岩、火成岩、石英及少量的燧石、水晶等。距今约2万年的山顶洞人在殉葬时，尸体周围撒有赭石（赤铁矿）粉末，可见旧石器时代原始人已对矿物、岩石的简单物理性质有所了解。新石器时代（距今约10 000—4 000a），人们认识的矿物、岩石逐渐增多，碧玉、玛瑙、高岭土相继被利用，出现彩陶器。

公元前16—前11世纪，古代中国进入青铜器的鼎盛时代。1929年秋在发掘河南安阳殷墟（盘庚迁殷时的都城）时，除出土了大量铜器外，还发现一块质量为18.8kg的孔雀石，可见当时人们对铜器原料的需求，因自然铜日益减少而转向以孔雀石为原料。1939年，安阳武官村出土的大型青铜礼器“司母戊鼎”，质量为827kg，是世界上罕见的青铜文化佳品。据分析，其成分分别为：Cu84.77%、Sn11.64%、Pb2.77%，从其成分配比反映出对金属矿物知识的掌握来说，在世界科技史上堪称出类拔萃。

公元前五六世纪的春秋时期，中国进入铁器时代，到战国时期（公元前5—前3世纪）冶铁业已相当发达，铁器的制造与使用已非常普遍。春秋末年成书的《山海经》中记述了金属矿物共14种，产地170多处。书中还记载过磁石、石涅（煤）及山岳的分布、走向，河流的源头、流向等。随着冶铁生产的发展，人们开始使用煤这种新燃料。因为炼铁要有1 100℃以上的熔化温度，植物燃料很难达到。从西汉炼铁遗址看，如在河南巩县铁生沟冶铁工地遗址发掘中发现了煤块、煤渣、煤饼，在山东平陵冶铁遗址发现了煤，都证明炼铁已采用煤。

《管子·地数篇》说：“山上有赭者，其下有铁；上有铅者，其下有银；上有丹者，其下有黄金；上有慈石者，其下有铜，此山之见荣者也。”可见古人对有关矿物伴生规律的认识已相当科学了。

1974年，在湖北大冶铜绿山发掘出战国时期楚国的一座古铜矿井。这是一座规模很大的矿井，东西长2km，宽1km；井中残留有矿井支架，有竖井、斜井、斜巷、平巷。古人已初步解决了井下通风、排水、提升、照明、巷道支护等技术，反映当时采矿技术已相当发达。铜绿山是个富集铜矿，近地表主要矿石矿物有孔雀石、自然铜、赤铜矿，色彩鲜明，容易发现与采选。从遗址看，当时选择断层接触带中矿体富集、品位高的地段开采，反映出当时先进的矿山地质与采矿知识水平。

大约在公元前250年，西晋常璩著的《华阳国志·蜀志》中记载了蜀人利用天然气熬煮地下盐卤，制作食盐的事实。

东西方古代帝王为寻求长生不老，炼丹求仙。虽然主观上愚昧唯心，但客观上促进了人类对矿物成分、性质的了解。

李时珍（1518—1593）在《本草纲目》中记载药用矿物达267种，并记述了金属及化合物的产地、色泽、鉴别等。

人类在寻求地球的矿产资源过程中，大大促进了地质学的萌芽。从早期炼铜、冶铁、熬盐，到对铅、锡、金及宝石的需求，人类关于矿物及矿床学的知识日臻丰富。

关于河曲规律性古人也有卓越的认识。《山海经》中写到“河，百里一曲，千里一大曲”。《管子·度地篇》对河曲有一段精辟记述：“水之性，行至曲必留退，满则后推前，地下则平行，地高即控。杜曲则捣毁。杜曲激则跃，跃则倚，倚则环，环则中，中则涵，涵则塞，塞则移，移则控，控则水妄行，水妄行则伤人。”这是说，河水流到河弯处就形成回流，回流聚集，水势高涨，水就推向前去；如果前方河床平缓，水就缓缓流去；如果前方河床坡度大，河水就湍急奔泻，流水会翻腾激荡，水流会偏转、打旋；当水流速度降低，挟带的泥沙沉积下来，会造成河道淤塞，河水只得另找出路，冲决河岸，泛滥成灾。

地震是一种灾害性地质作用，对人类的生活影响很大，因此人类对地震十分关切。中国关于地震最早的记载是《竹书纪年》上载的“夏帝发七年，陡泰山震”，记载的是公元前1831年，有个名叫“发”的帝王即位第七年登临泰山时，该处发生了地震。古人不但记录地震，而且力求预报地震。早在公元132年，东汉张衡（公元78—139）制造了世界上第一台测震仪——候风地动仪。并在公元138年农历二月初三，准确测得陇西地震。

关于山川地貌、海陆变迁，古人也有一些真知灼见。沈括（1031—1095）在《梦溪笔谈》这部巨著中，对浙东雁荡山的陡峻地形成因进行了分析，他说：“原其理，当是谷中大水冲激，沙土尽去，唯巨石岿然挺立耳。”明确判定为流水侵蚀作用形成的地貌。对于太行山山崖中带状分布的螺蚌壳与卵石，他说：“予奉使河北，遵太行而北，山崖之间，往往衔螺蚌壳及石子如鸟卵者，横亘石壁如带。此乃昔之滨海，今距东海已千里。所谓大陆者，皆浊流所湮耳。”大陆，指华北平原；浊流指挟泥沙的河流，此处，指黄河、桑干河、滹沱河、漳河。沈括根据海贝壳化石推断太行山麓曾经是滨海，现今大海已后退千里，整个华北平原是由许多河流所挟带泥沙淤积而成。关于化石，在《梦溪笔谈》中记述到：“泽州人家川井，土中见一物，蜿蜒如龙蛇状，畏之不敢解；久之，见其不动，试扑之，乃石也。……鳞早如生物，盖蛇蜃作如石蟹之类化。”说化石是生物所化，完全正确。

在西方，人们对地球的了解与古代中国一样也在不断深入。古希腊人地质思辨能力很强，爱利亚（唯心）哲学学派创始人克色诺芬尼（Xenophanes，公元前614）就提出了海陆变迁的思想。他认为，离海岸很远的内陆甚至高山之颠发现有海贝壳，就是海陆变迁的证据。狄奥弗拉斯特（Theophrastus，公元前371－285）认为，鱼化石或是由残留在地内的鱼卵变来，或是从江、河、湖、海进入地下河道觅食的鱼变成的。他还写了一本《论石头》，书中记载了16种矿物、岩石，此书代表了古希腊人的岩石学、矿物学知识水平。

二、近代地质学的诞生

古中国闪烁着许多科学的地质思想之光，但近代地质学却诞生在欧洲。欧洲从文艺复兴时代开始，进入了一个科学革命时代。随着航海探险的发展，人们对地球的认识产生了根本性变化。波兰天文学家哥白尼（N. Copernicus，1473—1543）在临终前发表了《天体运行》一书，提出了与圣经相悖的“日心说”。从哥白尼开始的科学革命时代，人们用新眼光重新认识地球，把古希腊人曾提到或讨论过的许多地质问题重新提出来加以检验与讨论。从地质学角度，主要讨论的是化石、大地的形成与变动及地球的演化。文艺复兴时期的杰出人物达·芬奇（L. Da Vinci，1452—1519）早年在开凿运河的工程中，对化石有细致的观察与研究。他认为现今内陆或高山上发现的化石是原先生长在海水中的生物，后来埋葬在泥沙中而形成的。海生贝壳移到高山之颠，一定有过地壳变动，山岳才升高到新的位置，这不需要灾难性的变化，只需要给大自然时间就行。达·芬奇第一个明确指出，地球是一本书，这本书早于文字记载，科学的任务就是辨读地球自身的历史痕迹。

为了阅读地球这本书，就要到野外去和石头打交道，才能叩开大自然奥秘的大门。18世纪中叶欧洲出现了产业革命，随着近代工业对煤和金属矿产的需求日益增加，大大促进了找矿和野外地质调查。当时的欧洲，系统的野外踏勘逐渐形成风气，一套野外工作方法慢慢形成。大量实际资料的逐渐积累，为地质学的建立准备了必不可少的科学前提。作出贡献的代表性人物有俄国学者罗蒙诺索夫（M. B. Ломоносов，1711—1765）、法国学者盖塔尔（J. E. Guettard，1715—1786）、德马雷（N. Desmarest，1725—1815）、德国学者帕拉斯（P. Palles，1741—1811）、瑞士学者索修耳（De Saussure，1740—1799）。为了掌握大量第一手资料，这些地质学的先驱者花了大量时间从事野外调查，有的人甚至花费了毕生精力。这种以野外调查为基准的工作方法，至今仍然沿用。第一次以现代含义使用“地质学”一词的是索修耳，时为1779年。

1764年，英国发明珍妮纺织机；1774年，英国人瓦特（J. Watt）发明蒸气机；接着是煤炭采掘、钢铁冶炼、交通运输、机器制造等一系列技术革命，各部门的生产都用机器装备起来，人类历史进入机器时代。随着工业的发展、工业原料需求日益扩大，一座座新兴工业城市在原料产地拔地而起。

工业的发展、科学的进步促使地质学从科学的大家庭中独立出来。同时，地质学也从矿物学的母体中脱胎出来，出现了矿物学、地层古生物学、地质制图学、岩石学、构造地质学几个分支学科。对于近代地质学的建立作出重大贡献的人有魏纳、洪堡德、布赫、郝屯、史密斯、居维叶、莱伊尔等人。

魏纳（A. G. Werner，1749—1817），德国人，“水成论（Neptunism）”之父。1775年，他从莱比锡大学毕业，被任命为弗赖堡矿业学院采矿与矿物讲座的主持人，时年26岁。魏纳是位才华横溢、循循善诱的演说家、教育家。莱伊尔在《地质学原理》中曾这样评价他：“动人的风度和雄辩的口才，在他门徒的思想中，燃起了无限的热情，许多只打算略微学习一点矿物学知识的人，一旦听了他的演讲，竟把矿物学作为他们的终身事业。以前在欧洲不享盛名的小矿业学校，在几年之内，竟变成了一个大规模的大学。而在科学界已经有了声望的人物，也学习了德文，从很远的地方来听地质大师的演讲。”

魏纳的主要思想：①根据波义耳（Robert Boyle，1627—1691）从饱和溶液中沉淀盐的晶体的实验进一步推论，包括花岗岩、片麻岩和细晶玄武岩在内的各种岩石皆是在原始海洋中沉淀形成的；②固体地球内部不存在自身的运动，阿尔卑斯山脉是地球所固有的，地层的倾斜或垂直产出，是由原始海洋中化学沉积条件与方式所决定的，并不常见；③火山喷发是埋藏在地下的煤燃烧，熔化了周围岩石的结果。由于魏纳的威望，因而其学说拥有众多的拥护者和追随者。

与魏纳观点相反的是"火成论（Plutonism）"的代表人物英国学者郝屯（J. Hutton，1726—1797），郝屯在苏格兰等地发现了许多花岗岩、斑岩、暗色岩（玄武岩）等以岩墙或岩脉形式插入围岩之中，并使其受热变质。据此，他认为这些岩石是熔融岩浆冷却的产物，这些岩体是"地下火山"的组成部分。鉴于花岗岩体大都出露于山脉的中央，他设想，山脉是由于地下大量岩浆上涌推起的，这种炽热的岩浆充满了地球内部。山脉隆起之后，使地球表面崎岖不平。地表流水长期缓慢的剥蚀作用，可以将高峻的山脉夷平。当地面下沉到水面以下时，那里就接受了新的沉积。郝屯认为他在杰德堡(Jedburgh)发现的地层不整合就是这样形成的。在那里，泥盆系老红砂岩平缓地覆盖在陡立的志留系硬砂岩之上。他认为，这样的造山—夷平—沉积—造山的循环不计其数，地球是一个永恒存在的星球。

郝屯的观点起初遭受"水成论"者的强烈反对。随着人们接触到更多的地质现象，尤其是魏纳的学生，当时"水成论"的代表布赫（L. Von Buch，1774—1852）和洪堡德（A. Von Hunboldt，1769—1859）考查了法国中部奥弗涅地区的玄武岩和意大利那不勒斯湾的维苏威火山后，于1805年论证玄武岩为火山成因，从而宣布了"水成论"的失败。这就是历史上著名的"水火之争"。"水火之争"促使人们对地球作更加深入和仔细的研究，促进了地质学的发展。

随着地质资料积累的扩大，人们开始重点探索研究地壳发展历史的方法和原理。最早根据地层中所含化石确定岩层生成顺序的人是英国的一位土地丈量员史密斯(W. Smith，1769—1832)。他在参加开凿运河的工作中，认识到岩层的每一层都含有独特的生物化石。1799年当运河竣工时，他已编出煤系与白垩层之间的地层表，并注明各层的厚度、化石和岩石特征。他认为"岩层中化石分布不是偶然的，每一特殊的物种都是在某一特征层位获得它固定的、必然的位置，有几种贝类化石可作为英格兰大部分地区地层统一划分的标志。"在友人的赞助下，史密斯于1815年出版了第一幅英国地质图，1816年出版《以化石判定地层》一书，正式论述生物地层学的科学原则。1819—1824年间，又出版英国21县地质图及各种地质剖面图。

与史密斯同时代的法国古生物学家居维叶（D. G. Cuvier，1769—1832）从1802年起开始研究巴黎盆地的第三纪地层及冲积层。他详细记录了每一地层的化石种类，然后运用比较解剖学知识，将生物化石与现存生物作对比。他发现有些动物在某个地层形成相应的时期内繁衍而以后灭绝，而有些灭绝生物和现存生物相似。于是他形成了一个科学概念：灭绝的生物越是和现存生物差别大，躯体构造越简单，则它所处的地层年代越古老；越是和现存生物相似的生物化石，它所处的地层年代越新。因此，可以根据化石确定地层的新老关系。同时，居维叶还发现了"器官相关律"，这个定律为使用古生物方法判定地层年代提供了科学准则。

居维叶在研究中已经看到，过去曾经活跃在地球上的许多生物已经灭绝，并与现存生物不同。他认为这是因为地球上曾经发生过许多次灾难性事件，造成许多生物灭绝。灭绝的物种与现存物种之间没有发现过渡类型，不能说是进化而来的。物种不是进化，而是永恒不变的。地球的演化是一连串突然的灾难性变化，而这些灾变是不可知的。

与居维叶的"灾变论"相反的是达尔文的进化论与地质学的"均变论"。在居维叶灾变论之前，法国学者拉马克（J. B. Lamarck，1774—1829）在研究了巴黎盆地第三纪无脊椎动物化石后，曾提出过生物进化的学说。他认为物种的固定是相对的，不是绝对的。环境不变，物种不变，环境变了，它就不能不变。达尔文在参加“贝格尔”号环球考察之后，认识到生物界的演化是从无机界到有机界、从低等生物到高等生物。

对于近代地质学的诞生起着决定作用的是英国地质学家莱伊尔（C. Lyell，1797—1875）。莱伊尔继承了郝屯的学说，在综合大量实际资料的基础上，于1830年，出版了《地质学原理》一书。他在该书中用丰富的资料，系统地论证了古今地质作用的一致性（uniformity）和“将今论古”这一现实主义方法的有效性。他认为，“灾变论”者过分低估过去时间的长度，把需几百万年才能完成的地质过程，误认为几千年内完成，由此得出荒谬的结论。恩格斯高度地评价了莱伊尔，认为他“把理性带进地质学中，因为他以地球的缓慢变化这样一种渐进作用，代替了由于‘造物主’一时兴发所引起的突然变革”①。莱伊尔的“将今论古”现实主义方法，后来被英国地质学家盖基（A. Geikie，1905）概括为一句格言：The present is the key to the past（现在是认识过去的钥匙）。

“将今论古”现实主义方法的基本思想是：发生在地质历史时期的地质作用及其结果，与现代正在进行的地质作用及其产物有相似之处。从研究现代地质作用的过程和产物中总结得出的规律，可以用来分析保留在地层及岩石中的各种地质现象，从而推断古代地质作用的过程和古地理环境。这种思维和逻辑推理的方法又被称为“历史比较法”。例如，现代珊瑚只生活在温暖、平静、水质清洁的浅海环境中，如果发现含有珊瑚化石的石灰岩，可以推断这种岩石是在古代浅海环境中形成的。又如现代处于干旱气候条件下的湖泊或滨海泻湖中，常有卤化物或其他盐类矿物沉淀，与其伴生的泥沙沉积物中的铁质，因氧化作用强而形成高价铁，将其浸染成红色。实际工作中，如果发现含盐类矿物的红色砂泥岩层，便可推断该岩层形成时处于干旱气候环境。莱伊尔提出的历史比较法对地质学理论的发展作出过重大贡献，至今仍是地质工作者分析问题的基本指导思想。但历史比较法也存在着缺陷，如古今地质环境相似而决非相同，古代生活于浅海的海百合，这种生物现今却生活于深海。7 000万年前，恐龙突然灭绝，用“均变论”是无法解释的。可以肯定当时地表环境发生了剧烈变化，恐龙的生活环境遭到了巨大破坏，以至于恐龙无法适应新环境而灭绝。所以，历史比较法的具体运用是有条件的。

莱伊尔在《地质学原理》一书中，总结出来的地质学体系包括了矿物、岩石、地层、古生物、矿床、地貌、动力地质、构造地质等内容。因此，可以认为《地质学原理》一书的出版，标志着近代地质学的诞生。

三、地质学的发展

莱伊尔之后，地质科学随着工业的发展和科学技术的进步大大地向前发展。从1830年到20世纪50年代，在这一百多年里经过几代地质学家的努力，地质学已成为一个分类齐全的庞大科学体系，相应的分支学科纷纷建立。可将其主要分科概述如下：

（1）研究地球（主要是地壳）物质组成及元素分布规律的学科有矿物学、岩石学、矿床学、地球化学等；

（2）研究地壳运动及地表形态变化的学科有动力地质学、构造地质学、大地构造学、地貌学等；

---

① 恩格斯，《自然辩证法》，人民出版社，1962年版，第10页。

(3) 研究地壳演变历史的学科有古生物学、地层学、地史学、第四纪地质学等；

(4) 研究地球物理场的学科有地球物理学；

(5) 研究某种矿产形成和分布规律的学科有石油地质学、煤田地质学、铀矿地质学等；

(6) 研究地下水的运动及分布规律和工程建设地质条件的学科有水文地质学、工程地质学等；

(7) 研究勘探矿床的技术方法方面的学科有找矿勘探地质学、勘查地球物理学、勘查地球化学、探矿工程学等。

第二次世界大战之后，以美国为首的发达资本主义国家为了了解海底资源的种类及分布，加速了海底地质调查。通过海洋地质调查，人们发现组成洋壳岩石的年龄要比组成陆壳岩石年轻得多。海底磁异常条带和上地幔中“软流圈”的发现，终于导致了20世纪60年代地质学领域的一场革命性变革，建立了全球板块构造理论。板块构造理论比较合理地解释了岩石圈的运动及演化，火山、地震的分布及岩浆作用、变质作用的规律，也比较合理地解释了各种矿产的分布规律。使人们对地球演化的认识，由固定论的观点转变为活动论的观点。板块构造理论的建立与地球物理学、深海钻探技术的高度发展有关。

随着60年代“阿波罗”登月、70年代地球资源卫星的发射，地质学又进入了一些新领域，相应的新学科又纷纷建立，如宇宙地质学、遥感地质学等。同时，与环境、农业相关的学科也建立起来，如环境地质学、地震地质学、农业地质学等。

目前，地质学的研究方向主要集中于岩石圈的演化，如造山带的活动和形成、岩浆动力作用过程、沉积盆地演化及层序地层划分等。科学家们借助遥感、地球物理、高温高压实验等高新技术手段，从宏观和微观两个领域对岩石圈进行更广泛、更深入的研究。新发现、新理论不断涌现，使人们能够更加准确和深刻地认识自己居住的地球。

人类文明社会发展到今天，人们对地球的关心不仅仅是考虑如何向地球索取更多的资源，而是更关心人类居住环境条件的改善。地震、山崩、滑坡、泥石流、火山喷发、地面沉降和塌陷等灾害性地质事件的频繁发生、全球气候及海平面变化、水土流失及荒漠化扩大，水、土壤、岩石、地貌等地质环境因素对人类健康的影响等重大环境问题的出现，以及人类的生命活动引起的环境污染等，使人类生存环境面临着巨大的威胁。对上述地质灾害的预报、防治和地质环境变化的预测、改变是今后地质学家所面临的重要课题与历史责任。

地质学是随着人类社会需求的发展和科学技术的进步而发展的。

第二节　地质学的特点

一、研究对象的复杂性

1. 时间漫长　地球形成至今已有46亿年的历史了，现已测得地壳上最古老的岩石年龄为41亿年，地球上生物大量出现仅在6亿年前左右，而人类历史约2～3Ma，有文字记载的仅3 000多年。人类漫长的文明历史与地球历史相比仅仅是一瞬间。

地球在其漫长的地质历史时期中，曾发生过许多次沧海桑田的巨变。如号称世界屋脊的青藏高原，在2 300万年前的老第三纪，局部地区仍为海槽环境，发育有石英砂岩和灰岩，在石灰岩中发现了介形虫化石。这种沧桑巨变往往要经过几十万年，几百万年，乃至几千万年才能完成。如几千米厚连续的沉积岩层，往往是由每年堆积几厘米厚的沉积物，经过几十万年逐渐堆积并经过成岩作用形成的。所以，地质学上的基本记时单位为“百万年（Ma）”。

人生短暂，我们无法目睹和模拟漫长的地质历史过程，但是可以根据历史比较法的基本原理，对地质现象进行分析、研究。

2. 空间宏大　地球表面积5.1亿km^2，体积10 832亿km^3，地球平均半径6 371km，大陆地壳的平均厚度为33km。目前人类通过超深钻探，了解地壳的深度也不超过13km。因此，地质学中考虑的范围往往超过人们的习惯尺度。如研究地壳运动时，必须将地球或地球的某一部分作为一个整体加以研究。由于空间宏大，加之地球又是一个非均质体，因此在同一时期地壳的运动和演化在世界各地是不相同的。如3～2.5亿年前的石炭纪—二叠纪，我国华北地区已上升为陆地环境，而华南地区仍然为海洋环境。

随着科学技术的发展，电子探针、透射电子显微镜的出现，地质学在微观领域的研究也得到了很大的发展。如矿物学中，对矿物晶体格架的研究已达到Å① 级水平。所以，地质学的研究领域从宏观到微观是十分宽广的。

3. 地质过程的复杂性　地球是一个复杂的地质体，其演化包括无机界和有机界的演化。地质过程是一个包括了物理、化学、生物作用的复杂过程，而且是一种不可逆的过程。同时，从地表到地下深处，地球的温度、压力、物质状态和运动方式都存在巨大的差异。在漫长的地质历史时期中，各种地质过程相互叠加，从而使地质产物复杂化。由于影响因素多、变化大，给研究工作造成了很大困难。因此，不能仅用数学、物理、化学、生物学等学科的单一手段来研究地球。

二、地质学的工作方法

由于研究对象的特殊性，地质学的工作方法有其自身的特点。至今地质学认识和分析问题的思想原则，仍是历史比较法；具体工作中，往往采用归纳法。通常遵循下列过程：

1. 前人资料的收集和野外地质调查　在收集前人资料的基础上，提出问题，到野外进行地质调查。野外地质调查是地质工作者最重要的，也是最基础的工作，它包括野外观察、记录、制图、采集标本及物、化探等资料的收集。目前虽然有了遥感等先进的技术手段，但要掌握第一手实际资料，仍离不开野外调查；

2. 资料及样品的分析、检验　包括各种样品的描述、分析、统计及模拟实验，各种资料的分析、归纳及作图。目前这部分工作，有些已可由计算机完成；

3. 推理和模式（假说）的建立　在归纳各种地质资料的基础上，依据各种科学原理和定律进行推理，建立地质模式；

4. 模式的验证　通过生产实践和科学实验来检验所建立的地质模式是否符合客观规律。

地质研究的全过程是从实践到理论，又回到实践中检验，不断修改和提高，从而达到认识上的飞跃的过程。

普通地质学是为学习地质学而设立的一门基础课，并不是地质科学的一个独立分科。通过这门课程的学习，要求学生掌握地质学的一般基础理论和基本知识，初步具备地质学分析问题的思维能力，初步了解地质学的一般工作方法。

课程内容包括地球的基本知识、地表地质作用的一般规律及产物特征、岩石圈动力地质作用、矿产资源、地质环境及地质灾害等基本知识。

---

① 1Å＝0.1nm。

学习普通地质学首先要弄懂各种地质概念的涵义，善于总结、对比和领会地质思维方法的要领，从而掌握各种地质作用的规律，才能取得事半功倍的效果。

小　结

地质学以地球为研究对象，其形成和发展与人类的物质文明的发展和科学技术的进步密切相关。地球的历史悠久、空间宏大、演化过程复杂等特点决定了地质学分析问题和解决问题的指导思想和工作方法有别于其他自然科学。所以，必须充分理解历史比较法的基本思想。

复习思考题

1. 何种原因促使地质学的形成和发展？
2. 历史比较法的基本思想是什么？
3. 地质学的研究对象——地球有何特点？

第一篇　地球的基本知识

本篇主要介绍有关地球的内、外部圈层，地表形态，地球的物理性质，地球的动力作用系统及地质年代等基本知识。

第一章　地　球

第一节　地球在宇宙中的位置及地球的外部圈层

一、地球在宇宙中的位置

（一）宇宙和银河系

宇宙（universe）是无限的，在空间上无边无际，在时间上无始无终。宇宙中弥漫着无数的天体，根据它们各自的特点，可以归纳为恒星、行星、卫星、流星、彗星和星云六大类。恒星质量很大，自己能够发光；行星自己不发光，质量也远较恒星为小，并且绕恒星运动，地球便是绕太阳运动的行星之一；卫星的质量比行星更小，绕行星运动，并随着行星绕恒星运动；流星的质量更小，也不发光，流星在行星际空间运行，当接近地球时，受地球引力作用，可以改变轨道，甚至陨落。当它进入地球大气层后，因与大气摩擦，增温至白热化，发生燃烧，少数未完全烧毁者能落到地面上，形成陨石；彗星是一种很小的、但具有特殊外表和轨道的天体，由彗核、彗发和彗尾三部分组成，运行轨道一般呈扁椭圆形、抛物线或双曲线形；星云是一种云雾状的天体。所有这些天体都在不断地运动着、变化着。尽管当代科学技术高度发达，但现有的仪器仅能观察到远至距地球 122 亿光年的空间。

目前人类已知的宇宙的总体称为总星系，即用现有的观测手段能观测到的所有天体组成的系统。现代最先进的天文望远镜已能观察到 122 亿光年的总星系范围。在可以观察到的这部分宇宙中，约 10^{22}个恒星。几十亿个到上千亿个恒星的集合体是一个星系。银河系只是其中之一。银河系是一个旋转着的扁平体，正面是旋涡形，侧面呈扁饼形。绝大多数星体都密集在它的中心平面附近。银河系直径约为10万光年，中心厚度约1万光年，其余部分厚度约 1 000 光年，已经发现了 10 亿多个类似银河系这样的星系。银河系包含 1 000 亿颗以上的恒星，太阳只是其中之一。

（二）太阳系和地球

太阳(sun)位于距银心(银河系中心)约 27 000 光年、距边缘 23 000 光年的地方，并以 230km/s 的速度绕银心运动，大约 2 亿年可绕行一周。太阳是一个炽热的发光球，它的内部不断进行着巨大的热核反应。太阳直径约为 140 万公里，相当于地球直径的 109 倍；表面积约为地球的12 000倍，体积约为地球的130万倍；质量约1.989×10^{27}t，相当于地球 的33.3万倍。质量很大的太阳，以其巨大的引力维持着一个天体系统绕其运动。这个天体系统就是太阳系（solar system）（图1-1）。太阳是太阳系的中心天体，距地球约为1.5亿公里（定为1个天文单位）。

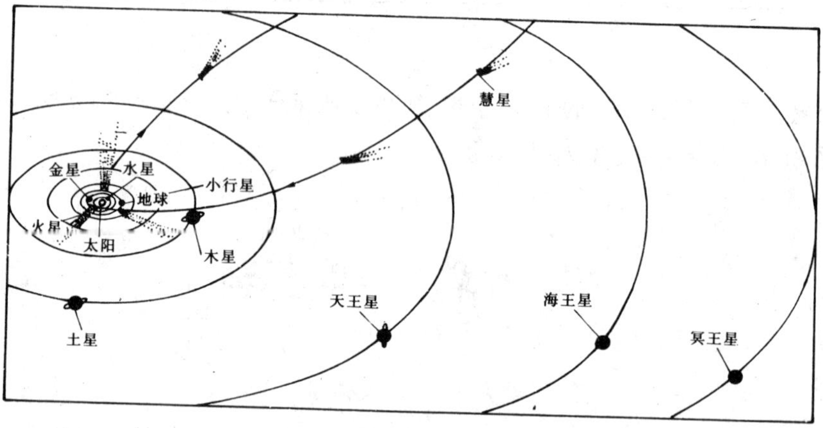

图1-1　地球在宇宙中的位置

太阳系包括9大行星、34颗卫星和成千上万颗小行星，还有少数彗星、流星。9大行星按与太阳的距离，由近而远为水星、金星、地球、火星、木星、土星、天王星、海王星、冥王星，如果以冥王星轨道为太阳系的边界，太阳系直径为79个天文单位，即约120亿公里。9大行星按其物理性质可以分为两组：水星、金星、地球和火星，一般体积小，平均密度大，自转速度慢，卫星数量少，称类地行星；木星、土星、天王星、海王星和冥王星，一般体积大，平均密度小，自转速度快，卫星数量多，称类木行星。

由上述可见，地球是银河系中太阳系的一颗行星。作为太阳系中心的太阳，在银河系中只不过是旋涡臂上的一个小点，是一颗普通的恒星，而地球又是太阳系中一颗普通的行星，它们都并非为宇宙的中心。地球自形成以来，经历了漫长而复杂的演变过程，具有一定的外部形态和内部结构，具有一定的物理和化学性质。并且，在地球的表面及其外部形成由大气、水和生物组成的外部圈层，它们塑造地表，并产生各种复杂的地质作用。

二、地球的外部圈层

地球的外部圈层是指地球的大气圈、水圈和生物圈。

（一）大气圈、大气环流及气候带

1. 大气圈（atmosphere）　大气圈是由多种气体混合物组成的、包围着固体地球的圈层，它位于星际空间和地面之间。大气圈的上界是模糊的，在地球大气和星际气体之间并不存在一个截然的界限。虽然如此，人们还是通过物理分析，给大气圈划定一个大致的上界。若根据大气中才有而星际空间中没有的物理现象（极光）确定大气上界，可把大气的上界定为1 200km，称其为大气的物理上界。若根据大气密度接近于星际气体密度的高度来估计大气的上界，这个上界大约在2 000～3 000km。

大气是一种无色、无味的气体，其中主要有氮、氧、氩、二氧化碳等，此外，还包括一些悬浮在空气中的固体和液体杂质。在除去水汽和固体杂质的干洁空气中，25km高度范围内各种气体的体积占总体积为：氮78.09%，氧20.95%，氩0.93%，二氧化碳0.03%，氖0.001 8%。

大气的总质量为 5.27×10^{15}t，相当于地球质量的1/100万。因受到地球引力的影响，大气的密度和压力是随着高度增加而趋于减小与降低。大体上，10km以下的空气占大气总质量的50%，15km以下占75%，20km以下占95%，其余5%的空气散布在20km以上的高空。再往高处，地球大气就和星际气体（分布在宇宙中各个星体之间密度极小的、类似气体的弥漫物质）联系起来。

根据大气温度变化和密度差异及电离现象等特征沿垂直方向可把大气圈自下而上分为对流层、平流层、中层（中间层）、电离层（暖层）和扩散层（逸散层），如表1-1，其中以对流层和平流层对地面影响较大。现主要介绍对流层的特征。

表1-1 大气圈各层的平均高度

层 次	平均高度(km)	过渡层	平均高度(km)
对流层	8～10	对流层顶	10～12
平流层	12～50	平流层顶	50～55
中间层	55～80	中间层顶	80～85
电离层	85～(600～800)		
扩散层	>800		

对流层（troposphere） 是大气圈的底层。其下界为地面，上界高度则随纬度和季节等因素变化而变化。在低纬度地区平均为17～18km，中纬度地区平均为10～12km，极地平均为8～9km。夏季上界的高度大于冬季。对流层的气温主要来自于地面反射的太阳辐射热，愈近地面，空气受热愈多，反之愈少。平均每上升1km大气温度降低6℃，称为大气降温率。由于地面和高空的不均匀加热，对流层具有强烈的空气对流运动，并导致复杂多变的天气现象。在对流层和平流层之间，还存在一个厚度为100m～2km的过渡层，称对流层顶，平均高度10～12km。它对对流层内的对流作用起着阻挡作用。对流层之上为平流层。在平流层中30～55km高空范围内有一含 O_3（臭氧）较多的层带。臭氧具有吸收紫外线的能力，从而使平流层温度可升至0℃以上，并保护地球表面免受紫外线的过度辐射。

2. 大气环流（atmosphere circulation） 大气环流分布于对流层中，是由于不同的纬度地面和不同高度的大气空间因接受太阳辐射的差异而形成的一种全球范围的大规模大气对流综合现象。

大气环流形成与维持的基本能源是太阳辐射能。太阳辐射能在地表的分布明显地表现为随纬度的增高而降低。这种纬度间的不均匀加热，导致地球上各地大气的热量收支不平衡。低纬度大气因净得热量将不断增温，高纬度大气因净失热量而不断冷却。因此低纬区是热源区，高纬区和极地是冷源区。由于冷、热源分布的不均匀就必然产生热力环流。假设地球表面性质均一和没有地转偏向力的作用，赤道地区大气因增温而膨胀上升，赤道上空的气压高于极地上空的气压。在气压梯度力的作用下，赤道上空的空气向极地流动。赤道上空由于空气流出，气柱质量减小，地面气压就会降低而形成低气压，称为“赤道低压带”，极地上空因有空气流入，地面气压就会升高而形成高压区，称为“极地高压带”。于是在低层地面就产生了自极地流向赤道的气流，这支气流在赤道地区受热上升，补偿了赤道上空流走的空气质量。这样，在赤道和极地之间就构成了闭合环流，即全球性的一级大气环流。

事实上，在自转的地球上，只要空气一有运动，地转偏向力——科里奥里力（Coriolis force）随即发生作用。在地转偏向力作用下，大气环流变得复杂。赤道附近物体随地球旋转的线速度最大，而偏向力最小。随着远离赤道，地球旋转的线速度变小，偏向力变大。至两极，随着地球旋转的线速度为零，偏转力达最大值。当空气由赤道上空向极地上空流动时，随着纬度增加，地转偏向力逐渐增大，气流逐渐沿纬圈方向偏转。在北半球，偏向前进方向右侧，在南半球则偏向左侧。在纬度 30°～35°处，由于地转偏向力增大到与气压梯度力相当，空气运行方向就接近于与纬度平行。源源不断来自赤道上空的空气质量在该纬向带上空富集；另一方面，由于球面空间随纬度增加而变小，从而导致空气密度增大，压向地面，使近地面层气压增高而形成“副热带高压带”。在副热带高压带和极地高压带之间是一个相对的低压带，称为“副极地低压带”。在副热带高压带，由于空气压缩变热，近地面层的空气分两股分别向赤道和极地流动。流向赤道的气流，在地转偏向力作用下，在北半球成为东北风；在南半球成为东南风，分别称为“东北信风”和“东南信风”（又称贸易风）。这两股信风在赤道处汇合，补偿了由赤道上空流出的空气质量。于是，在热带地区的上下层气流构成一个环流圈，称为信风环流圈（图 1-2Ⅰ）。流向极地的气流，则在地转偏向力作用下，形成中纬度的偏西风。同理，在北极冷却收缩而下沉的空气在近地表向南流动的过程中偏为东北风，该东北风与中纬度的偏西风在副极地带汇合。由于这两股气流温度不同，暖湿的偏西气流沿干冷的东北气流向上爬升，到高空后又南北分流，向北的一支流向极地，变冷下沉，补偿了极地近地面南流的空气。这样，在高纬地区也形成一个环流圈，即为极地环流圈（图 1-2Ⅱ）。同样，在中纬度地区也构成一个环流圈，称为中纬度环流圈（图 1-2Ⅲ）。

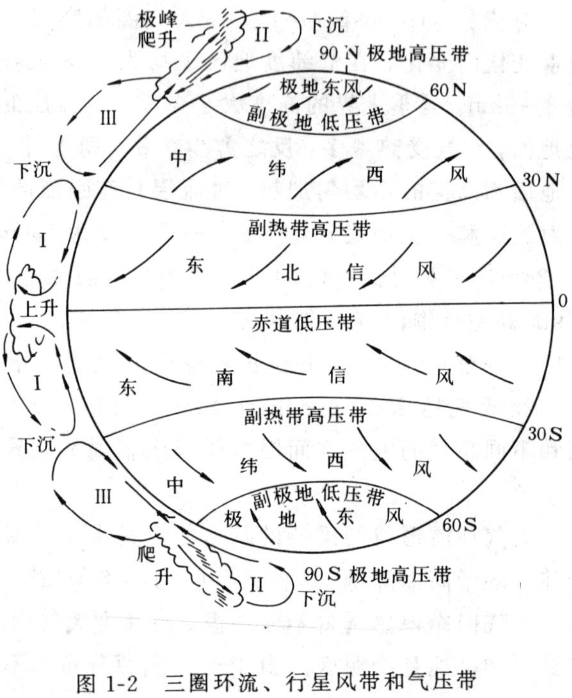

图 1-2　三圈环流、行星风带和气压带

地球表面的海陆分布对近地面层气流或空中气流有很大的影响。由于海洋与陆地的热力性质的差异，在海陆之间可形成气压梯度，驱动着海陆间的大气流动。同时，空中气流在流经海洋和陆地上空时，由于它们的冷暖差异，导致气温降低和升高。这种温度场的变化在夏季和冬季是不同的。除海陆的热力差异外，地形起伏也会影响大气环流的状态。尤其是大范围的高原和山脉的影响更为显著。一方面它们是气流的巨大障碍，迫使气流分流，并引起速度变化；另一方面，由于它们同周围自由大气的热力性质不同，还可以产生局部性的气流，从而使大气运动复杂化。

总之，控制大气环流的基本因素包括太阳辐射能、地球自转作用、地球表面的摩擦作用、海陆分布和大陆地形的影响等外界因素以及大气本身的可压缩性、连续性、流动性和大气的水平与垂直分布等内部因素。

3. 气候带（climatic zone） 所谓气候是指一个地区在某一时间段内大量天气过程的综合。它是时间尺度较长的大气过程，其形成和变化因素受太阳辐射、大气环流、海陆分布、地表性质及人类长期活动的影响。一个地方的气候，总是通过各种气候要素（气压、风、降水量、气温和湿度等）的特征值来反映的。气候随纬度呈有规律的变化，决定了地球上气候带沿纬向分布。地质研究中习惯将全球气候带分为潮湿气候带、干旱气候带、半干旱气候带及冰冻气候带（寒冷气候带）。各气候带的分布及其特点如表 1-2 所示。

表 1-2 气候带的分布及其主要特点

位置	气温带	气压带	风带	雨量带	气候带
极地附近	寒带	极地高压带	下降气流 极地东风带	高纬少雨带	冰冻气候带（半潮湿气候带）
南北纬 40°～60°附近	温带	中纬度低压带	上升气流	中纬多雨带	半潮湿气候带
			西风带		（半干旱气候带）
南北纬 30°附近		亚热带高压带	下降气流 亚热带静风带	干旱带	干旱（半干旱）气候带
南北纬 10°～25°	热带		信风（贸易风）带	干季与湿季交替	半潮湿（半干旱）气候带或热带干湿气候带
赤道附近		赤道低压带	上升气流 赤道无风带	赤道多雨带	潮湿气候带

潮湿气候带的降雨量大于蒸发量，地面流水发育，湖泊众多，地下水流充足，植被及各种植物繁茂，我国东南各省属此类地区。干旱气候带蒸发量常超过降雨量，雨量少且集中，因而地面流水不发育，除过境河流外，多为暴雨时的暂时性流水，湖泊因蒸发量大而形成含盐度高的咸水湖。此带的风力强，植被稀少，常形成沙漠，如我国西北地区就属于干旱气候带。冰冻气候带气温低，降水以雪为主，降水量虽小但蒸发量也低，所以仍较潮湿，此带生物稀少，常为冰川覆盖。冰冻气候带主要分布于两极地区及某些高山寒冷地区。可见，在不同气候带，降水量、气温和湿度等存在明显差异，这种差异势必影响地表外动力地质作用的方式和过程。

（二）水圈及水的循环

水圈（hydrosphere）是分布于地球表层相互连通的水闭合圈。它包括海洋、湖泊、沼泽、河流和地下水等。水圈总体积约为 $1.386\times10^{9}km^{3}$，约 97% 的水量集中在海洋，其次为冰川、地下水、湖泊、河流等各种水体。水圈的成分、温度、含盐度、水流循环及水中生物等的区域特征和垂直分带性都很明显。

地球上的水吸收了辐射于地表的 1/4 的太阳能而汽化，大陆和海洋的水体经过蒸发使部分水成为水蒸汽进入大气圈。每年以此种方式进入大气圈的水量约为 $33.6\times10^{4}km^{3}$，即全球大气中的水汽总量约为全球年降水量的 1/39。水汽随大气环流传输到各处，在一定的动力条件下，水汽以降水、降雪等形式返回地表，降落在陆地表面，形成地表水和地下水或冻结成冰川冰，绝大部分水体最后以径流形式返回海洋。如此反复往返，构成了规模巨大的水的循环（图 1-3）。这种循环体现了水圈中水的固态、液态、气态的互变过程和蒸发、降水、渗流及径流间的交替转换。水在常温下的固态、液态、气态互变是水循环的内因，而太阳的辐射热、地心引力和水循环路线是水循环的外因。

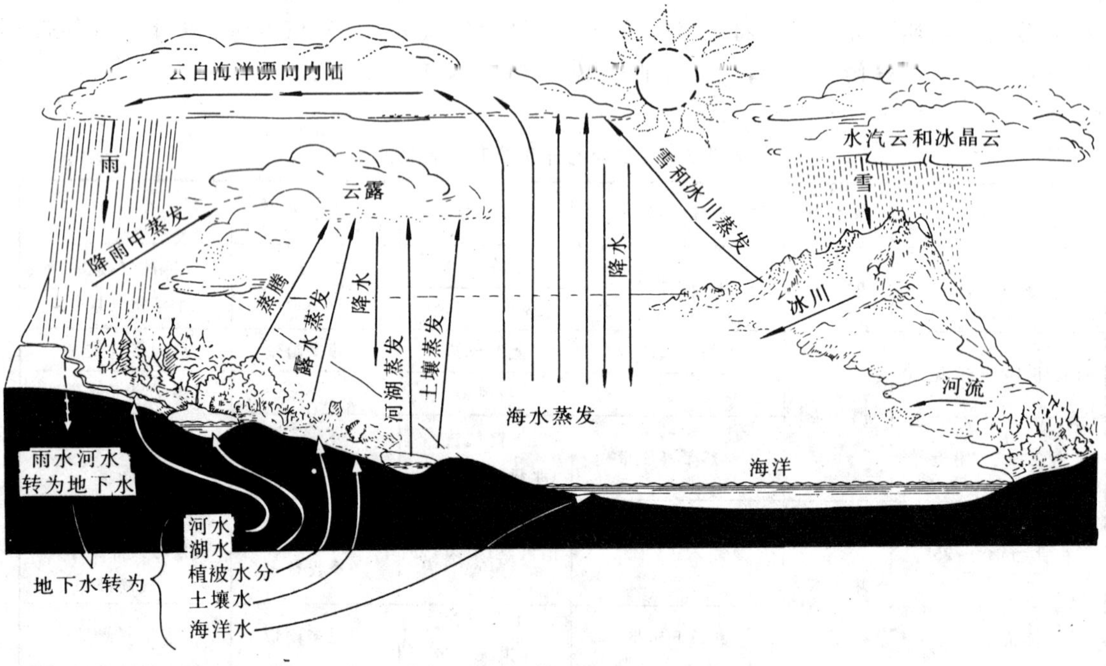

图 1-3　水圈系统中的水分循环图

（据 Gilluly，《Principles of Geology》，1975，修编）

水的循环使水成为一个动态系统，它以巨大的地质营力塑造蔚为壮观的自然地貌景观，促使地表化学元素的迁移和富集。水的循环使水成为能量载体，它将蒸发过程中吸收的大量日辐射能转化为机械能，向人类提供取之不尽的动能。水的循环关系到整个自然环境，不论是在地质历史时期还是在现代，水圈的循环不但可以产生各种地质作用，而且还影响着其他地质作用过程，对地表进行改造与建造。

（三）生物圈

生物圈（biosphere）是生物及有生命活动的地球表层所构成的连续圈层。绝大部分生物生存于地表及水圈之中，其活动范围在陆地上可深达 1 000m 左右，海洋中深达 10km 左右，空中可高达 7km。生物圈的总质量约为 11.4×10^{12}t，为地球总质量的 $1/10^5$。地球上的生物大约自 35 亿年前开始出现，对地质作用产生重要的影响。生物可风化和破坏地表岩石，是改造地面的重要营力之一。生物的新陈代谢活动，可促使某些分散的元素或成分富集，在适当条件下形成有用矿产，如铁、磷、煤、石油等。因此，生物活动既参与了对岩石圈、大气圈和水圈的改造，又参与了地质历史时期的成岩、成矿过程。

第二节　地球的形状和表面形态特征

一、地球的形状和大小

自古以来，地球的形状是人们关注的问题之一。随着科学技术的发展，人们对地球形状的认识也愈来愈准确。

地球的形状通常是指大地水准面（geoid）所圈闭的形状。所谓大地水准面是由全球性静止海面即平均海平面及其在陆地底下延伸所构成的封闭曲面。在该面上各处重力位相等，并且与重力方向垂直。因此，该封闭曲面是一个重力等位面。大地水准面所确定的地球形状接近于两极半径略小于赤道半径的旋转椭球体（即扁球体）。常用的参数如下：

赤道半径（a）：6 378.140km

两极半径（c）：6 356.755km

地球扁率（$\frac{a-c}{a}$）：$\frac{1}{298}$

赤道周长：40 075.24km

子午线周长：40 008.08km

表面积：$5.101\times10^{8}km^{2}$

体积：$1.083\ 316\times10^{12}km^{3}$

近十几年来，通过大量人造地球卫星的观测，对大地水准面形状的研究已获得精确的结果。与椭球体相比，在北极要高出十余米，而在南极凹进了约30m。地球纬线圆不是严格的正圆，而是椭圆形；径线圆也不是真正的椭圆。地球南北两半球也不对称。看起来地球形状恰似"梨形"，近似一个扁率不大、两极稍扁、赤道突出的三轴椭球体（图1-4）。实际上大地水准面的形状可能远比梨形体更复杂。

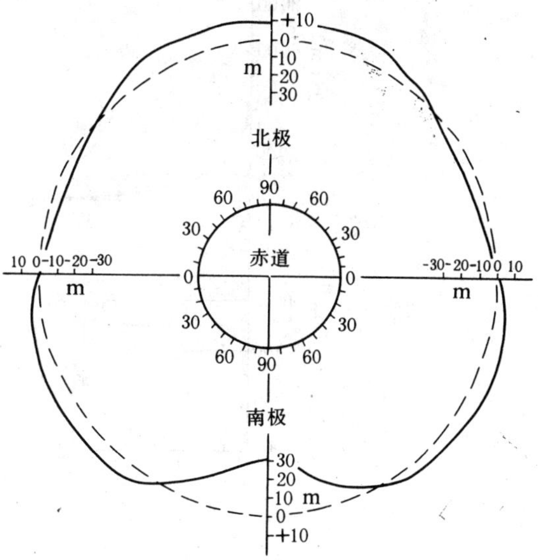

图1-4　大地水准面和扁球面

（据King、Hele等，1969）

实线（比例尺已夸大）为大地水准面，

虚线为地球的理想扁球面

二、地球的表面形态

地球表面可分为陆地与海洋两大部分。陆地面积为$1.495\times10^{8}km^{2}$，占地球表面积的29.2%；海洋面积为$3.61\times10^{8}km^{2}$，占地球表面积的70.8%。海陆面积之比约2.5∶1。海洋和陆地在地表的分布是不均匀的，65%的陆地集中在北半球，在那里，陆地占该半球面积的39%。而在南半球，陆地面积只占19%。

大陆的轮廓有某些相似性，所有大陆的北端宽、南端窄，大致是倒三角形。除南极洲外，所有的大陆都是成对的。例如：北美和南美、欧洲和非洲、亚洲和澳洲，它们在北极汇合。另外，陆块之间具有可拼性。如南、北美洲的东岸与欧洲、非洲西岸的海岸线形态相似，若将它们拼接，则可以大致拼合（图 1-5）。这种现象被解释为是大陆漂移的结果。

地球表面地形是起伏不平的。从海陆起伏曲线来看（图 1-6），最显著的地形台阶是海底和大陆平台（陆地平原和陆缘平原）。大陆以上低于海拔 1 000m 的平原、丘陵和盆地的面积最大，占地球表面积的 20.8%。大陆的平均海拔为 875m，最高点在喜马拉雅山脉的珠穆朗玛峰（海拔 8 848.13m）；大陆最低点是约旦与巴勒斯坦边境上的死海（海拔为－392m）。海洋以水深 4 000～6 000m 的深海盆地面积最广，约占地球表面积的 30.8%。海洋平均深度为 3 729m，最深处为马里亚纳海沟，它的最深点为－11 033m。

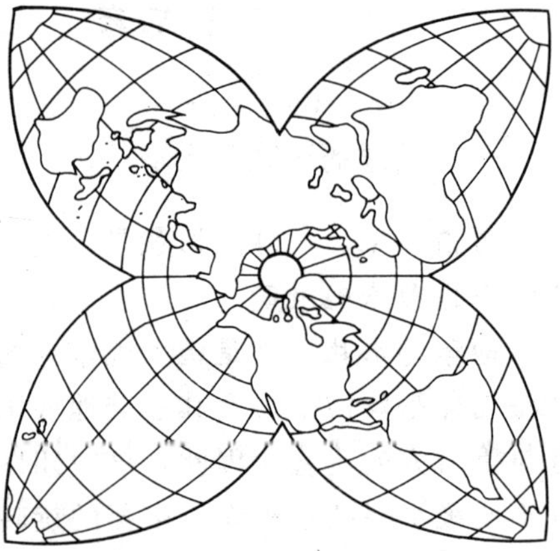

图 1-5　大陆的分布

（一）大陆地形特征

陆地表面地形十分复杂。按照高程和起伏变化，陆地地形可分为山地、丘陵、平原、高原、盆地等类型。

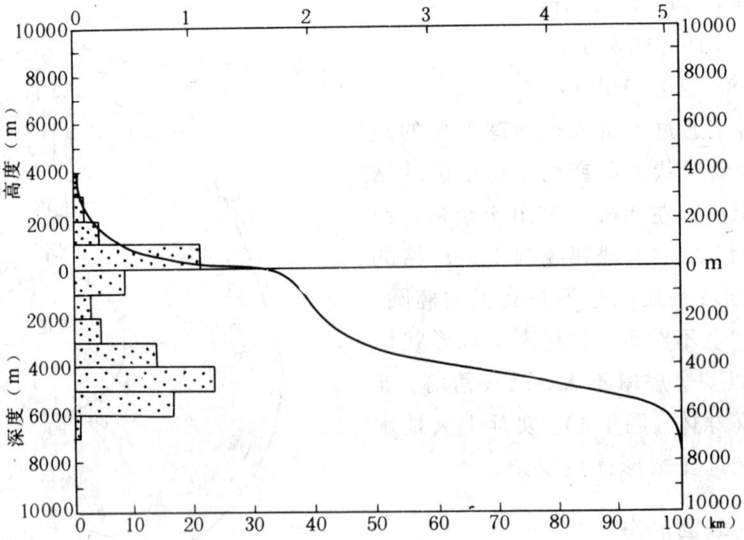

图 1-6　海陆起伏曲线图

山地（mountain）是指海拔高度在 500m 以上的隆起地形。按其高程可进一步划分为低山（海拔 500～1 000m）、中山（1 000～3 500m）和高山（3 500～5 000m）。

山地大多数呈线状或弧形延展，称为山脉。而山系是由在成因上有联系的若干相邻山脉连结组成的。具有全球意义的山系有两条：一条为环太平洋山系，沿太平洋两侧展布；另一条为阿尔卑斯-喜马拉雅山系，总体是东西向横贯亚洲、欧洲南部和非洲北部地带。这两条山系是现代火山活动及地震活动的强烈地带。

高原（plateau）是海拔大于 600m、面积较宽广、地面起伏较小的地区。世界上最大的高原为非洲高原，平均海拔为 750m。世界上最高的高原是青藏高原，海拔 4 000m 以上。

丘陵（hill）是海拔在500m以下、具有一定起伏的低矮地区。其相对高差只有几十米而不超过200m。如我国的中、南部地区。

平原（plain）是面积宽广、地势平坦或略有起伏、海拔小于200m的地区。世界上最大的平原是南美的亚马逊平原，其面积达$560\times10^4km^2$。

盆地（basin）是中间低、四周高的盆状地形。盆地规模大小不一。我国最大的内陆盆地是塔里木盆地，其面积达$50\times10^4km^2$。

（二）海底地形特征

海洋是由海（sea）和洋（ocean）组成的。洋是远离大陆、面积宽广、深度较大的水域，是海洋的主体。世界上的大洋有太平洋、大西洋、印度洋、北冰洋。在大洋的边缘与陆地毗邻，并与洋有一定程度隔离的水域称为海。海可分为岛屿或半岛环抱的陆缘海及位于两个大陆间但与大洋有一定联系的陆间海两类。

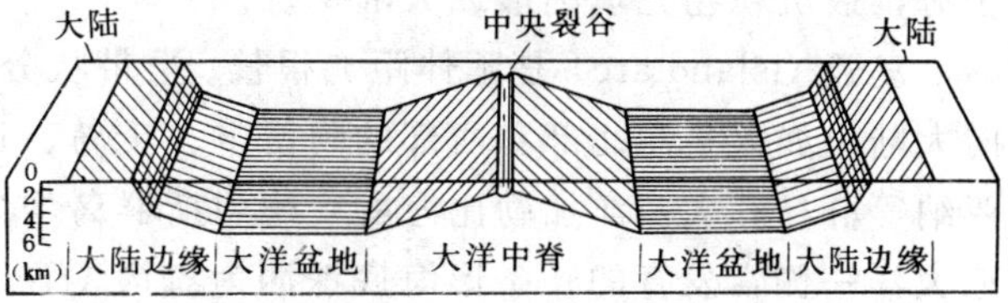

图1-7 海底地形单元的划分

（据A. N. Strahler，1977）

根据海底地形的基本特征，把海底分为大陆边缘、洋中脊和大洋盆地三个主要单元（图1-7）。它们的面积如表1-3所示。

表1-3 大型海底地形单元的面积

名称	面积（10^6km^2）	占海洋面积百分比（%）	占地球面积百分比（%）
大陆边缘	80.1	22.3	15.8
大洋盆地	162.6	44.9	31.8
大洋中脊	118.6	32.8	23.2

1. 大陆边缘（continental margin） 大陆边缘是指大陆与大洋盆地之间的地带。它包括大陆架、大陆坡和大陆基。这里把海沟和岛弧也归于大陆边缘。根据大陆边缘次一级地形单元组成不同分为两类：①由大陆架、大陆坡和大陆基组成。这类大陆边缘主要分布于大西洋，称为大西洋型大陆边缘。②由大陆架、大陆坡及岛弧、海沟组成。这类大陆边缘主要分布于太平洋，称为太平洋型大陆边缘。

大陆架（continental shelf）是海与陆地接壤的浅海平台。其范围是从海岸线起一直向海延伸到坡度显著增大的地段。大陆架地势平坦，坡度一般小于0.3°。其水深一般不超过200m，少数地区在其外缘可达550～600m，平均深度133m。大陆架的宽度不等，最窄不足1km，最宽超过1 000km，平均宽度为75km。北冰洋巴伦支海的大陆架宽达1 300km，东太平洋的大陆架宽度仅数公里。东海大陆架最宽处约为560km，平均水深76m。南海大陆架最宽处为278km，平均水深55m。

大陆坡（continental slope）是大陆架外缘、坡度明显转折变陡的地带，其水深一般不超过2 000m，平均坡度为4.25°。大陆坡的宽度约为20～100km，平均宽度为28km。大陆坡是大陆与海洋的真正分界。横切大陆坡常发育许多两壁陡峭、深度可达数百米至数千米的峡谷，这种深切的“V”型谷称为海底峡谷。关于海底峡谷的成因尚有争议，有人认为是构造成因，有人认为是浊流作用所造成的，也有人认为是地质历史时期河流作用的产物等。不过有些海底峡谷的确是大河流的水下延伸部分。河流把大量的碎屑物质通过海底峡谷搬运到大洋底部，在峡谷的尽头形成大规模的水下冲积锥，如刚果河、密西西比河、亚马逊河、恒河等河流的河口都发育了巨大的水下冲积锥。

大陆基（continental rise）是大陆坡与大洋盆地之间的缓倾斜地带，坡度通常为 5′～35′，多分布于水深为 2 000～5 000m 的海底。大陆基主要由海底浊流和滑塌作用在大陆坡坡麓形成的堆积物所组成。这些堆积物向大洋盆地方向逐渐变薄，其表面向大洋盆地方向倾斜。大陆基主要分布于大西洋和印度洋。地球物理测量表明，许多大陆基下面过去曾经是海沟，由于海沟被沉积物充填则形成大陆基。

岛弧（island arc）是延伸距离很长、呈带状分布的弧形火山列岛。弧状列岛凸向大洋，凹向大陆。如太平洋北部和西部的阿留申、千岛、日本、琉球、菲律宾、巽他、所罗门、马里亚纳等群岛和大西洋加勒比海的安德列斯群岛均为岛弧。岛弧有强烈的火山活动和地震。靠近大洋一侧常发育的长条形海底深渊为海沟（trench），其横剖面呈“V”字型，深度一般大于 6 000m，宽度近 100km，长度一般大于 1 000km。海沟与岛弧相伴生构成岛弧-海沟系。在太平洋北部和西部岛弧的靠大洋一侧发育了一条几乎连续的海沟链，而东太平洋的海沟与山脉相邻。

2. 大洋中脊（mid-oceanic ridge）　海底的山脉泛称海岭，其中最主要的一条呈线状延伸于大洋盆地，地震、火山活动强烈的海岭称为大洋中脊或洋中脊。洋中脊通常高出海底 2 000～3 000m，宽度可达 2 000～4 000km。各大洋中的洋中脊首尾相连，全长大约 65 000km。大西洋洋中脊位于其中部，呈南北向的“S”形分布，其北端进入北冰洋，在西伯利亚地区潜入大陆，南端则绕过非洲南部进入印度洋呈横卧的“Y”字形，北支经亚丁湾进入红海与东非裂谷相连，南支向东经澳大利亚向南伸入南太平洋再转向北，经东太平洋伸入加利福尼亚湾，潜没于北美大陆西海岸（图 1-8）。洋中脊的轴部常发育有巨大的中央裂谷。谷深可达 1～2km，谷宽数十至数百公里。太平洋洋中脊中央裂谷不明显。

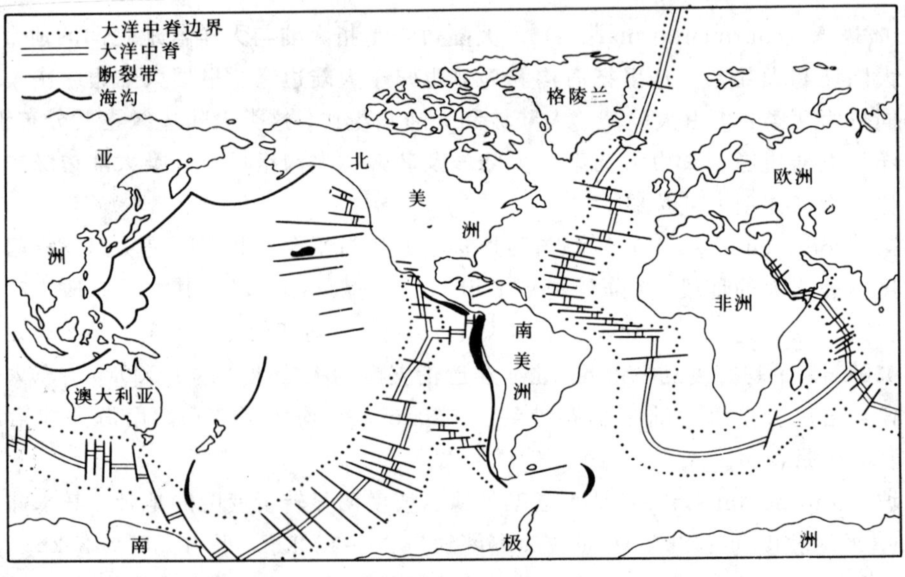

图 1-8　全球洋中脊和海沟的分布示意图

（据徐成彦，引自 B.C.Helgen，1988）

3. 大洋盆地（深海盆地）(oceanic basin)　大洋盆地是海底的主体，它是介于大陆边缘与洋中脊之间的较平坦地带。一般水深 4 000～6 000m，并可分为深海丘陵和深海平原两种次级地形单元。

深海丘陵 (abyssal hill) 一般分布于靠近洋中脊的部位，是由高出海底几十到几百米的圆形或椭圆形山丘组成。

深海平原 (abyssal plain) 是海底坡度很小（平均坡度小于 1/1000)、主要靠近大陆边缘方向分布的平缓地形。太平洋洋底约 80%～85%的区域为深海丘陵，近大陆部分为深海平原。大西洋洋底近洋中脊部分为深海丘陵，近大陆边缘则为深海平原，具有明显的对称性。深海平原中范围不大、地形比较突出的孤立高地，称为海山，顶部平坦的称平顶海山（也称盖约特）。

（三）我国的地形特点

我国处于阿尔卑斯-喜马拉雅山系与环太平洋山系的交汇部位。地势上具有西高东低的特点。按高程变化大致可分为 3 个台阶。第 1 台阶位于大兴安岭—雪峰山一线以东，由海拔 200m 以下的平原、盆地和 1 000m 以下的低山丘陵构成，平原和盆地多呈北东向排列；第 2 台阶在大兴安岭—雪峰山以西，它由高山、山间盆地及高原组成。主要山脉多沿近东西向延伸。北边有阿尔泰山，中间为天山和阴山，南边以昆仑山、祁连山、秦岭为界，它们间隔约为 10°～15°。山脉间的盆地和高原多呈菱形或四边形。海拔高度多在 1 000～2 000m；第 3 个台阶是有"世界屋脊"之称的青藏高原，平均高度在海拔 4 000m 以上，高原上山岭、宽谷并列，湖泊众多，四周为高山所环抱，其北侧为昆仑山、阿尔金山和祁连山，南侧有喜马拉雅山，东南侧为近南北向延伸的横断山脉。

第三节　地球的物理性质

一、地球的重力

（一）重力和重力场

所谓重力 (gravity) 是指地球质量对物体产生的引力和该物体随着地球自转而引起的惯性离心力的合力(图 1-9)。由于地球产生的惯性离心力相对地球引力是很微弱的，因此重力方向是大致指向地心的。我们把地球内部及其附近存在重力作用的空间称为地球的重力场。在重力场中，物体所受重力作用的大小还与其本身的质量有关。单位质量的物体在重力场中所受的重力称为重力场强度。它在数值上（包括方向）等于重力加速度。通常将两者统称为重力。

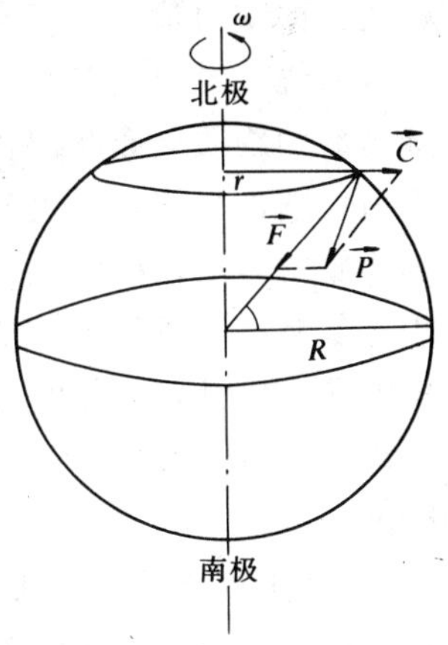

图 1-9　地球自转产生的惯性离心力
C. 离心力；F. 地心引力；r. 物体到自转轴的半径；R. 地球的半径

由于地球表面的形状十分复杂，地球内部的密度分布及其变化尚属未知。为了计算地球的重力值，引入一个与大地水准面形状十分接近的正常旋转椭球体来代替实际地球体，并假定旋转椭球体的表面是光滑的，内部的密度分布是均匀的，或者是层状的。这样，地球表面上各点的重力值便可根据其形状大小、质量、密度、自转的角速度及各点所在位置等，运用牛顿万有引力定律及惯性离心力公式计算出来。在这种条件下，求得的重力值称为正常重力值，以 g_0 表示。1979 年国际地球物理及大地测量联合会推荐的正常重力公式为：

$$g_0 = 9.780\ 327\ (1 + 0.005\ 302\ 4\sin^2\varphi - 0.000\ 005\sin^2 2\varphi)$$

式中 φ 为纬度，重力单位为 m/s²。

从上式可见，正常重力值只与计算点的纬度有关，沿经度方向没有变化，其最大值和最小值分别位于两极和赤道部位。

（二）重力异常

广义地说，将实测的重力减去该点的正常值，其差值称为重力异常（gravity anomaly）。由于测点不一定位于正常椭球面上，若将实测重力值同正常重力值进行比较，就必须对实测重力值作一系列的校正。不同内容的校正可获得具有不同含义的重力异常。若把测点因高出平均海平面（或大地水准面）而减小的重力值加到实测值中，称为自由空气（高度）校正，以 g_h 表示。经自由空气校正后的重力值与正常重力值之差称为自由空气重力异常（Free-air gravity anomaly）（Δg_F），即

$$\Delta g_F = (g + g_h) - g_0$$

g 为实测重力值。然而，平均海平面之上与测点之间并非自由空气，其间被物质所充填。若减去平均海平面以上到测点之间的物质对物体的引力作用，或者加上低于平均海平面的部分全部用地壳物质填平所产生的引力作用，称为中间层校正，以 g_m 表示。高度校正和中间层校正统称为布格校正。经布格校正后的重力值与正常重力值之差称为布格重力异常（Bouguer gravity anomaly）（Δg_B），即

$$\Delta g_B = (g + g_h + g_m) - g_0$$

经布格校正的重力值大于正常重力值称正异常，反之称负异常。

一般来说，自由空气重力异常反映了地球表面的地形高程变化，而布格重力异常则反映了地球内部的物质分布状况。地球表面大陆部分通常为布格负异常，而海洋部分则多为正异常。因为大陆部分存在厚度较大的低密度地壳，莫霍面深度较大，若消除大陆上高出海平面以上的物质的影响，必将导致物质亏损，出现布格负异常；而海洋部分地壳较薄，莫霍面深度较小，若将海水用地壳物质来替换，必将导致物质剩余，出现布格正异常。由于地下物质密度的差异，会引起局部的重力异常。例如石盐、煤、石油等矿产分布区，由于物质密度小，产生局部重力负异常。运用重力测量方法寻找矿产和研究地质构造的方法称重力勘探（gravity prospecting）。

（三）地球内部的重力变化

重力在地球内部由于受深度及地下物质分布的影响而发生变化。随着深度的增加，由于地球半径减小，在 2 885km 以上，重力值随深度增加而加大。地面的平均重力为 9.81m/s²，至 2 885km 处为 10.69m/s²。2 885km 以下重力值开始下降，至地心处重力值为零（图 1-10）。

二、地球的密度和压力

（一）地球平均密度及地内密度的变化

根据万有引力定律计算出地球的质量为5.974×10^{21}t，根据地球的形状参数求得地球的体积为1.08×10^{12}km^3，用地球质量除以地球的体积便可求得地球的平均密度为5.516g/cm^3。由实测可知，地表岩石的平均密度为2.7～2.8g/cm^3，海水的平均密度为1.028g/cm^3，它们均小于地球的平均密度，据此可以推测地球内部应具有密度更大的物质。地球内部密度的变化目前无法直接测量，可根据地震波在地内的传播速度来推断。目前公认的地球内部密度变化模型是由澳大利亚学者布伦（K.E.Bullen）推导的。据布伦（1975）推导的结果：地壳表层的密度为2.7g/cm^3；地下33km处为3.32g/cm^3；大约2 990km处密度由5.56g/cm^{3}突增至9.98g/cm^3；至6 371km处达12.51g/cm^3（图1-11）。

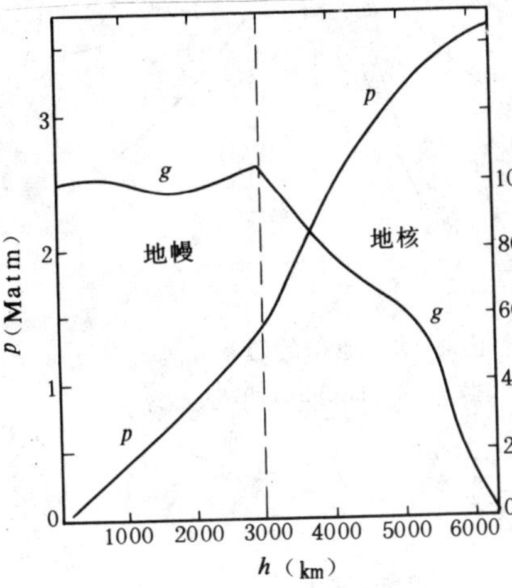

图1-10　地内重力和压力变化

（据K.E.布伦，1963）

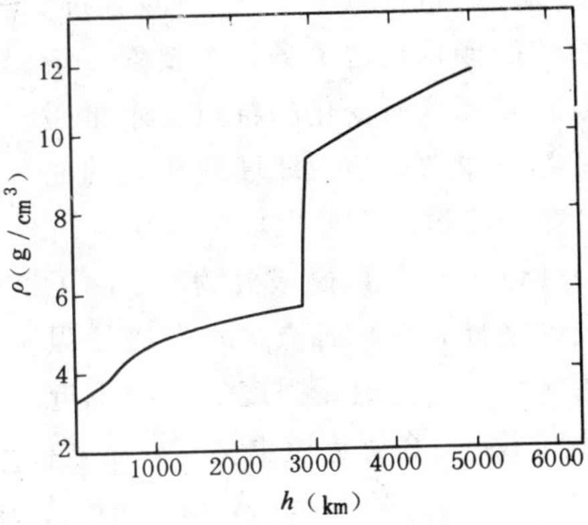

图1-11　地内密度的变化

（据K.E.布伦，1975）

（二）地球内部压力及其变化

地球内部压力是上覆地球物质质量所产生的静压力。按静压力关系式 $p=\int_0^h g\rho dh$（p为深度h处的压力，g、ρ分别为地内的重力和密度），计算的结果如图1-10所示。地下10km处压力约为3 000大气压①，33km处为12 000大气压，2 885km处为1 325 000大气压，地心处压力估计已达360万大气压。

三、地球的磁性

（一）地磁场和地磁要素

地球周围存在着磁场，称为地磁场（geomagnetic field）。地磁场分布范围广，从地核到空间磁层边缘处处有分布。地磁场与位于地球中心的偶极子场相类似（图1-12）。偶极子磁轴与地面的交点为地磁极。偶极子的S极为磁北极，偶极子的N极为磁南极。地磁场的南北两极与地理南北两极的位置不一致，磁轴与地球旋转轴不相重合，两者夹角为11°44′。1970年的磁北极位于76°N和101°W，磁南极位于66°S和140°E。

---

① 1大气压（atm）=1.013 25×10^5帕［斯卡］（Pa）。

地磁场内有磁力作用存在，地球上某一点处磁力的大小叫总磁场强度（totalmagnetic intensity）（T）。总磁场强度的水平分量称水平磁场强度（H），其指向为磁北方向。总磁场强度的垂直分量称垂直磁场强度（Z），其方向向下为正，反之为负。通过 H 方向的铅直平面为磁子午面。它与地理子午面的夹角称为磁偏角（magnetic declination）（D）。磁北自地理北向东偏为正，西偏为负。总磁场强度方向与水平面的交角为磁倾角（magnetic inclination）（I），当 T 下倾时 I 为正，反之为负（图 1-13）。磁场强度、磁偏角和磁倾角是地磁场三个要素，地磁要素有随纬度而变化的特点。水平磁场强度等值线大致是沿纬度线排列的曲线族，在磁赤道附近最大，约为 $0.31\times(1\,000/4\pi)$ A/m，两磁极处为零。除了两磁极区之外，全球各点的水平磁场强度都指向北。垂直磁场强度等值线也近乎与纬度平行，在磁赤道上为零，在磁极处达到（$\pm 0.6\sim 0.7$）$\times$（$1\,000/4\pi$）A/m。在磁赤道以北垂直磁场强度大于零，表示垂直分量指向下。在磁赤道以南小于零，表示垂直分量指向上。磁偏角的等值线为汇集于两磁极的曲线族，全球分为东偏和西偏两大区域，我国大部分地区磁偏角为西偏，但在甘肃酒泉以西多为东偏。

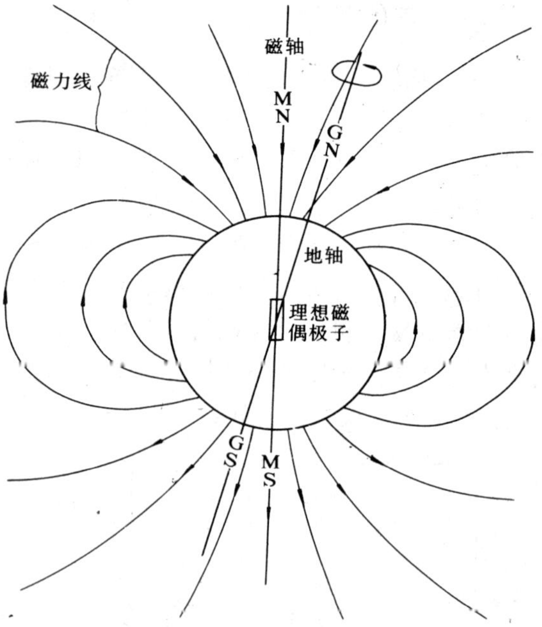

图 1-12　地球的磁场

（据 W. K. Hamblin，1978）

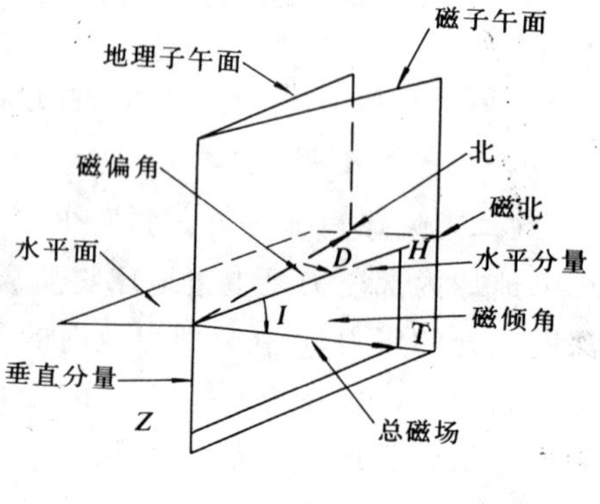

图 1-13　地磁要素

（二）地磁异常和地磁场的变化

在地面上观测所得到的地磁场（T）是各种不同成分的磁场之总和。按其来源和变化规律不同，可将地磁场分为两大部分：①主要来源于地球内部的稳定磁场 T_s；②主要来源于地球外部的变化磁场 δT。一般变化场为稳定场的万分之几到千分之几，偶尔达到百分之几。地球稳定磁场主要由三部分组成：①中心偶极子磁场（T_0），它代表了地磁场空间分布的主要特征，约 90% 的现代磁场可借助于地球中心的偶极子磁场来解释；②非偶极子磁场（T_m），是指实际的地磁场与地球中心偶极子磁场的偏离部分。中心偶极子磁场和非偶极子磁场之和称为地球基本磁场；③地磁异常（magnetic anomaly），是叠加在地球基本磁场之上，由地壳内的岩石矿物及地质体的磁性差异引起的磁场。若地壳中存在磁性岩体和矿体，如磁铁矿、镍矿、超基性岩等，测定的地磁场要素值大于地球基本磁场，叫正异常。反之，若地壳中存在金矿、盐矿、石油、花岗岩等低磁或反磁性的矿物和岩体，测定的地磁场要素值小于地球基本磁场，叫负异常。利用地磁异常来勘探有用矿物和研究地质构造的方法叫磁法勘探（magnetic prospecting）。

叠加在地球基本磁场上的变化场，指的是随时间变化而变化的磁场。按它们的特征和成因可分为两大类：①地球内部场源缓慢变化的长期变化场；②主要起因于地球外部场源的短期变化场。对地磁场的长期变化，主要是通过世界各地的地磁台长期的、连续的观测数据取其平均值来研究的。根据对各种等值线图分析发现，它们与一般地磁要素图很少有相似之处。而非偶极子场等值线图却有更多相同特点。这说明偶极子场的变化对长期变化的贡献少，而长期变化与非偶极子场的变化有密切的关系。另一个特点是地球磁场向西漂移。在1600—1700年的100年间伦敦的磁偏角自9°E一直向西偏移到4°W，共向西移了13°，磁倾角约增大2°。在1700—1800年的100年间磁偏角继续向西偏移，但磁倾角减小。第三个特点是地球磁矩的衰减变化，每年几乎以0.05%的速率递减。预计2 000a以后，地球磁矩将变得很小。这种现象揭示了地球磁极倒转征兆。从古地磁研究中发现，地质历史年代中地球磁极已多次发生倒转，并具有明显的变化周期。地磁场的短期变化主要起因于固体地球外部的各种电流体系。

四、地热

（一）地球的热源

地球是一个巨大的载热体，由地表至地球的深处温度越来越高。地球在不断地通过温泉、火山、构造运动及地震等形式释放热能。那么地球的热源是什么呢？一般认为地球内部的热源主要有以下几类：

1. *放射性元素生热*　主要是指由放射性元素衰变时所产生的热能。其中^{238}U、^{235}U、^{232}Th、^{40}K三元素衰变时所释放出的巨大热量，构成了地球内部的主要热源之一。该三元素在地球分异演化过程中，集中于地壳及上地幔顶部，以大陆地壳上部的酸性岩浆岩最为富集。据粗略统计，在0～100km的深度范围内，放射性热源占生热总量的50%，在100～200km深度范围内放射性热源占25%。

2. *地球的重力热*　是指地球在长期的演化过程中，原始物质聚集，体积收缩时所释放的重力能和物质碰撞动能所转换的热能。其中部分热能作为辐射能由地表向外空间散失，另一部分使地球加热。

3. *其他热源*　如潮汐摩擦热和化学反应释放热等。

（二）地温场及地球的温度

地温场（geothermal field）（或地热场）　是指地球内部各层中温度的分布状态，是地球内部空间各点在某一瞬间的温度值的总和。地温场可以用等温面或等温线表示。把相同温度的各点相连接成为等温面。等温面与任一平面的交线为等温线。在地热学中，把沿等温面的法线朝地球中心方向上单位距离内温度所增加的数值称为地热增温率或地温梯度（geothermal gradient），其倒数称为地热增温级（geothermal degree）。地温梯度的正方向为温度升高的方向，其表达式为：

$$\Delta T=\frac{\mathrm{d}T}{\mathrm{d}z}$$

式中T为地内温度，z为深度，ΔT为地温梯度。

地球的温度或地温梯度在不同深度是有差异的。地壳浅层是目前能直接测量地温的深度范围。地壳浅层的温度分布从地表向下大致可分为三层，即变温层、恒温层和增温层。在变温层，由于太阳辐射热存在着日变化、年变化，故地下温度也随之变化。一般情况下，日变化的影响深度在 1～2m，年变化的影响深度为 15～30m 左右。变温层之下，地球内部的热能与太阳辐射热能的影响达到相对平衡的地带称为恒温层。恒温层一般很薄。恒温层之下为增温层，其地温状况和温度场主要受控于地球的内部。地温梯度约为 2～3℃/100m。地壳深层的温度无法直接测量，只有通过间接的方法进行推断和分析。估计地下 30km 的深度地温大约为 400～1 000℃。由于地球深部的热状态与地壳有明显的不同，不能利用浅部的测温资料推算地壳以下的深部温度。若按地壳浅部地温梯度值直接推至地下 6 371km 的地心处，温度可高达（1～2）$\times 10^5$℃，整个地球将被熔化，显然不合实际。普雷斯（1974）根据有关地球物理探测等资料推测（图 1-14）：

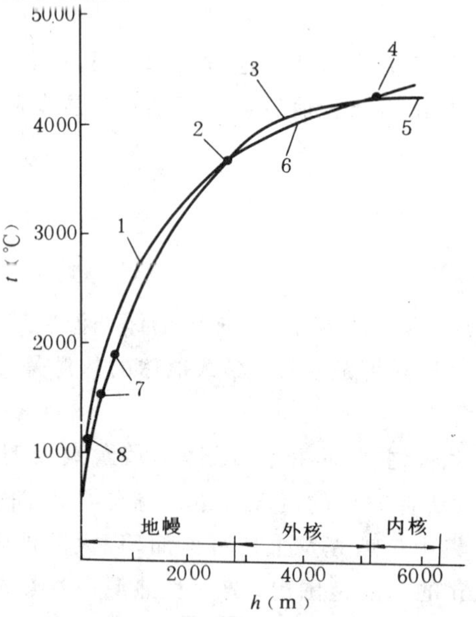

图 1-14 地球内部温度推断

（据 J. Press，1974）

1. 地幔熔融开始；2. 铁质地核熔融；3. 高于铁质熔融点曲线；4. 铁质地核固化；5. 低于铁质熔融点曲线的地温曲线；6. 铁熔融温度；7. 为解释地震波速突变所需的温度；8. 熔岩温度

100km（上地幔局部熔融开始）1 000～1 200℃；

400km（上地幔橄榄石-尖晶石相变带）1 500℃；

700km（尖晶石-FeO、MgO、SiO_2 相变带，上下地幔界面）1 900℃；

2 900km（地幔地核分界面）3 700℃；

5 100km（内、外核分界面）4 300℃；

6 371km（地心）4 500℃。

（三）地热流及地热异常

地热流（geothermal flow）也称大地热流密度，是表征地球地温场的另一个重要物理量，一般用它表示地球内部热能向地球表面散失的状况。所以地热流系指单位时间内通过地球表面单位面积所散失的热流量。根据稳定热传导原理，它等于岩石热导率与相应地温梯度的乘积，即

$$q=-k\frac{\mathrm{d}T}{\mathrm{d}z}$$

式中，k 为岩石的热导率，z 为深度，负号表示地热流是流向温度降低的方向，即由地球内部流向地表，与温度梯度的方向相反。q 的单位为 $\mu cal/(cm^2 \cdot s)$，称热流单位，表示为 1HFU。

目前全球实测的热流值平均为 1.47HFU。全球热流值分布具有两个显著的特征：①大陆平均热流值和海洋平均热流值与全球平均热流值非常接近或近乎相等；②无论在大陆和大洋内不同观测点的观测值往往有很大差异。地球上的活动带，如大陆上的裂谷、年轻的山脉、深大断裂，大洋中的洋中脊、岛弧和海岭等地热流值较高。郯-庐（郯城-庐江）断裂附近地热流达 1.8～1.88HFU。而大陆上一些古老而稳定的地盾和地台、大洋中的海沟和古老洋盆地，热流值较低。华北地台古老基岩广泛出露的隆起区，热流值为 0.8～1.3HFU，平均值为 1.1HFU。可见，热流值的大小与基岩地质年代有密切联系。

热流值较大的地区（如热泉、火山等地区）叫地热异常区（geothermal anomaly area）。地热是天然的动力资源。对地热异常区，经调查勘测后，用人工打钻的办法可把地下热气热水开发出来，用于发电、工业、农业、医疗卫生、生活饮用和提取稀有元素等。

五、地球的弹塑性

地震波（seismic wave）在地球内部传播，表明地球具有弹性。象地表海水在日月引力作用下发生潮汐现象一样，地球固体表层在日月引力作用下也有潮汐现象，可以摄引地壳升降 7～15cm，叫固体潮。这也说明固体地球具有弹性。

固体地球在一定条件下也表现为塑性体。大家知道地球是一个旋转椭球体，这就表明地球具有一定的塑性。地壳岩石中大量存在的褶皱变形而没有完全断开，这也是地壳岩石的塑性表现。

由于地球具有弹、塑性双重特征，两种性质在一定条件下是可以转化的。这主要取决于作用力持续时间的长短及温度、压力等条件。若快速施力、增加岩石变形速率，地球表现为弹性体；反之，缓慢施力，会提高岩石的塑性。

地球内部的弹性状况主要是通过地震波在地球内部传播的速度来确定的。地震波按传播方式分体波（body wave）和面波（surface wave）。体波又分为纵波（P wave）和横波（S wave）。它们的质点振动都是直线运动。质点振动方向与地震波传播方向一致的叫纵波（P 波），质点振动方向与地震波传播方向垂直的叫横波（S 波）（图 1-15）。它们都在介质中传播，所以叫体波。在同一介质中，纵波的速度是横波的

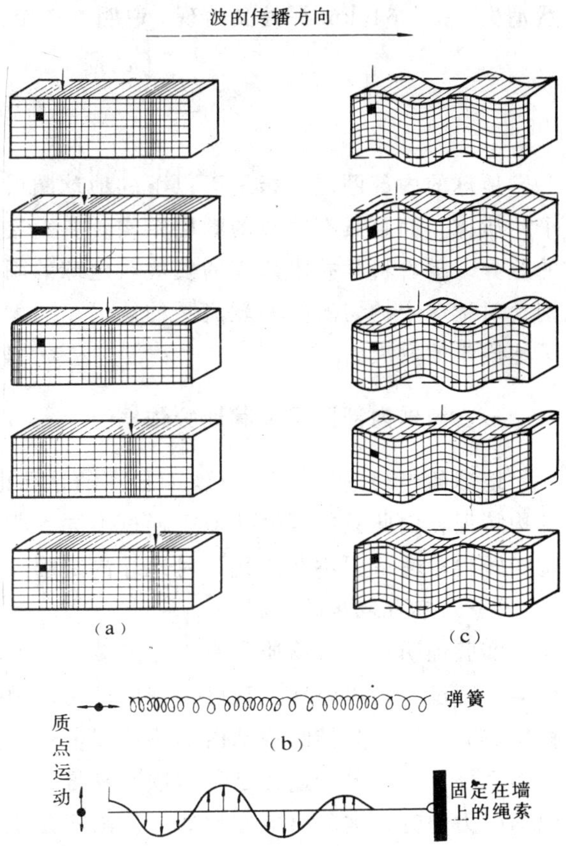

图 1-15　不同地震波类型示意图

（据张宝玫、陈奇主编，《地质学原理》，1982）

(a)、(b) 纵波特点；(c)、(d) 横波特点

1.73 倍。当体波传播到介质表面或两介质间的界面时就会发生反射或折射，同时有一部分转化为沿界面或表面传播，从而形成面波。面波质点振动比较复杂，传播速度更慢，只有横波速度的 3/4。

地震波波速的大小与传播介质的密度和弹性有关，其关系式是：

$$V_p^2 = \frac{k + 4/3\mu}{\rho} \qquad V_s^2 = \frac{\mu}{\rho}$$

式中，V_p、V_s 分别为纵波、横波波速，ρ 为介质的密度，k 为介质的体变模量，μ 为切变模量。体变模量和切变模量均为弹性模量。体变模量是物体在围压下体积缩小的程度，体变模量愈大的物体其体积愈难压缩。液态物质很难压缩体积，所以体变模量很大。切变模量是物体在定向压力下形状改变的程度。切变模量愈小的物体其形状愈易改变。液体没有反抗变形的能力，所以切变模量为零。由此可见，波速与密度成反比，与体变模量和切变模量成正比。在固体中纵波和横波都可传播，而在液体中，由于切变模量为零，故横波不能通过。由于两种弹性模量都与地震波速和密度成正比，已知地球内部密度随深度增加而增大，波速也随深度增加而变高，因此弹性模量也是随深度增加而增加的。但是，横波在大约 2 900km 深度处突然消失，在 4 640km 深处又出现，说明在两个深度之间的物质为液态，其切变模量应等于零。

第四节　地球内部的圈层结构

地球的内部圈层是指地面以下的地球圈层。已获得的大量资料充分证明，地球并不是一个均质体，而且具有明显的圈层结构。各圈层之间具有明显的物理化学性质和物质运动状态的差异。随着科学技术研究的发展，地球的圈层结构及其基本特征愈来愈被人们所认识。特别是对地球中的岩石圈和软流圈的认识，大大促进了人类对动力地质作用过程的理解，推动了地质学的发展。

一、地球内部圈层及其划分依据

地球的半径约为 6 371km，而最深的钻孔也不过 13km 左右。人类不能直接观察地球内部结构特征，因此只能根据从地表通过不同手段和方法得到的多方面资料进行分析推测，并通过实践检验使认识不断深化。对地球内部圈层构造及其特征的认识主要依据以下几个方面：

（一）宇宙地质的依据

实验证明，宇宙物质具有内在的统一性。根据光谱分析研究，组成宇宙天体的化学元素种类，都没有超出地球上现已发现的种类。因此，宇宙天体（特别是太阳系内其他天体）的物质成分可以作为推断地球内部物质成分的参考依据。除宇航员直接从宇宙天体中获取岩石标本之外，最主要的途径是利用陨石来推测。陨石（meteorite）是其他星体的碎块，当进入地球引力场时，被吸引落在地球上。陨石是说明星体内部物质特征的第一手实际资料。对陨石的研究表明，其成分不外三类：

铁陨石　主要由铁镍组成，相对密度为 8.0～8.5 或更大。

石陨石　主要由橄榄石、辉石等铁镁硅酸盐矿物组成，相对密度为 3～3.5 或更大。

铁石陨石　为上述两种的过渡类型。

利用陨石的成分、特性等资料，结合地球内部的密度、地震波波速等可推断地球内部的物质状态。一般认为，地球内部物质成分应与铁陨石和石陨石大致相当，为铁镍和接近超基性岩的岩石。

（二）地质学依据

地质学研究表明，地表出露的岩浆岩来自地下较深的部位。研究其物质成分和形成时的温压条件可帮助人类认识地下的物质状态及环境。特别是超基性岩，它们常常沿一些深大断裂分布，是深源的。其中含金刚石的金伯利岩是个典型例子。它是一种富钾的超基性岩，原生的金刚石几乎全部产出于金伯利岩中。实验室内人工试验表明，金刚石生成温度为1 100～2 200℃、压力为5万个大气压，它相当于150km深处的环境。金伯利岩中常含石榴二辉橄榄岩的包体，显示出岩浆来源于上地幔。可见，地下深部应是超基性岩或类似的岩石。

对稳定同位素比值的研究发现，陨石的一些特征性同位素比值十分稳定，例如$^{12}C/^{14}C$＝89.60；$^{87}Sr/^{86}Sr$＝0.698 99；$^{32}S/^{34}S$＝（22.20－22.24）±0.01。而地球内部物质也具有同一比值。例如，金刚石$^{12}C/^{14}C$＝89.24～89.78，平均为89.44。金伯利岩中的碳酸盐$^{12}C/^{14}C$＝89.49～89.69，平均为89.60。金伯利岩中的方解石$^{87}Sr/^{86}Sr$＝0.704 0～0.708 3。可见两者同位素比值十分相似，由此进一步说明了金伯利岩代表了一种深源岩石。

（三）地球物理依据

地球物理方法虽然不能直接确定地球内部的物质成分，但是可以定量地确定地球内部各处的物性参数和结构。地球物理方法将实测的各种数据与有关的宇宙物质和地表物质的各种数据进行对比分析，构成了现代认识地球内部特征的基本模式。地球物理诸方法中又以地震波对地内的“透视”作用作为基础。下面简要介绍它们的主要用途：

（1）根据地震波在地球内部传播的波速变化可将地球内部划分为若干圈层。在每个圈层内部波速是连续的，说明其物质成分、物理条件是相对均一的。在圈层边界处波速突变或不连续，说明物质成分或其他条件有明显差异；

（2）根据地震波在地内的传播速度等资料，可求出各圈层密度分布；

（3）根据S波能否通过和波速衰减快慢推断各圈层物质是固态或液态。根据波速和密度可以计算出各圈层的弹性模量。根据各个深度单位面积上上覆岩石柱的密度、重力，可计算出各深度处的压力；

（4）根据各圈层的密度、波速等数据，结合宇宙地质和地表地质资料对比分析，推断各圈层的物质成分。一般方法是如果某类岩石实测的地震波速、密度等数据与地内某层圈的数据相一致，推断该圈层即由该类岩石组成。由于这种方法具有多解性，符合条件可能不止一种，所以对其结论有不同意见，但目前对地内主要圈层的物质成分基本上有比较一致的认识。

（四）地球的内部圈层划分

地震波速度变化明显的深度，反映了那里的地球物质在成分上或物态上有显著变化，或者是两者都有显著变化。这个深度，可以作为上下两种物质的分界面，称为不连续面，或称为界面。在地球内部最显著的不连续面是在大约2 900km的深度处，S波传播到此深度终止，P波速度在此处也急剧减低。这个界面是古登堡在1914年提出的，所以又称为古登堡面（Gutenberg discontinuity），它构成地幔和地核的分界面。地震波速的另一个显著不连续面，一般位于大陆地表之下深度为33km处，最深可达60km以上，而在洋底下面仅为5～8km。这个界面是莫霍洛维奇在1909年发现的，因而称为“莫霍面”（Moho-discontinuity），它被确定为地壳与地幔的分界面。这样，通常根据古登堡面和莫霍面把固体地球分为三大圈层，即地壳（crust）、地幔（mantle）和地核（core）。

1936 年，雷曼（L. Lehmann）发现地核并不是均一的，而是由两个主要部分组成的，从而又提出了存在着内核和外核的区别。内核的 P 波速度比外核中的 P 波速度高得多。通常，内地核与外地核之间的界面被称为雷曼界面，此界面的平均深度约为 5 000km。

布伦在 1955 年根据地震波速度的变化和地球内部的密度变化，把固体地球分为七个圈层，分别称 A、B、C、D、E、F、G 层（表 1-4）。A 层是地壳，上地幔由 B 层和 C 层组成，下地幔为 D 层，对 D 层又细分为 D′和 D″层。地核分为外核 E、过渡层 F 和内核 G。

值得注意的是，地震波速分布情况表明，在上地幔中，有一个明显的低速层。这个低速层是古登堡最初于 1926 年提出来的。近年来，随着观测技术的发展和电子计算机的运用，确定低速层存在于深度为 60～250km 的范围，其中在 100～150km 深度内波速最低，并且具有明显的区域性。这种在地下深度为 60～250km 范围内的地震波速低速层，是一个具软塑性和流动性的层次，通常称为软流圈。

软流圈的存在及其发现为地球的分圈提出了新的思考。直到现在，"地壳"这个术语仍然被用于标明莫霍面以上的固体地球部分，但是地球完整的刚性外壳，并不只是到达莫霍面，而是一直向下延伸到软流圈为止。这个完整的刚性部分，是固体地球的真正外壳。这样，现在有些学者提出了一种新的固体地球基本结构的划分方案：即岩石圈、软流圈、地幔圈（即软流圈之下至外核的部分，为一固体圈层）、外核液体圈（简称外核）和内核固体圈（简称内核）（表 1-4）。这些圈层对于探讨地球的地质演化是十分重要的。

二、地球内部圈层的基本特征

（一）*岩石圈*

岩石圈（lithosphere）是指软流圈之上的固体地球部分。它包括早期分层方案中的地壳（A 层）和上地幔的顶部（B′层）。根据现代地球物理学对岩石圈厚度状况的研究，岩石圈的厚度在不同地区变化很大。大洋岩石圈的厚度一般为 60km 左右，在具有高热流值的大洋中脊轴部地区，岩石圈的厚度仅为 20km 左右；随着自中脊轴部向两侧热流值逐渐降低，岩石圈的厚度逐渐增大，但大洋岩石圈的厚度最大不超过 100km。在大陆地区，岩石圈的厚度大部分都超过 100km，平均约为 120km。整个岩石圈厚度平均为 100km。

地壳是岩石圈上部次级圈层。它以莫霍面与上地幔顶部（B′层）相分隔。地壳的大陆部分和大洋部分在结构及演化历史上均有明显差异，因此，它可以分为大陆型地壳和大洋型地壳。大陆型地壳（简称陆壳）是指大陆及大陆架部分的地壳，它具有上部的硅铝层和下部的硅镁层的双层结构（图 1-16）。硅铝层的 P 波速度为 5.6～6.0km/s，密度为 2.6～2.7g/cm^3，一般厚度为 10km。硅镁层的 P 波速度约为 6.8km/s，密度为 2.9～3.0g/cm^3，厚度为 15～20km。硅铝层的物质组成与大陆出露的花岗岩成分近似，也称花岗质层。硅镁层的物质组成则与玄武岩成分相近，也称玄武岩质层。硅铝层与硅镁层之间的界面，称康拉德面（Conrad discontinuity）。康拉德面并不是一个普遍存在的不连续面。大陆型地壳（continental crust）是在原始古老地壳基础上发展起来的，最古老的岩石估计形成于 41 亿年以前。大陆型地壳由于经历多期的地壳运动，大部分岩石已发生了变形（褶皱、断裂等）。大陆型地壳各处厚度不一致，高山地区比较厚，平原地区比较薄。如我国东部地区地壳厚度为 30～45km，西藏高原地壳厚度大部分在 70km 左右。大陆型地壳平均厚度为 33km。

大洋型地壳（oceanic crust）（简称洋壳）往往缺失硅铝层，仅发育硅镁层，不具双层结

表 1-4　地球的内部圈层和主要物理数据

圈层名称			代号	深度(km)	纵波 V_p (km/s)	横波 V_s (km/s)	密度(g/cm^3)	重力(Gal)	压力(10^6atm)	温度(℃)
岩石圈	地壳		A		5.6	3.4	2.6	981	1×10^{-6}	14
					~	~	~	~	~	
					7.0	4.0	3.0			
莫霍面				大陆 33				984	0.01	1 000
	地幔	上地幔	B　B′		8.0	4.4	3.32			
				60						
软流圈			B″		8.2	4.6	3.34	984.7	0.019	500～1 100
				100	7.8	4.2	3.4	~	0.031	700～1 300
				150	7.7	4.0	3.5		0.049	800～1 400
				250	8.2	4.55	3.6	989	0.068	1 000～1 600
				400						
地幔圈			C		9.0	4.98	3.85	994	0.14	1 200～2 000
					10.2	5.65	4.1	995	0.218	1 300～2 250
				1 000				994		
		下地幔	D		11.43	6.35	4.6	986	0.4	1 850～3 000
					~	~	~		~	2 500～3 900
					13.32	7.11	5.7	1 050	1.34	2 800～4 300
古登堡面				2 898				1 030	1.50	2 850～4 400
外核液体圈	地核	外核	E		8.1	0.0	9.7			
				3 500	8.9	0.0	10.4	880	1.93	3 700～4 700
				4 640	10.4	2.07	12.0	610	2.98	4 500～5 500
内核固体圈		过渡层	F	4 900	10.4	1.24	12.5		3.2	4 700～5 700
				5 155	11.0	3.6	12.7	430	3.32	4 720～5 720
		内核	G	5 500	11.2	3.7	12.9	300	3.5	4 900～5 900
							13.0	0	3.7	5 000～6 000
				6 371	11.3	3.7				

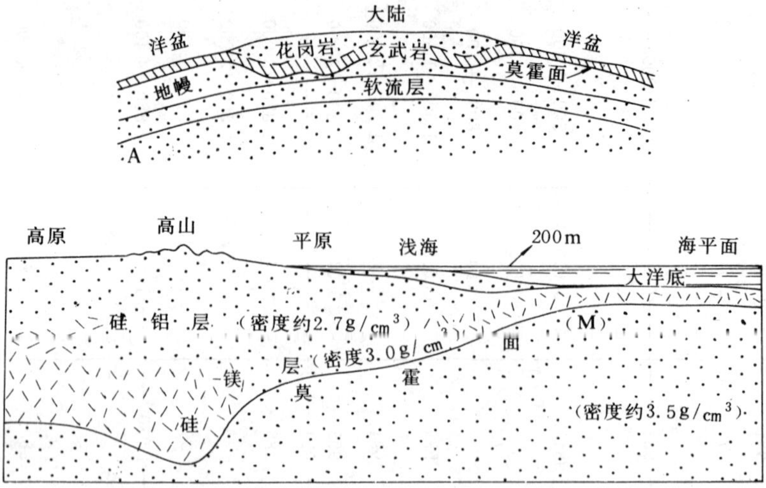

图 1-16 地壳的双层结构

构（图 1-16）。大洋型地壳除上部覆盖着极薄的沉积物之外，几乎完全由富含 Fe、Mg 的火山岩、橄榄岩（硅镁层）组成。洋壳的岩石一般较年轻，最老的岩石形成于 2 亿年前，大部分岩石则是 1 亿年前以来形成的。洋壳厚度也不均一，如太平洋地壳平均厚度为 6km。其中，西太平洋洋壳较厚，平均为 8.3km，东太平洋洋壳厚度平均为 5.8km，洋隆的厚度可达 10km 以上。全球洋壳的平均厚度为 6～8km。

在莫霍面之下、软流圈之上的固体圈层为早期分层方案中的上地幔顶部（即 B′层）。由于莫霍面起伏不平，该层厚度变化较大。在大洋地区厚度约 50km，而大陆地区约 80km，平均约 65km。平均密度 3.33g/cm³。其物质成分与石陨石相当，一般认为是含 Fe、Mg 多的硅酸盐矿物（辉石、橄榄石）组成的超基性岩，该部分岩石圈一般称为地幔硅镁层。

可见，岩石圈内部具有三层结构。它们之间的界面为莫霍面和康拉德面。大量探测资料表明，莫霍面的形态比康拉德面的形态表现得比较简单和平滑，并且莫霍面更为明显和清楚。它们将岩石圈分隔为硅铝层、硅镁层和地幔硅镁层。这两个界面实际上标志着岩石圈内部上下的物质在化学成分和晶体结构方面的变化，而不是地球表层物质从硬到软的一种突然的转变。

关于大陆岩石圈内部结构特征，近年来取得了重要进展。大陆岩石圈在垂向结构上存在着明显的流变分层性，特别是中下地壳普遍具有一层或几层软弱层。通常脆性行为出现在中、上地壳及下地壳和上地幔的镁铁质和超镁质岩石中，而韧性行为发生在 5～10km 之下（取决于地热梯度）的富石英岩石中。不同层次的脆性和韧性行为构成大陆岩石圈不同于大洋岩石圈的“三层”或“四层”流变学结构，或所谓多层软心结构。从宏观上看，大陆岩石圈深部根据流变学特点从下而上可分为：岩石圈的地幔部分（大大强于流体层）、固态下地壳（镁铁质，比上部流体层强硬得多）、流体地壳层（或称壳内软层、韧性层）、上地壳。壳内软层在大陆变形中起着重要作用。在挤压造山期间，厚地壳、高热流的地区（如青藏高原）往往通过壳内软层来容纳其岩石圈地幔和固态下地壳中的应变，并导致上地壳出现宽阔的弥散性变形。壳内软层及深部的软流圈在岩石圈变形过程中共同起到滑脱层的作用。

（二）软流圈

软流圈（asthenosphere）是指地下 60～250km 之间地震波速度减低的地带，也称低速带。

它位于布伦的B层之中。软流圈平均密度为3.5g/cm^3，其物质成分与石陨石相当。软流圈以上的岩石为固体的结晶岩，而软流圈内因温度增高，接近岩石熔点，但并未熔化，岩石的塑性和活动性增加，从而降低了地震波速度。

软流圈是一个全球范围内普遍存在的圈层，虽然其厚度是很不均一的。刚性的岩石圈和柔性的软流圈之间，界限是渐变的。一般认为，这两个圈层之间的界限可能代表了当岩石达到熔点时的一种物理性质的变化。这就说明这个界限为什么不是一个突变的界面。目前人们普遍认为，存在于软流圈中的熔融物质，是炽热的和熔融的，是能够发生某种形式的对流运动的。软流圈实际上是大规模岩浆活动的策源地，中源地震（70～300km）也发生于此。全球性洋底扩张运动最明显地表现出软流圈在这方面的作用。软流圈不断地向地表喷出巨量熔岩来形成岩石圈。但由于岩石圈物质的运动和演化，岩石圈物质又不断回到软流圈之中。岩石圈是在软流圈上漂浮着和运动着的。软流圈的对流运动对岩石圈中发生的各种地质现象起着重要作用。

近年来大陆深部地球物理研究成果表明，一些大陆的古老地块下面往往缺失软流圈，或软流圈发育不好。地壳之下的地幔被牢固地贴在上覆的大陆上，构成一个深深的大陆根。例如，在北美大陆之下的大陆根厚达400km，深深插入地幔之中。这一发现，意味着关于软流圈在全球范围的连续性、软流圈对流对其上的大陆岩石圈运动的驱动作用及大陆岩石圈概念等问题还有待于进一步研究。

（三）地幔圈

这里的地幔圈是指软流圈之下至古登堡界面的部分，厚度约2 650km。相当于布伦的C层和D层。

软流圈之下的C层，厚度为750km。地震波速度在该层迅速增高，密度迅速增大到4.1g/cm^3，表明物质状态发生显著变化。其成分与石陨石相当，主要由铁、镁硅酸盐矿物组成。实验证明，这里的高温高压使橄榄石和辉石发生晶体结构上的变化，橄榄石晶体的原子结构由疏堆集相变为密堆集相，再进而分离成氧化物，如方镁石（MgO）、方铁矿（FeO）和超石英（SiO_2），它们属高压型矿物，所以C层叫相变带。这种相变过程所产生的能量，成为地球内部能源之一。

D层厚1 900km，平均密度5.1g/cm^3。成分比较均匀，物质结构没有变化，只是铁的含量更多一些，相当于石铁陨石。地震波速度平缓增加，只是在2 752～2 898km间100多公里范围内波速较低而密度较高，是由地幔向地核转化的前奏。

（四）地核

地核是自地下2 898km处至地心的部分，厚度为3 500km。以雷曼界面为界，地核可分为外核和内核，而外核与内核之间还存在一个非常薄的过渡层。

外核厚度1 742km，平均密度约为10.4g/cm^{3}左右。由于P波速度急剧降低，S波不能通过，证明外核的地震波吸收系数很小，切变模量为零。因此可以肯定外核是液体圈层，所以称其为外核液体圈。

内核厚度约为1 200km，平均密度为12.9g/cm^{3}左右。纵波和横波都能通过，并发现纵波进入内核时可转换成横波，穿出内核时又可转换成纵波，因此，内核肯定是固体，所以称其为内核固体圈。

内核和外核之间的过渡层只有515km。在过渡层内波速复杂，可测到速度不大的横波，说明从液态开始向固体过渡。

地核的物质成分同陨石对比，相当于铁陨石的成分，主要由铁、镍组成。而外核除液态铁、镍外还混有一些轻元素，如硫或硅。

三、地壳的物质组成

地壳乃至整个岩石圈是由固体岩石组成的，岩石是由矿物组成的，而矿物又是由元素组成的。在地壳的演化过程中，岩石和矿物不断产生和破坏，元素由一种存在形式变为另一种存在形式，并进行长途迁移和不断循环，从而使得整个地壳的物质组成在不断变化。

（一）元素

已知的化学元素，除了人造元素以外，在地壳中均有所发现。但是，各种元素在地壳中的分布和分配是很不均匀的。这种不均匀现象与元素本身的特点有关，也与它们在地壳中所处的物理、化学条件有关。

对地壳化学成分的研究，目前所能直接取得的资料仅来自地壳表层。许多研究者曾采集各地有代表性的岩石标本进行分析，以求得地壳中各种元素的平均重量百分比。据克拉克（F. W. Clark，1924）等人的研究结果，仅O、Si、Al、Fe、Ca、Na、Mg、K 8种元素的平均含量，就占了地壳总量的97.52%，其中近一半是氧，硅占了1/4。除以上8种元素外，其余几十种元素共计不到3%。为了纪念克拉克的功绩，将各种元素在地壳中重量的百分比，称为克拉克值。克拉克值又称为地壳元素的丰度。近年来的研究结果表明，上述8种元素加上Ti、H共10种元素占地壳总重量的99.96%，而其余元素重量的总和不足地壳总重量的1‰。由于地壳的物质组成存在着复杂性和多样性，因而整个地壳乃至岩石圈的化学组成尚待进一步研究。

必须指出，化学元素在地壳中的分布不仅在总的数量上是不均匀的，而且在不同地区、不同深度的分布也是不均匀的。一般来说硅铝层以O、Si、Al为主，Ca、Na、K也较多，但到了硅镁层虽然仍以O、Si为主，但其他元素含量减少，Mg、Fe含量相应地增多。另外，由于地质作用使某些元素发生分散或富集，所以，在一些地区，某些元素或高于或低于克拉克值。其中有用元素若其含量远远高于克拉克值，并且可开采利用，即成为矿产。

（二）矿物

地壳中的绝大部分元素并不是作为单个原子出现的，而是结合为复杂的结晶物质，即所谓矿物。矿物是由地质作用所形成的天然单质或化合物，它具有相对固定的化学成分和物理性质。矿物在一定的地质条件下相对稳定，而当外界条件改变到一定程度时，原有的矿物就要发生变化。绝大多数矿物呈固态无机物，而液态矿物、气态矿物和有机矿物均为数甚少。在固态矿物中，绝大部分是结晶质，少数是非晶质。

固体结晶质矿物具有一定的晶体结构和化学成分。晶体结构，是指组成矿物的原子或离子的几何排列型式。晶体则是具有内部晶体结构和一定的几何外形的固体。在特定情况下所形成的矿物的种类取决于各种因素，例如：温度、压力、所含水的化学活动性及化学元素的活动性和相对丰度。只要保持在适当的环境中并充分地供应离子，矿物晶体就会不停地生长。

矿物的形态是识别矿物的依据之一。依据单个晶体在空间上的发育程度可分为三类：①一向伸长型，其晶体呈一个方向发展，如柱状、针状矿物中的石英、角闪石、石棉等；②二向伸长型，其晶体呈两向发展，如片状或板状矿物中的云母、长石等；③三向伸长型，其晶体各向大致等长，如粒状黄铁矿等。天然产出的晶体很少呈个体形态，大多数呈集合体形态，即同种矿物互相联结在一起形成的各种形态。结晶矿物的集合体形态主要有：纤维状、放射状、片状、粒状集合体和晶簇（图1-17)。非晶质矿物主要由胶体凝结而成，由于生成环境不同而有多样的形态，如球状、豆状、瘤状、葡萄状、肾状等。

矿物各有不同的颜色，这是最引人注意的性质。矿物的颜色是矿物对不同波长可见光吸收程度不同的反映。①对各种波长可见光不同程度的均匀吸收，则显出黑、灰等颜色；②矿物选择吸收某些波长的可见光，矿物则显出各种不同的颜色。只有金属光泽的矿物由于不透明而颜色比较固定，透明矿物常因含少量杂质等呈不同颜色。矿物粉末的颜色，称为矿物的条痕。条痕一般是观察矿物在毛瓷板上擦划后所留粉末痕迹的颜色。条痕颜色和矿物外观颜色有的相似，但有的差别很大。条痕颜色比外观颜色更为固定，因而成为鉴定矿物的一个重要标志。

图1-17　石英晶簇

矿物新鲜面对可见光的反射、折射或吸收能力的反映，称矿物的光泽，通常可分为金属光泽、非金属光泽和半金属光泽。金属光泽与金属新鲜平面相似，反光最强烈；半金属光泽似金属光泽，但较晦暗些；非金属光泽为透明或半透明的矿物所具有，不具金属感。

表1-5　摩氏硬度计

等级	标准矿物	等级	标准矿物
1度	滑　石	6度	正长石
2度	石　膏	7度	石　英
3度	方解石	8度	黄　玉
4度	萤　石	9度	刚　玉
5度	磷灰石	10度	金刚石

矿物表面抵抗外来机械作用的能力称为硬度。硬度在肉眼鉴定中主要是指抵抗刻划的能力，通常是指示矿物相对软硬的程度。一个世纪以前，摩斯（F. Mohs）曾选定了10种软硬不同的常见矿物作为标准，组成相对硬度系列，这就是“摩氏硬度计”（表1-5)。摩氏硬度计把这些标准矿物硬度定为1～10度。摩氏硬度计中任一种矿物可以把比它硬度低的矿物划出痕迹来，而硬度更高的矿物又把它划出痕迹来。把需要鉴定硬度的矿物与摩氏硬度计中的矿物相互刻划，便可确定其相对硬度。

矿物晶体受力后沿一定方向的平面破裂的性能称为解理。矿物裂开的面称为解理面。解理按其性能可分为：极完全解理、完全解理、中等解理、不完全解理和极不完全解理。矿物受力后形成凹凸不平的破裂面称为断口。解理和断口的关系是互为消长的。如石英具有断口，而云母则具有极完全解理。矿物的其他性质，如相对密度、磁性、熔点和放射性等，对鉴定某些矿物也是很重要的。

根据矿物化学成分的不同，可将其分为六大类型：

1. *自然元素*　为自然产出的由原子自相结合而成的单质矿物，此类矿物较稀少，如自然金（Au)、自然铂（Pt)、自然银（Ag)、金刚石（C）和石墨（C）等；

2. *硫化物*　此类除 H_2S 外都是金属与硫元素的化合物，如黄铁矿（FeS_2)、黄铜矿（$CuFeS_2$)、方铅矿（PbS)、闪锌矿（ZnS)、辉锑矿（Sb_2S_3)；

3. *氧化物及氢氧化物*　该类矿物的阴离子为 O^{2-} 或 $(OH)^-$，阳离子主要为亲氧元素Al、Si、Mg等和过渡元素Fe、Mn、Ti、V等，以及亲铜元素Cu、Zn、Sn等。它们在岩石圈表层氧化环境中分布最广，以硅、铝、铁、锰的氧化物或氢氧化物最为常见，如磁铁矿

(Fe_3O_4)、赤铁矿 (Fe_2O_3)、褐铁矿 ($Fe_2O_3 \cdot nH_2O$) 等。此类矿物约 200 多种，占地壳质量的 17%；

4. 卤化物　为各种轻金属阳离子与卤族元素的阴离子相结合的化合物。如石盐 (NaCl)、萤石 (CaF_2) 等；

5. 含氧盐　包括硅酸盐、碳酸盐、硫酸盐和磷酸盐等。它们几乎占了已知矿物的 2/3，其中硅酸盐类是最主要的造岩矿物类，按质量计占地壳的 75%～80%。如橄榄石 ($(Mg,Fe)_2[SiO_4]$)、普通角闪石 ($Ca_2Na(Mg,Fe)(Al,Fe)[(Si,Al)_4O_{11}]_2[OH]_2$)、普通辉石 ($(Ca,Na)(Mg^{2+},Fe^{2+},Al)[(Si,Al)_2O_6]$)、黑云母 ($K(Mg,Fe)_3[AlSi_3O_{10}](OH,F)_2$)、钾长石 ($K[AlSi_3O_8]$)、斜长石 ($Na[AlSi_3O_8]-Ca[Al_3Si_2O_8]$) 等。碳酸盐分布最广的矿物为方解石 ($CaCO_3$) 和白云石 ($CaMg(CO_3)_2$)；

6. 有机化合物　有机矿物由 C、H、O、N、S 等元素组成，并有固体、液体和气体等类型。这类矿物仅几十种，占矿物总数的 1%左右。

（三）岩石

岩石是由矿物或岩屑在一定的地质作用下形成的集合体。不同的矿物集合体组成不同的岩石。岩石的形成和变化主要是与地质作用系统中的岩浆作用、变质作用和表生作用等密切相关的。因此，岩石圈中种类繁多的岩石，按其成因可以分为岩浆岩（火成岩）、沉积岩和变质岩三大类。

岩浆岩 (magmatite) 是指岩浆侵入地下或喷出地表，由于温度降低而冷凝形成的岩石。岩浆岩是地壳中最主要的一类岩石，它构成了地壳的绝大部分，分布非常广泛。不同成分的岩浆冷凝后可形成不同的岩浆岩，同样成分的岩浆在不同条件下冷凝也可形成不同的岩浆岩。岩浆岩最主要的造岩矿物有：石英、正长石、斜长石、黑云母、角闪石、辉石和橄榄石，它们在岩浆岩中的分配是不同的。组成岩浆岩的主要元素为：O、Si、Al、Fe、Mg、Ca、K、Na 八种元素，它们在岩浆岩中可占 98%。

沉积岩 (sedimental rock) 是在地表或接近地表的环境条件下，由各种外动力地质作用形成的沉积物经过固结成岩作用形成的岩石。沉积岩在陆地表面分布最广，但在地表往下沉积岩所占比例逐渐减小，到地表以下 10～20km 处沉积岩仅占 5%。组成沉积岩的物质成分中常见的有：矿物、岩屑、化学沉积物、有机质等，此外还有火山物质和宇宙物质。沉积岩具有明显的成层构造特征，即层理构造，同时其中常含有生物化石。沉积岩中所含矿产丰富，有煤、石油、铁、锰、铝、磷和盐类等。

变质岩 (metamorphic rock) 是原有岩石在地下特定环境中，由于温度、压力及化学活动性流体等因素的作用，使原来岩石的成分、结构、构造发生变化而形成的新岩石。简单地说，变质岩是由变质作用形成的岩石。岩石的变质作用基本上是在固态的情况下进行的。温度、压力和化学活动性流体这三个因素是变质作用的推动力。在变质作用过程中，原有的矿物会重结晶成较大的晶体或被分解而重新组合成新的矿物。变质岩的矿物成分和结构、构造往往与原岩有很大差异，但可残留着原岩的某些特征。变质岩主要分布于大陆地区。

三大岩类构成了地壳和岩石圈。它们在地壳中的分布不均匀。若按重量计算沉积岩仅占地壳质量的 5%、变质岩占 6%、岩浆岩占 89%。岩浆岩主要分布于岩石圈的深处，沉积岩分布于岩石圈最外层呈厚度不均的不连续分布，变质岩则主要分布于地下较深处构造活动带和岩浆活动带的周围。按各类岩石在地表的分布面积计算，沉积岩占陆地面积的 75%、变质岩和岩浆岩合计只占 25%。至于洋底，除了部分地区有较薄的未固结的沉积物之外，大部分由年代较新的玄武岩组成。

第五节 地球的动力地质作用系统

一、动力地质作用的一般概念

地球自形成以来，在漫长的地质年代中，其结构、构造、物质成分和地表形态都在不断地变化着。裸露在地表的岩石在风化作用下会变得松散和破碎，在各种地质营力的作用下会脱离基岩，不断迁移，最后在适当地点沉积成岩；强烈的地震活动不仅给人们的生命财产造成巨大的损失，而且还会引起山崩地裂，改变地面形态和地下结构；火山作用也会导致地球物质迁移和地面形态变化；喜马拉雅山在不断上升，而我国东部沿海某些地区却在缓慢下降，大西洋中脊多处沿东西向断裂并不断地发生水平位移。如此种种的变化主要反映在岩石圈及地球表面形态的演变，它们是岩石圈及与其相接触的各圈层物质运动和相互作用的结果。在岩石圈表面，岩石圈直接受到大气圈、水圈和生物圈的作用；在岩石圈内部，岩石圈直接受到软流圈的作用。大气圈、水圈及生物圈对岩石圈作用的主要形式，是大气和水这种地表流体的全球性循环流动及生物的生命活动；软流圈对岩石圈作用的主要形式，是在岩石圈与其内部圈层作巨大规模相对运动过程中，软流圈物质所发生的循环运动。在地球内、外部这些圈层的物质运动和相互作用过程中，产生了与岩石圈演化相关的一系列动力地质作用和过程。因此，地质学把自然界中各种动力引起岩石圈的物质组成、内部结构和构造及地表形态等不断变化和发展的作用称为动力地质作用，或简称为地质作用（geological process），把引起这些变化的各种自然动力称为地质营力。

地质作用的能量来源比较复杂，一般认为地球以外的能量称外来能量，而地球内部的能量称为内生能量。外来能量主要是太阳辐射能和宇宙空间能。太阳辐射能引起大气圈、水圈、生物圈的物质循环运动。内生能量主要有地球的热能、重力能及地球自转和转速变化的动能。内生能源可以促使岩石圈运动。

地质学中一直根据动力来源不同，将地质作用分为内动力地质作用和外动力地质作用两种基本类型。但是许多地质作用并不仅仅是由所谓外来能量（外力）和内生能量（内力）引起的，而是各种内外力联合起来作用的综合结果。例如，重力通常被归属为内力，但地表流水和冰川等一系列外动力地质作用却都涉及到重力作用；通常将山崩、滑坡等归属外动力地质作用，然而这种作用不过是某些地表物质在重力作用下而发生的下移作用。在地球中，岩石圈表面即地表，是一个非常重要的界面。在这个界面的上下，地球的空间特征和物质状态有着非常显著的差异：其上是大气圈物质的存在和活动的主要范围；其下则是岩石圈和软流圈等。同时，在研究方法上也存在差异，对地表以上的地质作用可用直接观察和测量的方式加以研究；对地表以下的部分只能用间接的方式进行研究。由此，我们可以用地表这个界面将地质作用分为地表的动力地质作用和岩石圈动力地质作用。凡发生于地表界面以上的地质作用及发生于极为接近于地表界面的岩石圈表层的动力地质作用，称为地表动力地质作用（简称地表地质作用）。发生于地表界面以下岩石圈中的地质作用，称为岩石圈动力地质作用（简称岩石圈地质作用）。

二、地表动力地质作用概述

地表动力地质作用所处的环境比较复杂，包括水圈、大气圈和生物圈及岩石圈表层。作用营力较多，有水、冰川、大气、风及生物，其作用对象主要是岩石圈表层的岩石。地球表面主要有陆地和海洋两个基本地形单元，在这两种区域内地质作用方式有很大的不同。为了尽可能地反映地质作用的特点，按照地质营力的作用方式和作用地点将地表地质作用划分为风化作用、风的地质作用、陆地流水的地质作用（包括河流的地质作用、地下水的地质作用、冰川的地质作用等）、湖泊的地质作用、海洋的地质作用。

地表地质作用的程序一般是按照风化作用、剥蚀作用、搬运作用、沉积作用和硬结成岩作用这样的顺序进行的。

1. 风化作用　是指在地表环境下，由于温度变化、大气、水及生物等作用，使岩石和矿物在原地发生分解和破坏的过程。

2. 剥蚀作用　是地表岩石和土壤受大气、陆地流水、湖水、海水和生物在运动过程中产生的营力作用发生破坏，并且其破坏产物同时被剥离原地的过程。

3. 搬运作用　是指风化和剥蚀作用产生的碎屑、胶体、分子或离子等不同形态的物质，被陆地流水、风、湖水、海水和生物搬离原地而迁移到别处的过程。

4. 沉积作用　是指被搬运的物质，当其搬运介质动能减小和介质的物理化学条件发生改变或由于生物的活动，在新的适宜环境中有规律沉淀、堆积起来的过程。

5. 成岩作用　是指沉积物堆积至一定厚度时，处于下部的松散沉积物因被长期压固、脱水、胶结及重结晶而转变成坚硬沉积岩的过程。

三、岩石圈动力地质作用概述

岩石圈动力地质作用是发生在岩石圈内，主要由内生能源引起的一系列地质作用，岩石圈动力地质作用可以划分为如下类型：

1. 构造运动　是指由内生能量引起的岩石圈物质的一种机械运动。构造运动按其主要表现形式，可进一步划分为：大陆漂移作用、海底扩张作用、褶皱作用、断裂作用等。

2. 岩浆作用　是指岩浆的形成、运移直到冷凝固结成岩浆岩的演化过程。

3. 变质作用　是指岩石圈内一定环境中的岩石，在温度、压力和化学活动性流体等因素影响下，基本保持固体状态，发生结构、构造及物质成分的变化，从而转变成新岩石的过程。

另外，在岩石圈与软流圈接触面附近还发生着一系列地质作用，它们对岩石圈的演化也具有重要意义。①底面固结作用，是指在新生大洋岩石圈随洋底扩张逐渐远离洋脊轴部而不断冷却的过程中，大洋岩石圈内部等温面逐渐下降，使得在岩石圈与软流圈之间的界面上，软流圈熔融物质持续不断地凝固附加在大洋岩石圈的底面，从而使大洋岩石圈不断增厚的地质作用。②底面侵蚀作用，是指岩石圈与地球其他内圈之间作巨大规模相对运动过程中，在大陆岩石圈与软流圈发生相互作用的界面上，即大陆岩石圈底面上，软流圈高温熔融的运动物质，不断对大陆岩石圈底面的冲击和摩擦侵蚀及大规模熔融的地质作用。

在地球中，各种动力地质作用既相互区别，又相互联系、相互制约和紧密配合，从而形成一个统一的地质作用系统，促使岩石圈不断演化。地表动力地质作用与岩石圈动力地质作用，尽管作用部位不同，但在促使岩石圈演化中所起的作用，却是相互联系的。岩石圈是各种地质作用共同活动和起作用的场所，从而也是各种地质作用综合作用的产物。但是，岩石圈动力地质作用在岩石圈的演化过程中是处于主导地位的。在所有地质作用中，构造运动又是最主要的地质作用，因而也是对其他各种地质作用起控制作用的地质作用。

小　　结

地球在宇宙空间中，是银河系中太阳系的一颗行星。地球的外围存在着由大气圈、水圈和生物圈组成的外部圈层。大气圈中以对流层对地球表面影响最大，由于大气的运动，在该层中可形成大气环流及各种气候现象。水受太阳辐射热、地心引力等因素的影响，可形成水的循环。地球表面形态复杂，主要有大陆和大洋两大部分，其内部可进一步划分为山地、丘陵、平原、高原、盆地、大陆边缘、大洋盆地和大洋中脊等地形单元。地球具各种物理特性，如重力、密度、地磁、地热和弹性等。这些物理特性在地球内部是变化的。根据地球物理特征，结合地质学、宇宙地质学等研究成果的综合分析，可将地球内部进一步划分为地壳、地幔、地核或岩石圈、软流圈、地幔圈、外核液体圈和内核固体圈。各圈层具有不同的物理特性。岩石圈是固体地球最外面的圈层，地壳位于其上部。地壳根据内部结构特征，可进一步划分为大陆型地壳和大洋型地壳。地壳乃至整个岩石圈是由各种岩石、矿物和元素组成的。地球动力作用划分为地表动力地质作用和岩石圈动力地质作用两大系统。

复习思考题

1. 名词解释：大气环流、气候带、大陆边缘、大陆坡、大洋中脊、布格重力异常、重力、地磁异常、地热流、地热增温率（地温梯度）、纵波、横波、岩石圈、软流圈、地壳、克拉克值、矿物、岩石、地质作用。
2. 地球内部圈层划分及其主要依据。
3. 岩石圈的概念及其基本特征。
4. 水圈的循环过程。
5. 大气环流及气候带划分。
6. 大陆及海底地形特征。
7. 地壳的基本物质组成。
8. 地球动力地质作用的基本类型。

第二章 地质年代

地球自形成以来，经历了长期的发展和演化，发生了许多地质事件。确定地球的发展历史和发展阶段，查明各种地质事件的时间，是地质学研究的任务之一。为了便于全球对比，必须有统一的时间系统，包括统一的方法和标准。地质学表示地质年代的方法有两种：①相对地质年代（relative age）；②同位素地质年龄（isotopic age）。相对地质年代主要是根据生物界的发展和演化（以化石为根据），把整个地质历史划分为一些不同的历史阶段，借以展示时间的新老关系。它只表示顺序，不表示各个时代单位的长短。同位素地质年龄则主要是利用岩石中某些放射性元素的蜕变规律，以年为单位来测算岩石形成的年龄。现在已经根据大量已知相对地质年代的绝对年龄，明确了各相对地质年代的具体时间长短，使地质时间的概念更为完善。实际上，现在使用的相对地质年代，已经具有相应的绝对年龄了。

第一节 相对地质年代

一、相对地质年代的确定依据

相对地质年代的确定主要是依据岩层的沉积顺序、生物演化和地质体之间的相互关系，即所谓的地层层序律、生物演化律和地质体之间的切割律。

（一）地层层序律

在地球表面由于各种沉积作用形成了形形色色的沉积物，这些沉积物经成岩作用而变成了沉积岩层。在一定地质年代内形成的岩层称为地层。在一个地区内，如果未经强烈的构造变动，就不会发生地层倒转，地层的顺序总是上新下老。这种正常的地层叠置关系，称为地层层序律，即叠覆律（law of superposition）。根据地层层序律人们便可将地层的先后顺序确定下来。但是，一个地区在地质历史上不可能永远处于沉积环境，常常是一个时期接受沉积，而另一个时期遭受剥蚀。因此，现在保留的地层剖面中常常缺失某些时代的地层，造成地层记录不完整。同时，强烈的地壳运动还可能使地层褶皱、断裂，甚至倒转，也可以使地层缺失而发育不完全。因此，为了建立广大区域乃至全球性的地层系统，就需要将各地的地层剖面加以综合研究、对比，从而建立一个大体统一的地层剖面作为标准。在此项研究中，对地层中所含化石的研究和对比极为重要，这就需要掌握地质历史演化过程中的生物演化规律。

（二）生物演化律

地质历史上的生物被称为古生物。保存在沉积岩层中被石化了的古生物的遗体和遗迹称为化石（fossil）。对地质历史上的生物的研究主要是依据化石。无数的事实证明一切事物——包括无机界和有机界都在不断地变化和发展，这种变化和发展又是向前的和不可逆的。这一点在生物界中表现得更为清楚和明显。古生物演化主要具有四个方面的特点：①古生物演化的总趋势是由简单到复杂、由低级到高级。各个地质历史时期有不同的生物种属，一般来说，地质时代越老，生物越低级简单；地质时代越新，生物越高级复杂。世界上发现的最古老化石是简单的菌类化石，较新且复杂的化石则是被子植物和哺乳动物化石；②古生物的演化过程不是均一的和等速的，而是由缓慢的量变和急速的质变交替出现，在质变中生物的大量绝灭和突发演化，形成了生物演化的阶段性。这种阶段性的存在与岩石圈发展演变具有阶段性和周期性密切相关。在岩石圈演变的激烈时期，往往伴随着强烈的构造运动和岩浆活动，从而引起自然环境的巨大变化，这必然会促使生物界面貌发生巨大的改变，导致有些古生物种属绝灭，有些古生物种属出现。地球上的古植物的演变大致可分为菌藻类、藻类、孢子植物、裸子植物、被子植物几个演化阶段，古动物也经历了无脊椎动物、鱼、两栖动物、古爬行动物、爬行动物（恐龙）、哺乳动物的几个演化阶段；③古生物演化的不可逆性，即以往出现过的生物种属灭绝后，在以后的演化过程中绝不会重复出现，以往某种生物的某些器官或内部结构消失后，在以后的演化过程中也绝不会再出现；④由于生物对环境的适应有较大的宽容度，并具有多种方式的迁移能力，在同一个地质历史时期生物界的总貌具有全球的一致性，这就使得进行全球性地层的对比成为可能。

若将地层层序律与生物演化律的概念结合起来，就形成了生物层序律的概念。这就是早在19世纪初期史密斯已经认识到的著名定律：不同时代的地层含有不同的化石，含有相同化石的地层其时代是相同的。

（三）地质体之间的切割律

构造运动和岩浆活动的结果，使不同时代的岩层与岩层之间、岩层与岩体之间、岩体与岩体之间出现彼此切割（交切）关系，利用这些关系也可确定这些地层形成的先后顺序和地质年代。如此种种的切割（交切）关系主要包括岩体与岩层之间的沉积接触关系和侵入接触关系；岩层与岩层之间的不整合关系；岩体之间的切割关系。

二、地质年代和多重地层单位

地层划分、对比的结果可以产生一个地区甚至全球的地层系统。地层系统包括两个要素：①组成地层序列的各种地层单位，②这些单位之间的相互级别关系。由于地层划分、对比的方法不同，可产生不同种类的地层单位。

（一）地质年代与时间地层单位

利用地质学方法，对全世界地层进行对比研究，综合考虑到生物演化阶段、地层形成顺序、构造运动及古地理特征等因素，把地质历史划分为四大阶段，每个大阶段叫宙，即冥古宙、太古宙、元古宙和显生宙。宙以下分为代。太古宙分为古太古代和新太古代；元古宙分为古元古代、中元古代和新元古代；显生宙分为古生代、中生代和新生代。代以下分为纪，如中生代分为三叠纪、侏罗纪、白垩纪。纪以下分为世，每个纪一般分为早、中、晚三个世，但是震旦纪、石炭纪、二叠纪、白垩纪按早、晚二分。最小的地质时代单位是期。宙、代、纪、世、期是国际上统一规定的相对地质年代单位。每个年代单位有相应的时间地层单位，表示在一定年代中形成的地层。地质年代单位与时间地层单位具有一一对应关系：

地质年代单位	时间地层单位
宙（eon）	宇（eonothem）
代（era）	界（erathem）
纪（period）	系（system）
世（epoch）	统（series）

显生宙时期形成的地层称为显生宇；古生代时期形成的地层称为古生界；奥陶纪时期形成的地层称为奥陶系等，如此类推。

（二）岩石地层单位

岩石地层单位是物质性地层单位系统中最常用的代表，主要根据地层的岩性特征进行划分、对比，建立起不同级别的完整地层系统。岩石地层单位分为四级，即群、组、段、层。组是野外地质调查和区域填图中最重要的基础岩石地层单位。组的含义在于具有岩性、岩相和变质程度的一致性。“组或者由一种岩石构成，或者以一种岩石为主，夹有重复出现的夹层；或者由两三种岩石交替出现所构成，还可能以很复杂的岩石组分为一个组的特征，而与其他比较单纯的组相区别。”组通常是由一种基本层序所构成，也可由成因关系密切的两三种基本层序所构成。构成组的基本层序可以是旋回性的（包括按某种规律叠覆出现的两种或多种单层组合），也可以是非旋回性的均质或具随机夹层的地层；群是比组高一级的岩石地层单位。群是“由两个或两个以上经常伴随在一起而又具有某些统一的岩石学特点的组联合构成的”；段是低于组的岩石地层单位，它必须“具有与组内相邻岩层不同的岩性特征”，且分布广泛，对研究区域地层有用。组是否要分段应根据其内部有无分段的岩性条件和区域地层研究的需要来确定；层是等级最低的岩石地层单位。它一般由岩性、成分、生物组合等特征显著而又明显区别于相邻岩层的地层构成。组成地层的沉积物的加积方式是随沉积环境及沉积作用的不同而变化的。垂向加积构成的地层完全符合地层叠覆律，其沉积地层之间的岩性界面与时间界面完全一致，也就是说垂向加积的地层具有等时性。而在侧向加积的情况下，各岩相带的岩性界面随时间的前进横向移动而穿过时间界面，使地层具有穿时性。

（三）其他地层单位

1．生物地层单位　生物地层单位是根据地层中所含有的生物化石内容和特征所划分出来的地层单位。它“以含有相同化石内容和分布为特征，是与邻层化石有别的三度空间岩层体”。经常使用的生物地层单位有组合带、延限带和顶峰带。组合带是指所含的化石或其中某一类化石，从整体来看，构成一个自然的组合，并以此区别于相邻地层的生物组合；延限带是指任何一生物分类单位在其整个延续范围之内所代表的地层体；顶峰带是某些化石种、属最繁盛的一段地层。三种单位不是互相包括或从属的三个级别，而是生物地层单位的三种类型。

2．地磁地层单位　根据地层记录中古地磁极性变化所建立的地层单位称地磁地层单位或磁性地层单位。地磁地层单位有三级：极性超带、极性带、极性亚带。与之对应的地质时代分别是：超极性时、极性时、极性亚时。由于地磁场的变化是全球一致的，因此地磁地层单位具有与时间地层单位类似的全球等时性特点。

总之，地层具有多种属性，人们可以按照这些属性特征建立不同种类的地层单位，这就是多重地层单位的概念，这些地层单位并不是平行的。凡是反映岩性、电性、地震感应、化学和矿物特征等物质属性的地层单位，它们随地而异，与时间阶段没有严格固定的对应关系，因而是地方性的地层单位；凡是具有全球或大区域统一性的地层单位，它们有着强烈的时间概念，如年代地层单位，客观上反映了全球或大区域的地质历史自然发展阶段。

第二节　同位素地质年龄

一、同位素地质年龄的测定

相对地质年代只表示地质年代的先后顺序，说明岩石和地层的相对新老关系，而不能确切地说明某一地质年代单位所经历的时间长短、某种岩石或地层形成的年龄。这就需要采用某种方法去测定和计算岩石、地层的年龄，从而进一步确定各种地质年代单位的年龄界线。

自然界中某些元素的放射性蜕变现象被发现以后，地质学家就利用放射性同位素的蜕变规律来计算矿物和岩石的形成年龄，称为同位素年龄或绝对年龄（absolute age）。这种方法在地质科学中已被广泛应用。

放射性同位素在自然界可自动地放射出 α（粒子）、β（电子）、或 γ（电磁辐射量子）射线而蜕变成另一种新元素，并且各种放射性元素都有自己恒定的蜕变速度。元素的蜕变速度通常用半衰期表示。所谓半衰期是指放射性元素的原子蜕变一半所需要的时间，如表 2-1 所示。

表 2-1　用于测定地质年代的放射性同位素

母同位素	子产物	半衰期(a)	衰变常数(a^{-1})
铀(^{238}U)	铅(^{206}Pb)	4.5×10^{9}	1.54×10^{-10}
铀(^{235}U)	铅(^{207}Pb)	7.1×10^{8}	9.72×10^{-10}
钍(^{232}Th)	铅(^{208}Pb)	1.4×10^{10}	0.49×10^{-10}
铷(^{87}Rb)	锶(^{87}Sr)	5.0×10^{10}	0.41×10^{-10}
钾(^{40}K)	氩(^{40}Ar)	1.5×10^{9}	4.72×10^{-10}
碳(^{14}C)	氮(^{14}N)	5.7×10^{3}	

每种放射性同位素都有一定的衰变常数，即每年每克母同位素能产生的子元素的克数（表 2-1）。如果能取得岩石或矿物中母同位素（P）及其子元素（D）的数值，又能测出母同位素的衰变常数（λ），即可利用公式

$$t=\frac{1}{\lambda}\ln(1+\frac{D}{P})$$

求得该岩石或矿物的同位素年龄（t）。常用的同位素测年方法有 ^{238}U-^{206}Pb 法、^{40}K-^{40}Ar 法、^{87}Rb-^{87}Sr 法和 ^{14}C 法等。

经 ^{87}Rb-^{87}Sr 测定，目前世界上已知的最古老的岩石是南美洲圭亚那地盾的角闪岩，其年龄为 41.30±1.7 亿年。我国河北遵化的变质岩经 ^{87}Rb-^{87}Sr 法测定为 34.19±2.42 亿年。由于岩石是地球形成后产生的，地球的年龄自然要比世界上最古老的岩石、矿物年龄要大，一般认为达 46 亿年。

二、地质年代表

经过对全世界，特别是一些重要地区的地层划分、对比研究，以及对各时代岩石进行同位素年龄测定所积累的资料综合分析，已建立了统一的地质年代表（表 2-2）。表中综合表示了各种相对地质年代单位的先后顺序及相应的同位素地质年龄和生物演化总特征。

表 2-2 地质年代表

相对年代					同位素年龄(Ma)	生物	
宙(宇)	代(界)		纪(系)	世(统)		植物	动物
显生宙(宇)PH	新生代(界)Kz		第四纪(系)Q	全新世(统)Q_h 更新世(统)Q_p	1.64(2.48)	被子植物	哺乳动物
		第三纪(系)R	晚第三纪(系)N	上新世(统)N_2 中新世(统)N_1	23.3		
			早第三纪(系)E	渐新世(统)E_3 始新世(统)E_2 古新世(统)E_1	65.0		
	中生代(界)Mz		白垩纪(系)K	白垩世(统) 晚(上)K_2 早(下)K_1	135(140)	裸子植物	爬行动物(恐龙)
			侏罗纪(系)J	侏罗世(统) 晚(上)J_3 中(中)J_2 早(下)J_1	208.0		
			三叠纪(系)T	二叠世(统) 晚(上)T_3 中(中)T_2 早(下)T_1	250.0		
	古生代(界)Pz	晚(上)古生代(界)Pz_2	二叠纪(系)P	二叠世(统) 晚(上)P_2 早(下)P_1	290.0	孢子植物	爬行动物
			石炭纪(系)C	石炭世(统) 晚(上)C_2 早(下)C_1	362(355)		两栖动物
			泥盆纪(系)D	泥盆世(统) 晚(上)D_3 中(中)D_2 早(下)D_1	409.0		鱼
		早(下)古生代(界)Pz_1	志留纪(系)S	志留世(统) 晚(上)S_3 中(中)S_2 早(下)S_1	439.0		无脊椎动物
			奥陶纪(系)O	奥陶世(统) 晚(上)O_3 中(中)O_2 早(下)O_1	510.0	藻类	
			寒武纪(系)∈	寒武世(统) 晚(上)$\in_3$ 中(中)$\in_2$ 早(下)$\in_1$	570.0		
元古宙(宇)PT	新元古代(界)Pt_3		震旦纪(系)Z	震旦世(统) 晚(上)Z_2 早(下)Z_1	800.0	菌藻类	
					1 000.0		
	中元古代(界)Pt_2				1 800.0		
	古元古代(界)Pt_1				2 500.0		
太古宙(宇)AR	新太古代(界)Ar_2				3 100.0		
	古太古代(界)Ar_1				3 850.0		
冥古宙(宇)HD			地球发展初始阶段(?)				

(据王鸿祯、李光岑编译的 1990 年 9 月由地质出版社出版的《国际地层时代对比表》资料编)

小　结

地质年代分相对地质年代和同位素地质年龄。相对地质年代的确定主要根据地层层序律、生物演化律和地质体之间的切割律等。同位素地质年龄现在主要利用放射性同位素的蜕变规律来计算。地质年代可划分为宙、代、纪、世各级单位，与其相应的地层单位为宇、界、系、统。根据全世界的地层对比及对各时代岩石的同位素年龄测定，建立了全球统一的地质年代表。

复习思考题

1. 名词解释：相对地质年代、同位素地质年龄、化石、岩层、地层。
2. 相对地质年代的确定依据。
3. 地质年代单位和时间地层单位及两者之间的关系。
4. 多重地层单位及它们之间的相互关系。
5. 地质年代表中的相对年代划分及其同位素年龄。

第二篇 地表动力地质作用

本篇主要讨论由太阳能和重力所驱动的各种外动力（包括太阳辐射热、流动的空气及循环运动的水）作用于岩石圈所产生的各种地质作用，这类地质作用通常发生于地表或近地表的环境中。

第三章 风化作用

第一节 风化作用的类型

风化作用（weathering）是指在地表或近地表的环境中，由于温度变化、大气、水和水溶液及生物作用等因素的影响，使岩石在原地遭受破坏的过程。

在地表环境中，暴露在空气中的铁钉会生锈，各种石刻和建筑物遭受风吹、日晒、雨淋，天长日久就会逐渐毁坏，这是人们熟知的现象。处在地表的岩石同样会遭受这种毁坏，因为组成地壳的岩石主要是各种岩浆岩和变质岩，这些岩石是在地下高温、高压、缺乏游离氧和水溶液及无生物的环境中形成。一旦这些岩石由于地壳运动的影响，上升处于地表的常温、常压、富含游离氧和水溶液及生物活动强烈的环境中，岩石及其矿物受外界影响，必然会产生变化，以适应于新的环境。

岩石遭受风化作用的结果是：①单纯的机械破碎，岩石由大块变成小块；②岩石矿物的分解，一部分被水溶液带走，一部分变成新的化合物残留在原地。风化作用按其性质分为三大类：物理风化作用、化学风化作用、生物风化作用。

一、物理风化作用

物理风化作用（physical weathering）是指由于（大气）温度变化等自然因素的影响，使岩石在原地发生崩解的作用。常见的物理风化作用的方式有温差风化、冰劈作用、盐类的结晶与潮解作用。

1. 温差风化　是指由于温度的变化，岩石反复膨胀和收缩，使岩石崩解的作用。岩石的导热性差，在白天，岩石接受太阳辐射时，表层升温快，产生膨胀，而内部则升温很慢，基本上不产生膨胀，从而导致产生平行于岩石表面的微裂隙；夜间岩石表面降温快、收缩，而岩石内部降温慢，基本上不收缩，从而产生垂直于岩石表面的微裂隙。这样日久天长岩石就由表及里逐渐崩解破坏（图 3-1），出现“层状剥落”和单矿物撒落等现象。

引起岩石反复膨胀和收缩的温度因素是日温差。因此，在干旱气候带，岩石的温差风化作用强。例如，北非撒哈拉沙漠，白天气温可达 53℃，夜间气温可下降到－8℃，昼夜温差达

61℃。由于岩石的热容量远小于水，所以，岩石的昼夜温差幅度比空气要大得多。

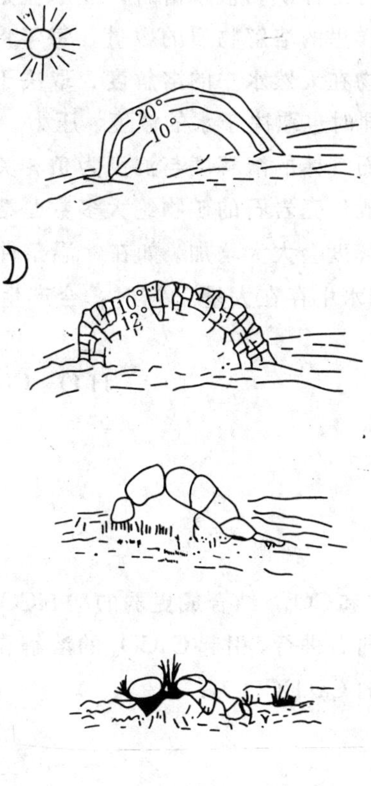

图 3-1 岩石温差风化过程示意图

2. *冰劈作用* 是指由于气温的变化，岩石裂隙中的水反复结冰和融化，从而造成岩石裂隙不断扩大，使岩石发生崩解的作用。

昼夜气温变化在 0℃上下的高寒地区，夜间气温下降到冰点以下，充填在岩石裂隙中的水结冰，体积约增大 9.2%。（水）体积增大对岩壁产生 108kg/cm^2 的压力（据 W.K. 汉布林），这个压力远远超过了岩石的抗张强度，会扩大和增加岩石的空隙。白天气温上升，充填在岩石裂隙中的冰融化，体积减小，又会有水渗入填满岩石裂隙。如此反复结冰融化，使岩石裂隙逐渐扩大，最终导致岩石崩解（图 3-2）。

图 3-2 冰劈作用

（据 W.K.Hamblin，1978）

3. *盐类的结晶与潮解作用* 是指由于岩石裂隙中的盐类反复结晶、潮解，使岩石崩解的作用。

在干旱和半干旱气候带，充填在岩石裂隙中的含盐水溶液，因白天气温高，蒸发量大，使裂隙中盐类过饱和结晶，结晶时体积膨胀，并对裂隙两壁产生一定的压力，使岩石产生新的微裂隙。如明矾石结晶后体积增大 0.5%，并可对两壁产生 40kg/cm^2 的压力。夜间岩石裂隙中的盐晶从大气中吸收水分而潮解。盐水溶液又渗透到新裂隙中。如此反复结晶、潮解，使岩石中的裂隙不断增多、扩大，从而导致岩石的崩解。岩石裂隙中的盐主要是地下水所携带的矿物质（盐），在白天，蒸发量大时，通过毛细管作用上升到地表岩石裂隙中的。

二、化学风化作用

化学风化作用（chemical waethering）是指在大气、水和水溶液的作用下，岩石、矿物发生分解的作用。

地表环境中，大气中含有水分，水溶液中富含游离氧和 CO_2 及部分矿物质，CO_2 溶于水会生成 H_2CO_3。水溶液作用于岩石表面或渗入到岩石的孔隙中，与岩石发生缓慢的反应。

化学风化作用方式有溶解作用、氧化作用、水化作用、水解作用和碳酸化作用。

1. *溶解作用*（solution） 是指岩石中矿物溶解于水而产生分解的过程。

水分子具偶极性，能与离子键型分子相互吸引使其溶解于水。自然界中大部分矿物是离子键型化合物（如：卤化物、硫酸盐及碳酸盐矿物等），当其与水接触时会不同程度地被溶解。

岩石中可溶性矿物被水溶解，随水流走，岩石的孔隙增大，硬度降低。据统计，全世界河流带到海洋里的溶解物质的数量，每年将近 39 亿吨。

矿物在天然水中的溶解度，取决于组成矿物元素的离子半径、原子价、极化度、化学键类型，同时也取决于水的温度、压力、浓度、pH、Eh 值等。一般固体矿物的溶解度与温度正相关，而气体的溶解度与温度为负相关。

组成地壳岩石的矿物绝大多数是溶解度很小的矿物，但其中有些矿物在含有 CO_2 的水溶液中溶解度会大大增加。如在常温条件下方解石（$CaCO_3$）在纯水中的溶解度很小，为 6.9×10^{-6}。当水中存在大量 CO_2 时，会产生下列反应：

$$\begin{array}{rcl} H_2O+CO_2\rightleftharpoons H_2CO_3\rightleftharpoons HCO_3^-+ & H^+ & \\ & + & \\ CaCO_3\rightleftharpoons Ca^{2+}+ & CO_3^{2-} & \\ & \upharpoonleft\downharpoonright & \\ & HCO_3^- & \end{array}$$

由于 H^+ 和 CO_3^{2-} 结合成更弱的酸 HCO_3^-，使溶液中的 H^+ 和 CO_3^{2-} 浓度降低，从而导致上述两个反应向右进行，引起 $CaCO_3$ 的溶解和 H_2CO_3 的进一步电离。结果，不溶性的 $CaCO_3$ 转变为可溶性的 $Ca(HCO_3)_2$：

$$CaCO_3+H_2CO_3\rightleftharpoons Ca^{2+}+2HCO_3^-$$

石灰岩的溶解破坏就是这样进行的。

2. 氧化作用（oxidation） 是指矿物与大气或水中的游离氧反应，生成氧化物的作用过程。

在一般金属硫化物矿床中，黄铁矿（FeS_2）是较常见的硫化物矿物，在硫化物矿床露出地表并和游离氧接触时，黄铁矿在水作用下将和游离氧发生氧化还原反应，低价的 S_2^{2-} 氧化为高价的 SO_4^{2-}：

$$2FeS_2+7O_2+2H_2O=2FeSO_4+2H_2SO_4$$

反应中生成的 $FeSO_4$ 是一种还原剂，可以继续氧化成 $Fe_2(SO_4)_3$：

$$2FeSO_4+H_2SO_4+1/2O_2=Fe_2(SO_4)_3+H_2O$$

$Fe_2(SO_4)_3$ 是一种强酸弱碱盐，很容易水解生成 $Fe(OH)_3$ 沉淀：

$$2Fe_2(SO_4)_3+6H_2O=2Fe(OH)_3\downarrow+3H_2SO_4$$

$Fe(OH)_3$ 脱水后形成褐铁矿（$Fe_2O_3\cdot nH_2O$）。由于褐铁矿的溶解度非常小，很容易残留在原地，故在硫化物矿床氧化带的上部常常有相当多的褐铁矿，这就是“铁帽（gossan）”。它是寻找金属硫化物矿床的重要标志。

黄铁矿遭受氧化转变成褐铁矿的过程中，化合价升高，体积、比重、硬度均变小，使岩石变成多孔状。反应中生成的 H_2SO_4 可进一步对岩石、矿物产生氧化和溶解作用。

氧化作用的实质是含有变价元素的矿物，在氧和水的作用下发生分解，形成在表生条件下稳定的较高价次氧化物、含氧盐或氢氧化物。由于氧化反应在表生带是放热反应，故反应是不可逆的。

地壳表层氧化作用所能达到的地带，称为氧化带（oxidation zone）。它的深度随各地岩石性质、裂隙发育程度和地下水的循环速度而异。

3. 水化作用（hydration）　是指把水分子结合到矿物晶格中的作用。水分子在矿物晶格中成为结晶水，只有在高温下才能再分离出来，因而原矿物变成为含水的新矿物，如：

$$Fe_2O_3 + nH_2O \longrightarrow Fe_2O_3 \cdot nH_2O$$

（赤铁矿）　　　　（褐铁矿）

$$CaSO_4 + 2H_2O \longrightarrow CaSO_4 \cdot 2H_2O$$

（硬石膏）　　　　（石膏）

发生水化作用的本质是某些矿物的电价是中和的，但从结晶化学来看，矿物的阴、阳离子半径相差悬殊，如 $CaSO_4$，其 Ca^{2+} 半径为 1.06Å，SO_4^{2-} 半径为 2.95Å。为保持结晶格架的坚固性，又不改变电价，故吸收中性水分子到结晶格架中来，形成含水的新矿物。

水化作用常常增大矿物的体积，如由硬石膏形成石膏的过程中，体积增大 30%。矿物体积增大可对围岩产生压力，促使其破裂。水化作用也造成矿物的硬度降低，从而削弱了岩石抵抗风化作用的能力。

4. 水解作用（hydrolysis）　是指在水中电离的矿物阴离子或阳离子与 H_2O 离解成的 H^+ 和 OH^- 相互结合，生成难电离的弱电解质的过程。水解作用反应是不可逆的，通常是水中的 H^+ 置换矿物中碱金属离子。发生水解作用的矿物主要是一些由弱酸强碱盐组成的矿物。例如

$$Mg_2SiO_4 + 4H_2O \longrightarrow 2Mg^{2+} + 4OH^- + H_2SiO_4$$

（镁橄榄石）　　　　　　　　（硅酸）

$$4K[AlSi_3O_8] + 6H_2O \longrightarrow Al_4[Si_4O_{10}](OH)_8 + 8SiO_2 + 4K^+ + 4OH^-$$

（钾长石）　　　　（高岭石）　　　（胶体）

在自然界中，硅酸盐矿物和铝硅酸盐矿物主要是通过水解作用分解破坏的。由于硅酸盐矿物和铝硅酸盐矿物多为弱电解质，其水解作用在地表条件下是极其缓慢的，但是当水中含有丰富的 CO_2 时，水解作用则会加速进行：

$$Mg_2SiO_4 + 4H_2O + 4CO_2 \longrightarrow 2Mg^{2+} + 4HCO_3^- + H_2SiO_4$$

$$4K[AlSi_3O_8] + 4H_2O + 2CO_2 \longrightarrow Al_4[Si_4O_{10}](OH)_8 + 8SiO_2 + 4K^+ + 2CO_3^{2-}$$

CO_3^{2-} 的存在可导致水分子进一步电离：

$$CO_3^{2-}+H_2O \rightleftharpoons [HCO_3]^-+OH^-$$

其结果是水中H^+的浓度相对减小。有CO_2参与的水解反应又称碳酸化作用(carbonation)。实际上自然界中发生的水解作用都有CO_2的参与。

在温热气候条件下，高岭石可进一步水解为铝土矿：

$$\underset{(\text{高岭石})}{Al_4[Si_4O_{10}](OH)_8}+nH_2O \longrightarrow \underset{(\text{铝土矿})}{2Al_2O_3\cdot nH_2O}+4SiO_2+4H_2O$$

水解作用的结果导致矿物的分解和岩石的破坏，水解作用在表生地球化学过程中具有很大的意义。水解时OH^-离子与金属阳离子一道通过地面流水进入海洋，使海洋的pH值增大。而H^+则与铝硅酸络阴离子结合生成难溶解的粘土矿物，残留在大陆，这些粘土矿物一般都是难溶解的酸性物质。因此，总体上可以说，水解反应的酸性部分聚集于大陆的表面，而碱性部分进入海洋。

三、生物风化作用

生物风化作用（biological weathering）是指生物的生命活动引起地表岩石的分解破坏作用。生物风化作用可分为生物物理风化和生物化学风化作用两类。

1. *生物物理风化作用* 是指生物活动导致岩石机械破坏的作用。例如，生长在岩石缝隙中的植物，随着植物的长大，其根系也不断长大增粗。植物根系的生长可对围岩产生10～15kg/cm^{2}的压力，促使岩石缝隙增大，最终导致岩石崩解；这种作用称为根劈作用(root wedging)。此外，穴居动物的挖掘作用，虫蚁、蚯蚓的筑巢翻土等都会引起岩石的破坏。

2. *生物化学风化作用* 是指生物在新陈代谢过程中的分泌物和生物死亡后的遗体腐烂形成腐殖质（humus）作用于岩石，使岩石分解破坏的作用。植物和细菌在新陈代谢中常常析出有机酸、硝酸、碳酸、亚硝酸和氢氧化铵等溶液而腐蚀岩石。

生物，特别是微生物的化学风化作用十分强烈，并广泛分布。据统计，每克土壤中可含几百万个微生物，它们都在不停地制造各种酸，从而强烈破坏岩石。

第二节 影响风化作用的因素

风化作用是地表常见的地质现象，但由于各地的外界条件和岩石类型的差异，风化作用的速度和类型有明显的不同。影响风化作用速度和类型的因素有岩石的成分、结构，裂隙发育程度，气候和地形等因素。

一、岩石成分对风化作用的影响

岩石的成分是指组成岩石的矿物成分及矿物的化学成分两个方面。在相同的自然条件下，岩石的成分决定了岩石遭受风化破坏的强度和速度。

1. *元素在地表的迁移* 岩石、矿物在风化过程中，组成矿物的各种元素是逐步分解析出的。有些元素（如碱金属、碱土金属元素Na^+、K^+、Ca^{2+}等）在风化初期就会被淋滤出来，有些元素却要在风化作用进行到一定阶段后方能析出。各种元素（及其化合物）在风化过程中从矿物中析出的难易程度，称为元素的迁移能力。

元素的迁移能力决定于其化学稳定性和化学风化作用是否彻底，而后者又取决于气候条件和时间因素。前苏联学者波雷诺夫（B. B. Полынов）和彼烈尔曼（A. П. Перельмон）根据部分河流中某元素的含量与分布在该流域内的岩石中该元素平均含量的比值，并参考该元素的化学特性，提出了常见元素的迁移系列（seguence of migration of elements）（表 3-1），元素迁移系列是在风化过程中化学元素迁移能力的强弱次序。

表 3-1　元素的迁移系列

元素的迁移系列	迁移系列元素的组成
1. 极易迁移的元素	Cl（Br、B、I）、S
2. 易被迁移的元素	K、Ca、Na、Mg、F、Sr、Zn、U
3. 可迁移的元素	SiO_2（硅酸盐的）、Mn、P、Ba、Rb、Ni、Cu
4. 略可迁移的元素	Al、Fe、Ti
5. 实际不迁移的元素	SiO_2（石英）

（据赵不亿，引自 A. П. Перельмон，1972，简化）

表 3-1 中所列的 1、2 系列的元素在风化过程中总是首先被析出，它们组成易溶盐类被河水、地下水带走。3、4 系列的元素多数只能作短距离迁移或残留在原地。所以，风化产物中多含 SiO_2 和 Fe、Al 的氢氧化物。在不同气候区．化学风化的强弱程度不同，元素迁移状况也不同。在寒冷的冰冻气候区，基本上无化学风化作用发生，故也无元素迁移。在干旱、半干旱气候区，通常仅 1、2 系列的元素能发生迁移。在温暖潮湿气候区，化学风化作用强烈，1、2、3 系列的元素均能发生迁移。而在潮湿炎热的气候区，由于化学风化作用十分强烈、彻底，1、2、3、4 系列的元素均能发生不同程度的迁移。表 3-2 列举了闪长岩在温带和热带化学风化作用前后化学成分的变化情况。

表 3-2　闪长岩在温带和热带化学风化作用中的变化

组分	闪长岩　英格兰斯塔福郡(温带)		闪长岩　印度孟买(热带)	
	新鲜岩石中含量(%)	上覆粘土中含量(%)	新鲜岩石中含量(%)	上覆粘土中含量(%)
SiO_2	49.3	47.3	50.4	0.7
Al_2O_3	17.4	18.5	22.2	50.5
Fe_2O_3	2.7	14.6	9.9	23.4
FeO	8.3		3.6	
MgO	4.7	5.2	1.5	
CaO	8.7	1.5	8.4	
Na_2O	4.0	0.3	0.9	
K_2O	1.8	2.5	1.8	
H_2O	2.9	7.2	0.9	25.0
TiO_2	0.4	1.8	0.9	0.4
P_2O_5	0.2	0.7		
总计	100.4	99.3	100.5	100.0

（据 H. Warth，1950）

由表 3-2 可知在温带 2、3 系列元素发生部分迁移。在热带 2、3 系列元素全部迁移，4 系列元素部分发生迁移。

2. *岩石矿物的抗风化能力* 各种矿物抵抗风化的能力主要与矿物自身的化学性质、元素组成、形成环境及其颜色有关。各类矿物的耐风化能力的顺序是：自然元素＞氧化物、氢氧化物＞硅酸盐、硫化物＞硫酸盐、卤化物。

一般说来，岩石矿物的抗风化能力有以下规律：①共价键型矿物的抗风化能力大于离子键型的矿物；②在地表和近地表，近常温常压环境中形成的矿物，其抗风化能力大于在地下深处高温高压环境中形成的矿物；③对于同类矿物而言，浅色或无色矿物抗风化能力大于深色或彩色矿物。

岩浆岩矿物的抗风化能力（稳定性）的顺序恰与它们在岩浆中的结晶顺序（鲍文系列）相反（图 3-3）。这个系列说明，在最高温和最干条件下形成的矿物较之最后从较低温度含有更多水的岩浆中结晶出的矿物更易于被风化。

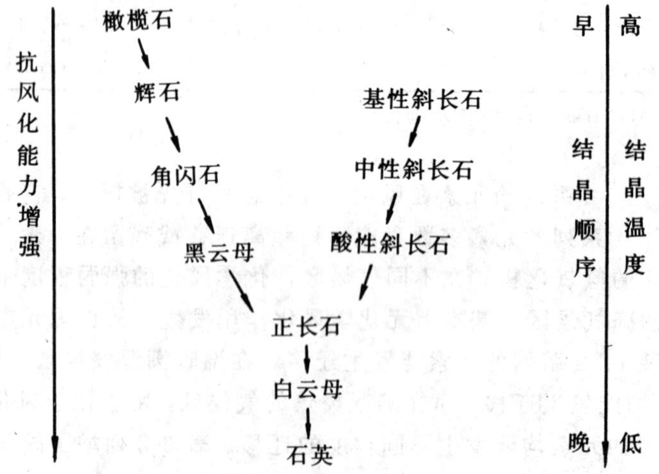

图 3-3 主要造岩矿物的抗风化能力顺序

岩石的矿物组成决定了岩石的抗风化能力。在相同的外界条件下，单矿物组成的岩石，其抗风化能力大于复矿物岩石。因为单矿物岩石近于各向同性，它们的颜色、导热率和体积膨胀系数较一致，不易为物理风化所破坏。

沉积岩是在近地表环境中形成的，其抗风化能力大于在地下高温高压环境形成的岩浆岩和变质岩。同是岩浆岩，由于矿物组成不同，抗风化能力也不同。例如橄榄岩的抗风化能力小于花岗岩，在相同的自然条件下，前者更易遭受风化。

在相同的自然条件下，由于岩性（矿物组成）的不同导致风化速度不同，使岩石表面出现凸凹不平的现象称为差异风化（differential weathering）。例如，长江西陵峡中的牛肝马肺峡，“牛肝马肺”便是石灰岩中的硅质团块，因难溶解，抗风化能力强，故突出于石灰岩岩壁，形成似牛肝马肺的各种形状景观。

二、岩石结构、裂隙发育程度对风化作用的影响

岩石中矿物颗粒的大小、孔隙发育程度及胶结物的性质都会影响风化作用的速度。通常颗粒粗大的岩石，因颗粒表面积大，粒间空隙大，易于化学风化。孔隙度大且连通性好的岩

石，由于与水溶液接触的面积大，易遭受风化。沉积岩中钙质胶结的岩石较之硅质和泥质胶结的岩石更容易遭受风化。

岩石的裂隙发育程度决定了岩石的（自由）表面积大小，即决定了岩石与水溶液、大气的作用面积的大小，故裂隙发育的岩石更遭受风化。

在裂隙发育的岩浆岩和厚层砂岩地区，几组不同方向的裂隙将岩石切割成大小不同的岩块，在岩块的棱角部分与外界接触面最大，最易遭受风化而破坏，长期作用，棱角逐渐被圆化。这种由于风化作用影响，岩石表面趋于圆化（球状）的现象称为球形风化（spheroidal weathering）（图 3-4）。球形风化是物理风化与化学风化共同作用的结果。

(a)　　(b)　　(c)

图 3-4　球形风化的发育过程

（据 W.K.Hamblin，1978）

(a) 岩石被裂隙切割；(b) 球形风化初期；(c) 球形风化晚期

三、气候对风化作用的影响

影响风化作用的气候因素主要是气温和降水量。气温的高低直接影响到化学风化速度的快慢，昼夜温差的大小影响岩石的物理风化作用。岩石的化学风化基本是在有水的条件下进行，降水量直接控制着水的多少及化学风化作用的强弱（图 3-5）。

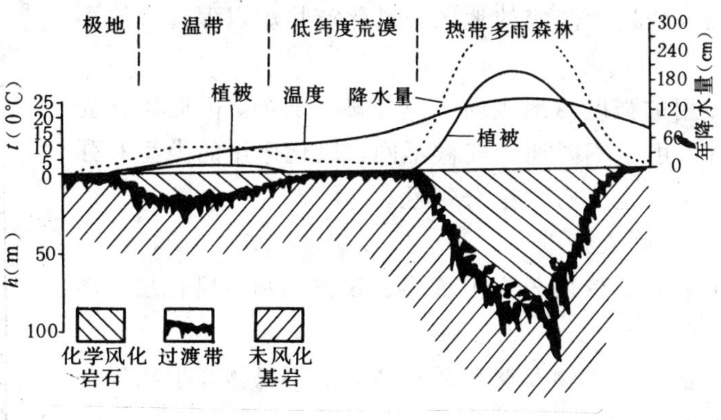

图 3-5　不同气候带风化作用的强度和深度

（据 W.K.Hamblin，1978）

气候还决定了风化作用的类型。寒冷的冰冻气候区，通常以冰劈作用为主，而化学风化作用基本不发生；干旱、半干旱的气候区，以温差风化为主，化学风化作用微弱；温暖潮湿气候区，化学风化十分显著，生物风化也较发育；而炎热潮湿的气候区，化学风化作用和生物风化作用十分强烈、彻底，岩石、矿物迅速分解，风化物厚度很大，可达 100m 以上。

四、地形对风化作用的影响

地形对风化作用也有影响。随地形高低的变化，会造成气候的垂直分带，从而导致风化作用的类型和速度均不同。同一高度的阳坡和阴坡，风化作用强度也有差别。通常阳坡接受太阳辐射热多，温度高，温差变化大，因而风化作用较强。

地形陡缓对风化作用也有影响。陡坡地下水位低，植被稀少，风化产物不易保存，而缓坡则相反，化学风化和生物风化相对强烈，风化产物较易保存。

除上述四个方面，时间对于风化作用也是十分重要的因素，通常风化作用的强度与风化作用的时间长短呈正比关系。

第三节 风化壳及土壤

一、风化壳

陆地表面的岩石经过长期风化作用以后，各种矿物发生不同程度的分解，可迁移的成分从原矿物中迁移出来随流水带走，剩下的物质残留在原地称为残积物（eluvium）。由于风化作用的类型和强度不同，残积物的种类也不同。物理风化作用为主的地区，残积物通常是由基岩破碎的岩块组成。化学风化为主的地区，残积物则通常是一些难溶解的矿物。残积物多分布于较平坦的山顶和缓坡上，与基岩逐渐过渡，无层理。残积物经生物风化作用可形成土壤（soil）。

风化壳（crust of weathering）是指在陆地表面由残积物和土壤构成的一层不连续的、厚薄不均的薄壳。风化壳是各种风化作用的综合产物，风化壳的性质和厚度受岩石性质、气候、地形等因素的影响。在一些地形陡峻的地区，风化产物难以保存，故不存在风化壳。

由于风化作用的强度由地表向下是逐渐减弱的，因而风化壳具有垂直分带性。由于不同地区气候不同，风化作用的类型和强度也不同，故风化壳也具有水平分带性。

（一）风化壳的垂直分带

风化壳由地表向下依次分为土壤层、残积层和半风化层（图 3-6）。

土壤层主要由粘土矿物及腐殖质构成，是残积物经生物风化作用改造的产物。

残积层主要由岩石风化形成的粘土矿物或其他风化产物组成，结构疏松，不含腐殖质。残积层风化比较彻底，类型各异，最能反映岩石风化时的气候条件。

半风化层由只发生轻微风化的岩石组成，岩石较致密，完全保留原岩的结构、构造。半风化层向下逐渐过渡到基岩。

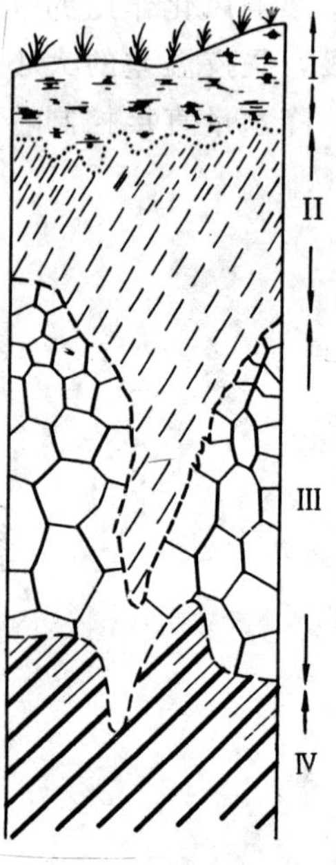

图 3-6 风化壳剖面

Ⅰ. 土壤层；Ⅱ. 残积层

Ⅲ. 半风化层；Ⅳ. 基岩

风化壳各层逐渐过渡，无明显界线。风化壳各层的厚度受原岩结构及风化作用的强度影响变化较大。风化壳的垂直分带常难保留完整，因地表流水的冲刷；有时会缺失土壤层及残积层。

（二）风化壳的水平分带

由于组成地壳的岩石绝大部分是硅酸盐或铝硅酸盐矿物，所以在同一气候条件下，岩石的风化程度，元素的迁移状况具有相似性。按照岩石风化的条件、风化产物的特点，可分为五种风化壳类型（表 3-3）。

表 3-3 主要的风化壳类型

风化壳类型	风化条件	风化作用及元素迁移特点	标志元素	标志矿物
岩屑（或机械）型风化壳	高寒气候（寒带及高山高寒地区），生物作用弱	岩石受微弱的化学和生物化学作用破坏，元素迁移作用弱，以机械破坏为主		经轻微化学变化的岩块
硅铝-粘土型风化壳	温带潮湿气候，有机酸起积极作用	碱金属元素已析出，Al_2O_3、Fe_2O_3 被带至下层堆积，SiO_2 在表层堆积	Al、Fe、Si	水云母、高岭石及 Fe、Al 的氢氧化物
硅铝-碳酸盐型风化壳	温带半干旱气候，有机酸起积极作用	碱金属元素析出和碳酸盐的富集（主要是 $CaCO_3$）	Ca、Mg、(Na)	方解石、白云石、高岭石、蒙脱石
硅铝-氧化物、硫酸盐型风化壳	干旱气候，生物作用弱	碱金属元素部分析出，形成并堆积氯化物、硫酸盐类矿物	Cl、Na、S (Ca、Mg)	岩盐、硬石膏、芒硝、蒙脱石
砖红土型风化型	湿热的热带、亚热带气候，有机酸作用强	SiO_2 及碱金属已被带走，Al_2O_3、Fe_2O_3 堆积	Al、Fe、Si、Mn	Al、Fe 的氢氧化物及 SiO_2(蛋白石)、高岭石

（据 К. И. Лукальев，1956）

（三）古风化壳

地质历史时期形成的风化壳称为古风化壳（paleocrust of weathering）。古风化壳保留在地层中，由于形成后受各种外动力地质作用的影响，通常保存的不完整。但对古风化壳研究的意义很大。古风化壳的存在可以帮助我们了解一个地区地壳运动的历史。例如华北地区中奥陶统灰岩与中石炭统岩石之间，发育一个厚薄不均的，由铁、铝质岩石组成的古风化壳。这个风化壳反映了中奥陶世以后，到中炭世这 1 亿多年期间，华北地台处于隆起，遭受风化剥蚀的状态。

对于古风化壳的物质组成及厚度进行研究，并与现代风化壳进行比较，可以帮助了解古风化壳形成的古气候、古地形特点。对于古风化壳的研究，还可以指导寻找残积型的铝土矿、铁矿和高岭土矿等。由于古风化壳透水性好，岩石强度低，其存在对工程建筑不利。

二、土壤

土壤是以各种风化产物或松散堆积物为母质，经过生物化学作用为主的成土作用改造而成的。土壤具有植物生长所需要的有机质组分（腐殖质）、无机组分（N、P、K 的化合物）、微量元素和水分，这是土壤与残积物和松散堆积物的主要区别。土壤位于残积物顶部，呈灰色—灰黑色，一般厚度为 20～200cm。土壤形成时间比风化壳形成时间短得多，大约只需 200～500a。

土壤具有成层结构，自上而下可分为腐殖层、淋溶层和淀积层。

1. *腐殖层* 位于土壤顶部，颜色较深。含有植物分解产生的大量腐殖质，有机物含量可达25%（一般为6%～12%），具有团粒、孔隙和细小裂隙等结构，矿物在有机酸的作用下被分解；

2. *淋溶层* 位于腐殖层之下，颜色较浅。被分解物、微粒矿物和有机质在淋滤作用和淋溶作用（细小颗粒被下渗水流悬移过程）下，从本层往下移动，故本层缺少腐殖质。

3. *淀积层* 位于土壤下部，由母质层组成，颜色与下伏成土母质相近，但淀积从上部淋滤下来的成分（$CaCO_3$、SiO_2 等）。本层之下为成土母质。

土壤成层结构的发育状况，取决于土壤类型。土壤类型又主要取决于气候（决定水热条件）和植被（有机质来源）。当气候条件发生改变时，土壤类型也会因适应新的气候条件而改变，故土壤是重要的气候指示标志。气候分布具有地带性，所以土壤的类型在地球上也呈地带性分布。我国主要土壤类型的分布也具有十分明显的地带性特征（表 3-4）。

表 3-4 气候类型、土壤类型及中国的土壤分布表

自然带	气候类型	土壤类型	中国的土壤分布区
热　带	热带雨林气候	砖红壤	华南南部和南海诸岛
	热带季风气候	砖红壤型红壤①	
	热带草原气候	燥红壤（热带草原土）	
	热带沙漠气候	荒　漠　土	内蒙和西北内陆区
亚热带	地中海式气候	褐　土	长江以北各省丘陵山地
	亚热带季风性湿润气候	红壤、黄壤	长江以南各省区及喜马拉雅山南麓
温　带	温带季风气候	棕壤、褐土	东北东部、华北区、江淮地区、秦岭山地
	温带海洋气候		
	温带大陆性气候	黑钙土、黑土	东北区北部
	温带大陆性气候	荒漠土、盐碱土	西北区
寒　带	亚寒带气候	灰化土	大兴安岭以北
	寒带苔原气候	冰沼土	
	寒带冰原气候	未发育土壤	

①砖红壤型红壤是砖红壤和红壤之间的过渡类型（据曹伯勋，《地貌学及第四纪地质学》，1995）

在地质时期形成的土壤称古土壤。因其往往被后期地层所埋藏，又称埋藏土壤。古土壤上层的腐殖层因遭受冲刷、淋滤和炭化，不易保存下来。古土壤被埋藏在地下以后，受到上覆地层的压力，导致土壤结构发生改变。而地下水的作用则使原来不含 $CaCO_3$ 的层也会沿裂隙形成次生 $CaCO_3$ 细脉或形成钙质皮壳等。古土壤的时代越老，上述各种次生变化程度就越深，越不易辨识。目前，只有形成于第四纪的古土壤才较有把握识别。可以根据各地第四纪古土壤的特征，运用将今论古的原则，推测全球和世界各地在第四纪时的古气候特征。

小　结

风化作用是地表时时发生并处处存在的一种地质作用。风化作用使岩石、矿物发生分解破坏，为其他地表地质作用的进行提供了基础，可谓风化作用拉开了地质作用的序幕。风化作用按成因分为物理风化、化学风化、生物风化三大类，其主要产物是风化壳及土壤。风化作用的类型及强度受岩石性质、气候、地形和时间诸因素的控制。风化作用也影响到地表建筑和文物，防止建筑物和文物的风化是目前正在探讨的课题之一。

复习思考题

1. 名词解释：风化作用、差异风化、球形风化、风化壳、残积物。
2. 物理风化作用的主要方式及产物特点。
3. 化学风化作用的主要方式及产物特点。
4. 影响风化作用的因素有哪些？
5. 风化壳的特征。

第四章 陆地流水的地质作用

仅占地球水圈3.5%的陆地水，在水圈的循环中，以冰川、河流、地下水、湖泊等形式，在大陆表面不停地运动。这些流动的水体像一把把刻刀，雕凿着大陆地表，塑造出千姿百态的地貌景观。如举世闻名的科罗拉多大峡谷、气势磅礴的尼亚加拉瀑布、雄伟壮观的长江三峡、风光绮丽的桂林山水等。陆地上流动的水体的一系列地质作用，不停地改造和重塑大陆地貌。

第一节 陆地流水的分类和运动特点

陆地流水按其特征可分为地面流水、地下水和冰川三大类。

一、地面流水的类型及运动特点

地面流水是指沿陆地表面流动的水体。其水源主要有大气降水、冰雪融水和地下水。地面流水根据水源补给特点可分为常年性流水（河流）和暂时性流水。常年性流水有稳定的补给水源和相对固定的水道。暂时性流水是指补给水源不稳定的地表流水，一般降雨后才能形成。暂时性流水包括片流和洪流。片流（sheet flow）是指沿斜坡无固定水道的面状流水，其特点是水层薄、速度慢、网状分布。洪流（flood flow）是指沿沟谷流动的水流，它是由片流汇集到沟谷中形成的，其特点是流速快、流量大、有固定水道。

地面流水在重力作用下，沿斜坡或沟谷由高处往低处流动，将势能转变为动能，这种动能称为流水的活力（a），流水的活力与流量（m）及流速（v）的平方成正比，即$a=1/2mv^2$。流量与水系汇水面积和降水量有关，流速受地形影响。对河流而言，其支流多，则汇入主流水量多、流量大；河床坡度较陡，则流速快。同一河流，雨季流量大，旱季流量小。

地面流水在流运过程中，其活力要不断克服水流内部的粘滞阻力和流水与地面、空气等的摩擦阻力，还要克服流水携带物质所消耗的能量。将流水所需克服的阻力总和称为负载（l），则流水的活力和负载的关系可能出现以下三种情况：

(1) $a>l$，流水除克服阻力外，还有剩余的动能，流水表现出以侵蚀破坏地表为主；

(2) $a=l$，流水的活力基本全部全物克服负载，流水表现出以搬运携带物为主，其侵蚀和沉积作用处于平衡状态；

(3) $a<l$，流水的活力小于负载，水流为了保持流动，必须将多余的携带物堆积下来，以减小负载，流水表现出以沉积作用为主。

地面流水的运动状态，按照流体内部水质点的运动轨迹，可分为层流、紊流、环流等不同的水动力结构。层流是指流水的水质点在运动过程中保持相互平行，这种水流现象自然界中很少见。紊流是指流水的水质点在运动过程中，其速度和方向随时（任意）发生改变，是自然界中水流的主要运动方式。

横向环流是指流水的水质点绕水流方向轴作螺旋状有规律地运动。横向环流又可分为双向横向环流和单向横向环流。

（1）双向横向环流　在顺直河段主流线一般位于河床中央，平水期由于两岸对水流的阻滞，造成主流线处水面略低于两岸处水面。水流在河面形成由两岸向中央壅水的表流，沿河床底部形成由中央向两侧辐射的底流，这样便形成发育在主流线两侧的对称双向横向环流（图 4-1（a））。洪水期，由于水流量猛增，形成凸形河面，表流从中央向两侧辐散，而底流由两岸向中央汇聚，主流线两侧形成方向同平水期相反的对称双向横向环流。

（2）单向环流　当水流进入弯曲河段时，河水在惯性离心力作用下，主流线偏向外侧（凹岸），表流向凹岸壅水，底流则从凹岸流向凸岸，形成单向横向环流（图 4-1（b）、（c））。

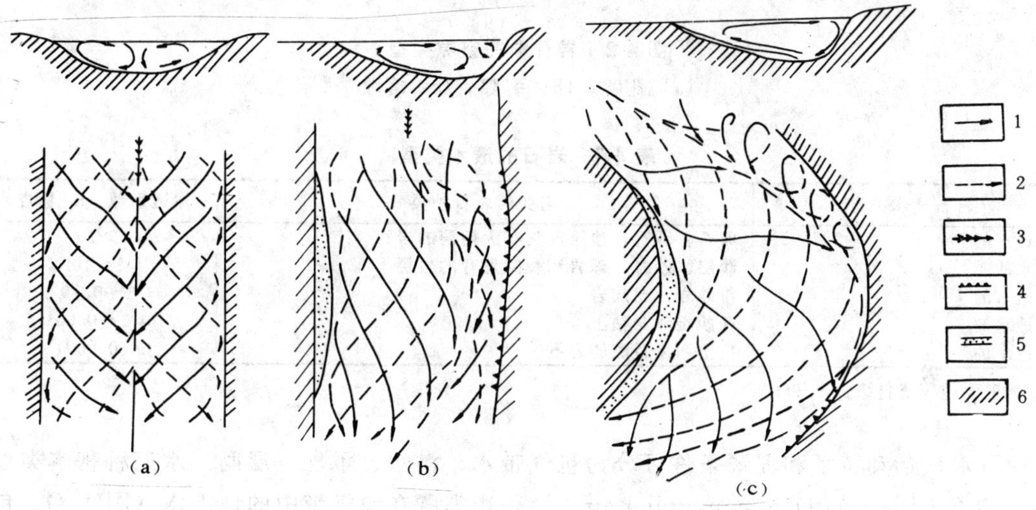

图 4-1　河流横向环流示意图

（据徐成彦，引自 E. B. Sanlylle，1988）

（a）对称双向横向环流；（b）弯道部分对称横向环流发生偏转；（c）弯道单向环流

1. 横向环流的表流；2. 横向环流的底流；3. 主流线；4. 侵蚀作用；5. 堆积作用；6. 河床底及河岸

二、地下水的基本类型和运动特点

地下水（ground water）是指埋藏在地表以下岩石和松散堆积物中的水体，井和泉是它的人工和天然露头。地下水主要是地面水下渗聚集而形成的。

地下水分布广泛，它不仅发育在潮湿气候地区，同时在干旱地区，沙漠、极地、高山均有分布。全球的地下水总量约 $2.37\times10^6km^3$，占水圈总量的 1.71%，是重要的水资源。有些地区的地下水含有丰富的矿物质和微量元素，是医疗和饮用的佳品。地下热水是重要的能源。

地下水的存在形式有：吸着水、薄膜水、毛细水、重力水。前两者吸附在颗粒表面，一般不运动。毛细水充填于毛细管中，受表面张力作用逆重力方向运动。重力水在重力的影响下作垂直向下或水平运动。

岩石中的空隙（图 4-2）是地下水储存和运移的场所和通道。岩石中的空隙体积与岩石总体积之比称为空隙率。空隙率越大，能储存地下水的空间就越多。岩石的储运水能力除与空隙率的大小有关外，还与空隙的大小和连通性有关。空隙越大，空隙间连通性越好，越利于地下水的储运。岩石能透过地下水的性能称为透水性。各种岩石的空隙率、空隙大小和空隙间的连通性各不相同，所以各种岩石透过地下水的能力也不一样（表 4-1）。地下水易通过的岩层称为透水层（permeable bed）；能透过或保存地下水，并在重力作用下能释放出相当水量的岩层称为含水层（aquifer）；地下水不易透过的岩层称为不透水层或隔水层（impervious bed）。粘土岩的空隙率较大（φ=40%～50%），但由于空隙太小、连通性差，故地下水很难通过，是不透水层。

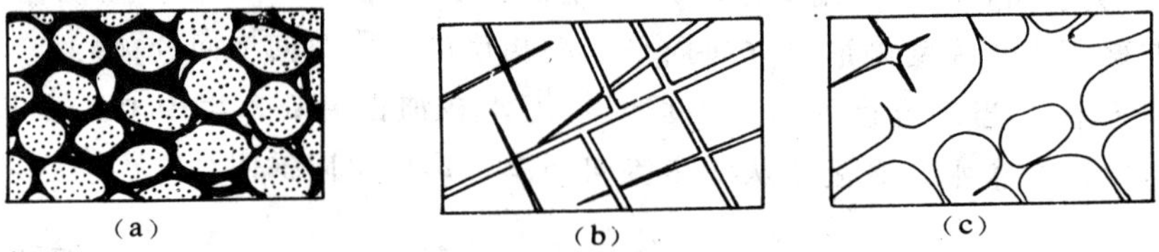

图 4-2　岩石中的空隙类型
(a) 孔隙；(b) 裂隙；(c) 溶隙

表 4-1　岩石的透水类型

岩石透水类型	主要的岩石种类	渗透系数（m/昼夜）
良透水的	卵石、砾石、沙层和具有大溶洞的岩石	>10
透水的	沙层、砂岩、砾岩和裂隙发育的岩层	1～10
半透水的	粉砂岩、泥灰岩	1～0.10
劣透水的	亚沙土和亚粘土	0.1～0.001
不透水的	粘土和无裂隙的岩石	<0.0001

（据王大纯等资料综合，1980）

地下水按运动特征和埋藏条件可分为包气带水、潜水、承压（层间）水三种基本类型：

1. 包气带水（water of containing air）　是指埋藏在包气带中的地下水（图 4-3）。包气带是指岩石空隙未被地下水充满的地带。包气带水常以吸着水、薄膜水、毛细水的形式存在，重力水较少。降雨时，地表水下渗较多，包气带水可出现较多的重力水。包气带水主要作垂直方向的运动。

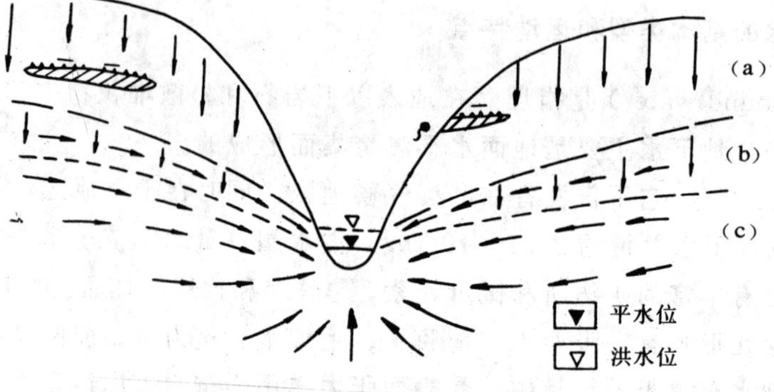

图 4-3　包气带水与潜水的分布及运动
(a) 包气带；(b) 季节变动带；(c) 潜水（饱水）带

2. 潜水（phreatic water）　是指埋藏在地表以下第一个稳定隔水层以上，具有自由表面的重力水，其自由表面称潜水面（water table 或 phreatic surface）。潜水是由大气降水和地表流水下渗，在隔水层之上的岩石空隙中逐渐聚积形成，由于岩石空隙被水充满，故潜水又称为饱水带水。潜水面是饱水带与包气带的分界面。其潜水面的高度，常随地形起伏而起伏，随季节变化而变化。雨季时，下渗水较多，潜水面升高；旱季时，潜水面则降低。潜水面在旱季与雨季的变化区间称为地下水的季节变动带。潜水在重力作用下从高处往低处流，在潜水面附近表现出近水平流动的特点。通常井水面与泉水面是潜水面的露头。

3. 承压水（confined water） 是指埋藏在两个稳定隔水之间的透水层内的重力水，又称层间水（图 4-4）。承压水受两隔水层所限。低位水体承受高位水体的静水压力，这种压力称为水头压力。当在适当位置凿穿上隔水层，承压水在水头压力的驱使下，可沿通道上升至静压水面高度。

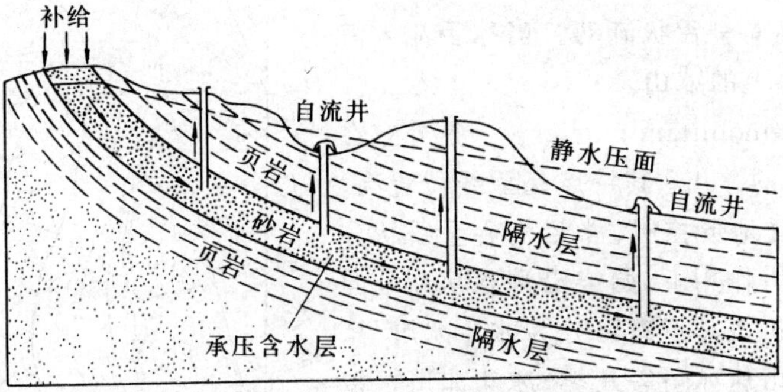

图 4-4 承压含水层的横断面

（据 A. N. strahler《Physical Geology》，1981）

地下水在岩石空隙中储存、运动，其运动速度较慢，一般为每日数米。地下水的运动服从达西定律，即：

$$v = k\frac{H}{L}$$

v 为地下水从高处沿其路径流向低处的平均速率；H 为流动路径上两点水面高差；L 为流动路径的长度；k 为渗透系数；H/L 之比称为水力梯度。

三、冰川的类型及运动特点

冰川（glacier）是大陆上在重力作用下运动的冰体，是巨大的固体水流。冰川主要分布在极地地区及中、低纬度的高山区，覆盖陆地面积的 10%，集中了全球 85%的淡水，是巨大的固体水库，是极重要的淡水资源。若全球的冰川全部融化，注入海洋，可使全球海平面上升约 66m。

冰川的形成需要两个基本条件：①有丰富的降雪，且降雪量大于消融量，年平均气温在 0℃以下；②要有适合冰雪大量堆积的场所（积雪盆地）。

终年积雪区称雪原，其下限称雪线（snowline）。雪线附近年降雪量等于年消融量。雪线以上地区，降雪量大于消融量，在适当的地形条件下，降雪逐渐积累。积雪在地表热力和上覆雪层的压力作用下，不断地融化、冻结形成粒雪，粒雪在上覆雪层的压力作用下，进一步压实，重结晶形成冰川冰。冰川冰在上层冰雪的压力和重力作用下，沿斜坡或自中心向边缘缓慢地流动，形成冰川。

根据气候、地形条件及冰川的形态和规模，可将冰川划分为大陆冰川和山岳冰川两大类：

1. **大陆冰川**（continental glacier） 是分布在高纬度和极地地区的冰川，又称冰盾或冰盖。其特点是雪线位置低，分布面积大，冰层厚，冰川的分布不受下伏地形控制和影响。如格陵兰岛冰川覆盖面积为$174\times10^4km^2$，占该岛面积的80%，中心部位冰层厚度达3 411m（图4-5）。大陆冰川的运动主要靠冰层自身压力，以挤压流的方式，由冰川中央较厚处向四周呈舌状流动。当冰舌流入海中，形成漂浮在海上的冰山。

2. **山岳冰川**（mountain glacier） 是分布在中、低纬度高山区的冰川。其特点是雪线位置高、规模小、冰层薄、受地形控制、常沿沟谷呈线状分布。山岳冰川在重力作用下，始终沿沟谷从高处向低处运动。山岳冰川按其形态可分为冰斗冰川、悬冰川、山谷冰川和山麓冰川等几类。冰斗冰川是指发育于雪线以上，在冰斗中形成并流出的冰川，其规模较小，没有明显的舌状形态。悬冰川是指山坡上的积雪，在适宜条件下形成的悬贴于山坡上的冰川，其规模和厚度均较小。山谷冰川是指沿山谷流动的冰川。山麓冰川是山谷冰川向下流到山麓平原上，汇合后构成的扇形冰川。

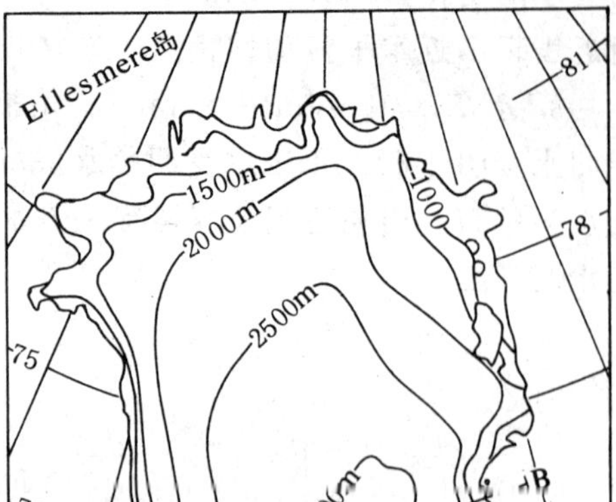

图4-5 格陵兰及其冰盖

（据A. N. Strahler，《Physical Geography》，1981）

冰川是一种呈块状物运动的固体流，其运动速度很慢。冰川流动速度受冰层厚度、地形坡度及底部的冰融水水量等因素的影响。山岳冰川流速较慢，通常不超过300m/a，如我国祁连山、天山一带的冰川流速为30～100m/a。大陆冰川的流速稍快些，主要是因为冰层厚，压力大，底部冰川塑性程度高，易流动，如格陵兰的大陆冰川，流速可达1 700m/a。对冰川运动的观察主要是设立标志物，定期测量其移动的距离。

冰川始终不停地向前运动。在雪线以下地带，由于气温升高，冰川开始消融。冰川前端（冰舌）的位置取决于冰川的供给量和消融量之间的关系。当冰川的供给量等于消融量时，冰舌位置保持不变；当供给量大于消融量时，冰舌位置向前移动，称冰进；反之，冰舌位置后退，称冰退。冰舌的进、退反映出气候的冷、暖变化。

第二节　片流与洪流的地质作用

一、片流的地质作用

片流是由无数细小水流构成沿斜坡流动的面状水流。片流的流量、流速均较小，只能对山坡上松散的土层产生较均匀的剥蚀作用，这种剥蚀作用又称片流洗刷作用（sheetwash）。

降雨时，落到地面来不及下渗的雨水沿山坡流动形成片流，片流在流动过程中将山顶及山坡上的风化残积物洗刷并搬运到坡脚堆积下来（图 4-6）。片流除洗刷掉山坡上大量的松散物质外，甚至可把坡面切割成不规则的浅槽，使基岩裸露，为山坡上的岩石进一步风化创造了条件。

片流洗刷作用的强度主要受降雨量、降雨强度、斜坡坡度、斜坡岩性及植被发育程度等因素影响。通常降雨量大且降雨时间集中时，形成的片流对斜坡的洗刷作用较强烈。

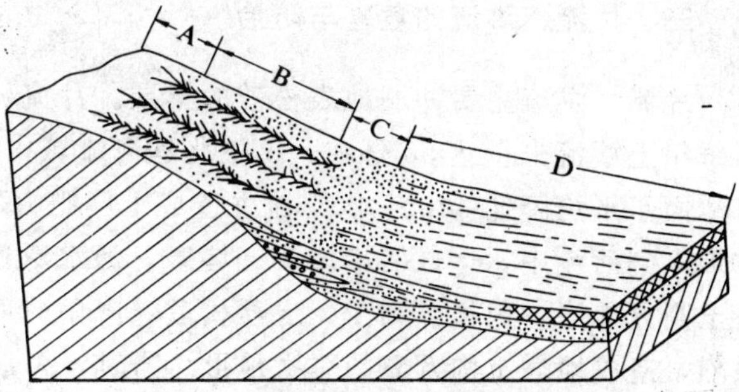

图 4-6 斜坡上的洗刷作用分带

（据徐成彦，引自 E. B. Sanlylle，1988）

A. 弱洗刷带；B. 强洗刷带；C、D. 堆积带

二、洪流的地质作用

片流在地表低洼处汇集成洪流，洪流以其自身的动力及携带的泥沙、石块对沿途沟谷的破坏作用称为洪流的剥蚀作用（又称冲蚀作用）。由于洪流流量大、流速快，挟带沙石较多，机械冲蚀力很强，常将地表切割出较深的线状沟谷——冲沟。冲沟纵坡降较大，横剖面呈现出“V”字形。

洪流除冲蚀力较大外，其搬运能力也很强，可搬运大量的泥沙、石块沿冲沟流动。当洪流流出沟口后，因地形开阔，水流分散，流速骤然减弱，洪流的活力急剧降低，所挟带的碎屑物迅速堆积下来组成扇状的沉积地形，称为洪积扇(proluvial fan)(图 4-7)，其沉积物称为洪积物。

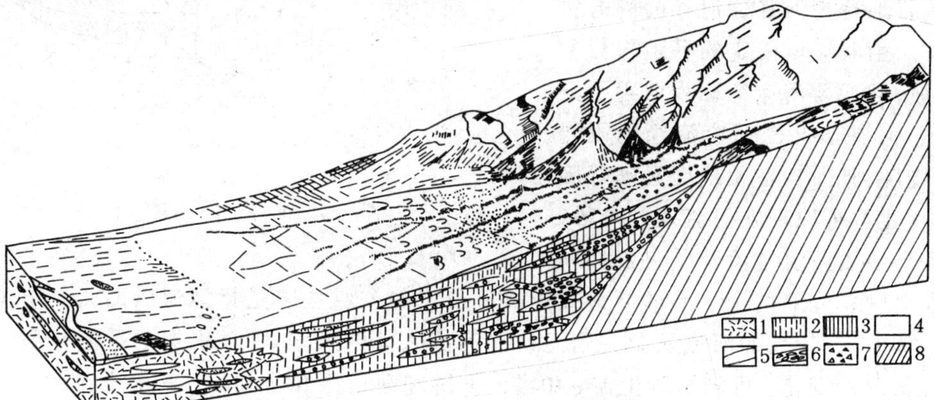

图 4-7 洪积扇的结构示意图

1.粘土及亚粘土；2.亚沙土；3.含砾粘土、沙土；4.泥炭沼泽土；

5.沙透镜体；6.砾石透镜体；7.坡积碎石；8.基岩

洪积扇在沟口扇顶部位，沉积物厚度大、颗粒粗，通常由砾石和沙组成。在洪积扇边缘处，沉积物厚度小，颗粒细，多由泥、沙组成。从扇顶到扇边缘，粒径呈现出由大变小带状分布的特点。洪积扇内常夹有透镜状的砾石层和亚粘土层。近沟口的洪积物因颗粒粗大，多为沙、砾石，故透水性好，常形成良好的储水层；洪积扇边缘堆积的亚粘土和粘土等细粒物质的透水性差，阻碍了地下水的流动，故沿粘土层内侧常有泉水流出。洪积物属快速堆积物，故大小混杂分选性较差，但洪积物在搬运过程中碎屑间及碎屑颗粒与沟谷不停地碰撞和摩擦，使其中较粗大碎屑物的棱角遭到磨蚀，因而具有一定的磨圆度。

三、片流、洪流的危害与防治

片流、洪流主要冲刷地表松散的土层。片流、洪流造成的水土流失极为严重，据测算全国每年土壤流失量达50亿吨，仅陕北延河流域内平均年侵蚀量约10 000t/km²，相当于流域内地面年平均降低6mm。水土流失造成土壤肥力下降、土壤的贫脊和缺失，同时大量的泥沙被带入到河流中，造成河床淤浅、堵塞，河水泛滥，对农业、交通等方面危害极大。如我国黄土高原地区，因植被稀少，土质松散，降雨时间较集中，因而片流和洪流的冲刷作用十分强烈，造成地表千沟万壑的恶劣地形。同时，大量泥沙被带入黄河，使黄河含沙量高达32.9～37.7kg/m³。

片流、洪流的侵蚀作用对自然环境破坏较大，必须加以防治。在水土易流失地区，首先要广种植被，增加植物根系对土壤的固着能力，减少片流对土壤的洗刷量。其次大力兴修水平梯田，挖水平沟、鱼鳞坑，减小地形坡度，增加土壤的蓄水量，防止片流汇集成洪流。

第三节 河流的地质作用

一、河流的一般知识

河流奔流不息，是改造和塑造大陆地表的主要地质营力。被河水开凿和改造的线状谷地称为河谷。河谷两侧的斜坡称谷坡。由谷坡所限定的平坦部分称谷底。谷坡、谷底及河床统称为河谷要素(图4-8)。河谷形态受河流流经地段岩性、地形坡度、地质构造及地壳运动等因素的影响，往往可以反映河流发展阶段。

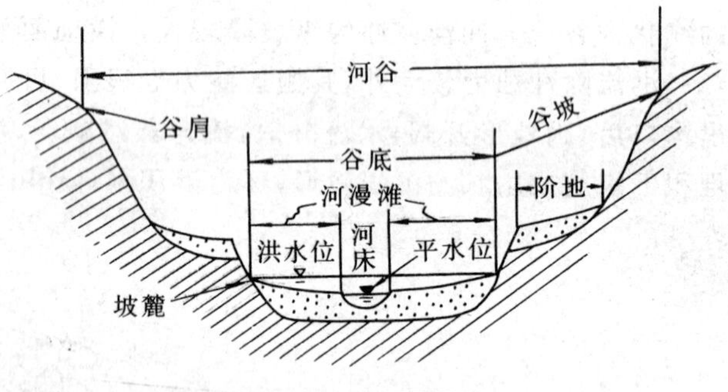

图4-8 河谷形态要素示意图

水系是指由河流主流及其支流共同组成的水文网。分隔两个水系的高地或山岭称分水岭。纵坡降是指河流纵剖面上单位河长的水位差（落差）。较大的河流从源头到河口（河流入海或入湖处），根据水系的分区、河谷地形和水文状况的变化，可划分为上游、中游、下游和河口区几个河段。一般上游河床较窄，纵坡降较大，流量较小，流速较快，下游则相反。河流上游以侵蚀作用为主，下游以沉积作用为主。

河水及所挟带的碎屑物在运动过程中对河谷的破坏作用称河流的侵蚀作用。河流侵蚀作用可分为机械侵蚀和溶蚀两类。机械侵蚀按侵蚀作用的方向可分为下蚀作用（vertical erosion）和侧蚀作用（lateral erosion）两类。河水溶蚀作用的原理与化学风化作用相同。

二、下蚀作用

河水及其所挟带的碎屑物对河床底部产生破坏，使河谷加深、加长的作用称为下蚀作用。

河流下蚀作用的强度主要受纵坡降、水量、河床的岩石性质及流水的含沙量等因素的影响。在其他因素相似的条件下，河流的纵坡降越大，则河水流速越大，下切作用越强。因此，下蚀作用在河流的上游和山区河流较为发育。下蚀作用可产生各种侵蚀地形。

当河流下蚀作用较强，河谷加深的速度大于拓宽的速度，形成谷坡高度远大于谷底宽度的峡谷，其横剖面呈“V”型，故称“V”字形峡谷。在“V”形峡谷中，通常河床直接与谷坡相接，很难见到谷底。著名的长江三峡及金沙江的虎跳峡就是河水下蚀形成的峡谷。虎跳峡江面最窄处仅 40～60m，峡谷深达 3 000m，最陡的谷坡坡度达 70°。据研究，金沙江河谷近一百多万年以来，已加深了 1 200m 以上，平均每年约加深 1mm。

由于组成河床的岩石软硬不均，河流下蚀作用的速度也有差异，因而造成谷底在纵向上常呈阶梯状。另外由于地壳差异性升降运动，也可造成谷底在纵向上呈阶梯状。一般由坚硬岩石组成的谷底因抗侵蚀能力强，常突起形成陡坎。由于陡坎的存在使河水呈现出明显的跌水现象称瀑布(water fall)。如我国著名的黄果树大瀑布，水面宽 20m，水位落差达 57m。

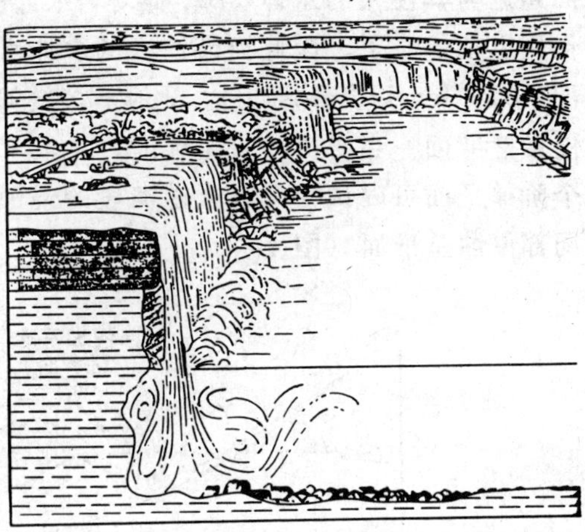

图 4-9　尼亚加拉瀑布的横断面与素描图

(据 A. N. Strahler，1981)

显示 Lockport 白云岩盖及其下伏的软弱页岩

瀑布地段河水携带碎屑物从陡坎跌落，猛烈冲击陡坎下部和河床底部的岩石，经长时间地冲击，陡壁底部被侵蚀成壁龛状，使其上部岩石悬空，同时瀑布前形成深潭。随着下蚀作用继续进行，壁龛不断扩大，最后其上部岩石在重力作用下垮落，使瀑布后退。如位于美国与加拿大两国边境的尼亚加拉瀑布（图 4-9），以 1.3m/a 的速度向上游方向后退。我国黄河上的壶口瀑布平均每年后退 5cm。瀑布后退，河床坡度逐渐变缓，瀑布将最终消失。

河流的源头大多有跌水现象，那里下蚀力最大。与瀑布后退类似，河流下蚀作用在加深河谷的同时，还有向河谷源头方向发展的趋势。这种因下蚀作用使河谷向源头方向伸长的过程称为向源侵蚀。河流通过向源侵蚀增加了河谷长度，减小了河床纵坡降，使分水岭缩小。

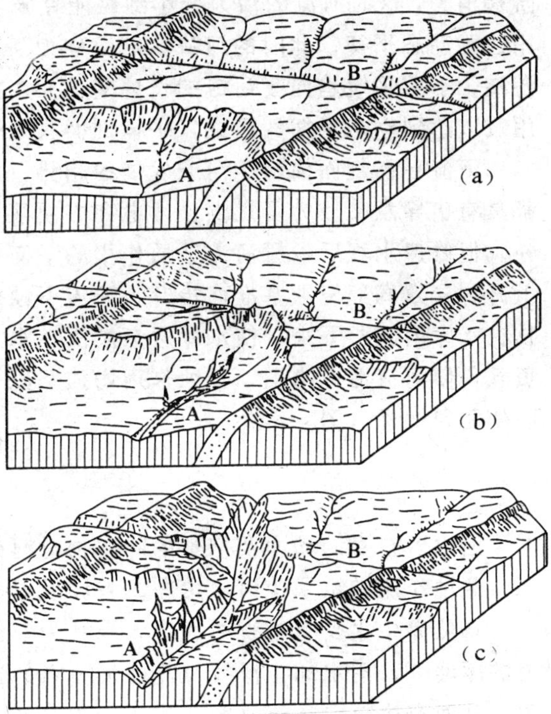

图 4-10　河流袭夺原理

(据李叔达，引自 W. M. Davis，1983)

(a) 支流 A 向源侵蚀；(b) B 河被袭夺；

(c) A 河河谷加深，延长

由于各条河流的水量、河源地面坡度、岩性及构造等因素的不同，导致各河流有不同的向源侵蚀速度。当两条河流向同一分水岭向源侵蚀时，其中一条向源侵蚀速度较快，先期到达并切过分水岭，夺取另一条河流上游的河水，使其流入到自己的河流中，这种现象称为河流的袭夺（图 4-10）。

河流的下蚀作用不断使河谷加深，但这种作用不是无止境的。当河流下切到一定深度，河水面趋近与其注入的水体（海、湖等）水面高度一致时，河水不再具有势能，活力趋于零，下蚀作用也就停止了。因此河流注入的水体水面是河流下蚀作用的极限面，称为河流的侵蚀基准面（base level of erosion）。陆地上多数河流最终都注入海洋，所以认为海平面是河流的最终侵蚀基准面。当支流注入主流时，主流河面则为支流的侵蚀基准面。一些阶梯状河床，每一个阶梯平面可以认为是其上游河段的侵蚀基准面。由于这些侵蚀基准面是不稳定的，又称为局部侵蚀基准面（图 4-11）。

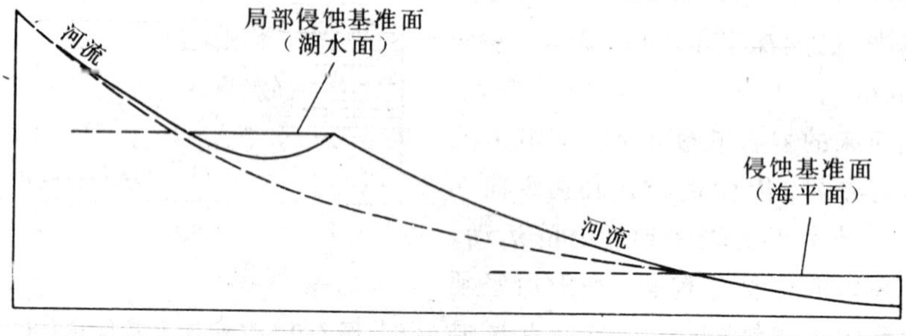

图 4-11 侵蚀基准面和局部侵蚀基准面之间的关系

当河流侵蚀基准面位置稳定不变时，河流长期下蚀作用，使河床的纵坡降减小，陡坎及阶梯消失，这时河流的活力减小到仅能克服其负载（搬运所携带的物质），下蚀作用与沉积作用达到动态平衡，此时的河流纵剖面称为河流的平衡剖面。该剖面为一下凹的圆滑曲线，上游陡，下游平缓趋向于河流的侵蚀基准面。由于自然条件复杂、变化因素较多，河流地质作用难以达到动态平衡，因此，平衡剖面只是一个理想剖面，自然界中难以存在。

河流平衡剖面揭示了河床发展的趋势，对于研究河流对地表的改造过程及兴建水利工程都具有指导意义。为了拦洪、发电和方便灌溉，在河流上修筑水坝是人类改造自然的创举之一。但修建水坝后，原河流地质作用的平衡被打破，在水坝以上河段，由于水库蓄水，水面上升，导致局部侵蚀基准面抬升，河流下蚀作用减弱，沉积作用增强，河流携带的大量碎屑物在水库内沉积下来，使水库逐渐淤浅。水坝以下河段，由于源头提高及河水几乎不带任何负载，使河流活力增加，下蚀作用增强，原下游河床内松散沉积物会被流水侵蚀、搬运，从而使河谷加深（图 4-12）。

三、侧蚀作用

河水以自身的动力及携带的碎屑物对河床两侧或谷坡进行破坏的作用称为河流的侧蚀作用。侧蚀作用的结果使河床弯曲、谷坡后退，河谷加宽。

自然界中很少有平直的河流，多数为弯曲状的河流。弯曲河道中流动的河水在惯性离心力的驱动下，河水的主流线（流速最快点的连线）会偏向河床的凹岸，造成凹岸出现壅水现象，从而产生单向环流（图 4-1）。单向环流呈螺旋状向下游方向流动。

凹岸在单向环流的冲击下，下部岩石不断被破坏掏空，侵蚀下来的岩石碎屑被底流搬运到凸岸堆积，其作用结果是：河流凹岸不断向谷坡方向后退，而凸岸因堆积不断前伸，使河谷及河床愈来弯曲，这种连续弯曲的河床称河曲。由于弯曲河道中流水主要冲击凹岸曲顶及稍下部位，螺旋状的单向环流将凹岸侵蚀下来的岩石碎屑带到凸岸的过程中，河曲向下游方向移动。河流不断侧蚀、下移的结果是：河床两岸突出地形不断被削平，河谷愈来愈宽，愈

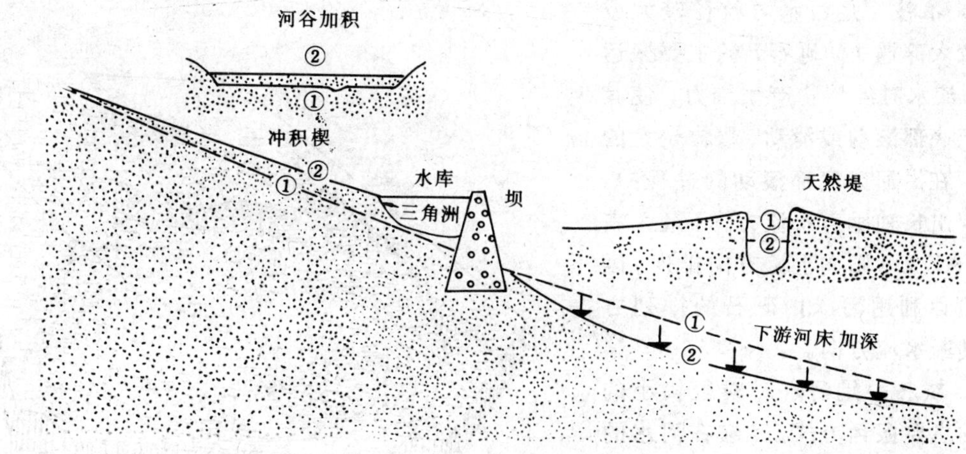

图 4-12　一条河流的示意剖面图

（据 A. N. Strahler，1981）

说明一个大水坝及其水库对河流上游和下游的影响

①原河床底部；②筑坝后河床底部

来愈平直，而河床愈来愈弯曲，最后河床脱离谷坡在宽阔的谷底自由摆动，形成形态极度弯曲的河床，称蛇曲或自由河曲。此时河谷横剖面形态为“箱”形（图 4-13）。

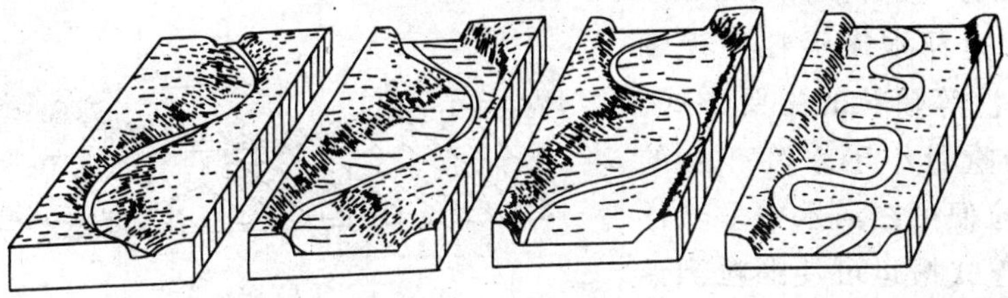

图 4-13　侧方侵蚀作用使河谷加宽和形成河曲、蛇曲的过程

（据徐成彦，引自 C. R. Longwell，1988）

蛇曲的出现，使河流长度不增加，纵坡降逐渐减小，流水的活力逐渐减弱，代表河流侧蚀作用已到达晚期。河床在谷底松散的冲积层中自由摆动，由于河岸岩性松散，河水微弱的侧蚀力，也会造成河床的弯曲度不断增大，使相邻两个河弯逐渐靠近。最终，在洪水期由于水量猛增，侵蚀力增大，河水冲溃狭窄的曲颈段直接流入下一河湾。这种现象称为河流的截弯取直，被遗弃的弯曲河道称牛轭湖（图 4-14）。这种现象在平原区河流中较为常见。如长江下游荆江段在近 2 000a 中，曾发生过数十起截弯取直。

四、搬运作用

（一）搬运方式

河水携带了大量化学物质和碎屑物，在流动中将所容纳的物质从一地搬运到另一地，其搬运方式有机械搬运和化学搬运两类。

机械搬运物主要是砾石、沙和泥，由于被搬运的碎屑物颗粒大小不同，河流的机械搬运作用又有推移、跃移和悬浮三种方式。

1. 推移　是河水对粒径较大或密度较大碎屑（如砾石）的主要搬运方式。流水对碎屑物产生推力，使其沿河床底部滚动或滑动。颗粒较大的砾石，在沿河床底部滚动的过程中，常呈现出长轴垂直水流方向，最大扁平面（AB 面）倾向上游方向排列。因此，可以利用河床内砾石的排列方位，判断水流方向。

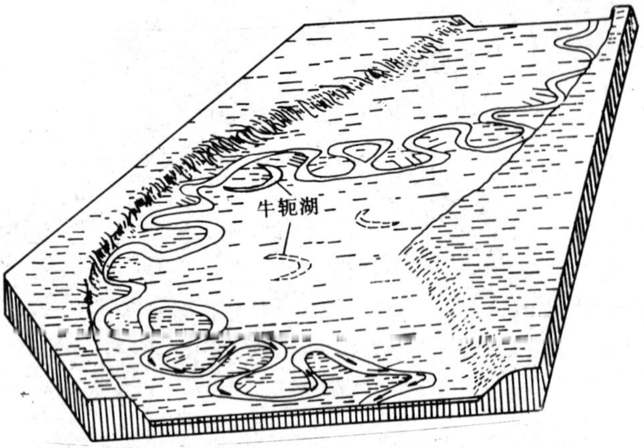

图 4-14　河流截弯取直与牛轭湖
（据李叔达等，《动力地质学原理》，1983）

2. 跃移　是河水对粒径较小的沙粒的主要搬运方式。沙粒在河水的推动力和紊流产生的上举力共同作用下，沿河底跳跃向下游迁移。由于河底不平和水流的脉动冲击，使沙粒在河床底部堆积成波浪状的沙堆，称为沙波。沙波在定向水流作用下向下游移动，其中的沙粒是交替地以推移和跃移方式向下游移动。沙波迎水坡上的沙粒在流水的作用下，沿坡向上滚动，当越过波顶峰以后，大部分沙粒在重力作用下，落到背流坡上堆积，随着沙粒的迁移，沙波向下游移动，沙波外形呈不对称状，迎水坡缓，背流坡陡（坡角约 30°）。沙坡内部发育有斜层理，且斜层理的倾向与水流方向一致（图 4-15）。

3. 悬移　是河水搬运粒径极细小的粘土、粉沙等颗粒的主要方式。当这些颗粒的重量小于水流产生的上举力时，颗粒便可在河水中呈悬浮状态搬运。悬浮式搬运可使颗粒漂浮很长的距离。

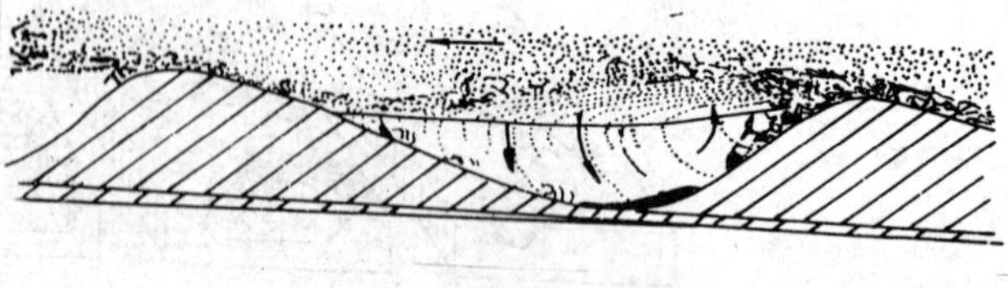
图 4-15　沙波移动示意图
（据 H. E. Reineck，1973）

碎屑颗粒在河流的机械搬运过程中，会产生按粒径大小和密度不同彼此分离的现象，这种现象称为机械分异。河流对碎屑颗粒的搬运能力，取决于水流速度和碎屑颗粒的大小，通常较细小的碎屑被搬运较远。在河流搬运过程中，碎屑颗粒之间及颗粒与河床两侧、底部岩石的反复碰撞、摩擦，会使颗粒棱角逐渐磨损，颗粒发生圆化和变小，而且随搬运距离的加大，这种现象愈明显。这种碎屑物在搬运过程中被逐渐磨圆的过程，称磨圆作用。碎屑被磨圆的程度称磨圆度。

（二）搬运能力与搬运量

河流最主要的搬运方式是机械搬运，其搬运能力是指流水能搬运最大的碎屑颗粒的能力、河流的搬运能力与流速有关，根据爱里定律，被搬运碎屑颗粒的粒径与流速的平方成正比，即 $R \propto V^2$（R 为颗粒直径，V 为流速），被搬运颗粒的重量（G）与流速 6 次方成正比，即 $G \propto V^6$。当河水流速增加一倍，被搬运的颗粒重量将增大 64 倍。因此，在山区河流中，常可见到直径 2～3m 的巨大石块被搬运走。此外，搬运力还与流量有关，通常流量大，则搬运力也增大。

河流的搬运量是指河水搬运泥沙多少的衡量，搬运量的大小除决定于河流的搬运能力外，还决定于河流流域的地表岩性、片流、洪流的发育程度及碎屑物的供给量。如黄河进入黄土地区后，含沙量猛增，最高可达42.29%。表4-2列举了我国主要河流的搬运量。

表4-2　我国主要河流的搬运量

河　名	集水面积 (10^9km^2)	年径流量 (10^8m^2)	平均流量 (m^3/s)	含沙量 (kg/m^3)	年输沙量 (10^8t)	年溶解质径流量(10^8t)	三角洲面积 (10^4km^2)
黄　河	68.79	1260	1350	37.7	15.93	0.21	3.63
长　江	170.54	6900	25500	0.575	5.28	1.86	5.18
珠　江	32.97	3087	6294	0.321	0.83	0.34	2.06
辽　河	12.08	165	107	3.60	2.09		
黑龙江	184.30①	3500	2394②	0.157	0.25	0.03	
滦　河	4.4	45.5	154	3.96	0.24		
海　河	26.5	77.7			0.06		
淮　河	12.13		899	0.397	1.308		
闽　江	6.08	600	1550	0.135	0.075		
雅鲁藏布江	15.68		1010	0.529	0.166		
塔里木河	4.81		203	4.56	0.291		
格尔木河	1.50		22.2	2.95	0.021		

①包括前苏联境内集水面积；②据松花江佳木斯站所测数据(综合《中国自然地理》等有关资料，1984)

五、沉积作用

因流速减小等因素的影响，河流的活力逐渐减小，当活力小于负载时，河流发生沉积作用，将多余的携带物沉淀下来，以保持河水的流动。河流发生沉积作用的场所，主要是在河谷及河口区，沉积方式以机械沉积为主。河流沉积物统称冲积物。

(一) 河谷中的沉积作用

河谷中的冲积物因经过一定距离的搬运，具有分选性，磨圆较好，成分较为复杂，不稳定矿物较多，并具有斜层理、水平层理或槽状层理的特点。所组成的沉积地形有边滩、心滩、河漫滩等。

1. 边滩及河漫滩　边滩为曲流河凸岸沉积产物。凹岸侵蚀掉的碎屑物随底流带到凸岸沉积下来。通常靠近河心的边滩下部，沉积物颗粒较粗，多为砾石；在远离河心的边滩上部，沉积物颗粒较细，多为沙粒。随着河流不断侧向迁移，边滩不断增长扩大，并具倾向河心的斜层理。洪水期，河水漫过谷底，边滩被没于水下，由于凸岸流速较慢，洪水携带的细粒物质(泥、粉沙)就会在边滩沉积物之上叠加沉积，形成具有水平层理的河漫滩沉积，洪水退后，河漫滩露出地表成为较平坦的沉积地形。因此，河漫滩具有二元结构，即底部为颗粒较粗具有斜层理的边滩沉积，顶部为颗粒较细具水平层理的河漫滩沉积(图4-16)。

2. 心滩　是河床中的沙质堆积地形，多因河床底部有障碍物导致沉积物堆积或双向环流作用形成。心滩逐渐增大加高，可露出水面形成沙洲。随河水流动，心滩的上游端会遭受冲蚀，冲蚀下来的碎屑物又搬运到下游端沉积，因此，心滩有向下游方向迁移的趋势。当沙洲数目增多时，主河道分为若干个叉道，形成辫状河道。

在心滩、边滩中常伴生有一些密度大且稳定的矿物，如金、金刚石、锡石、钨矿等，相

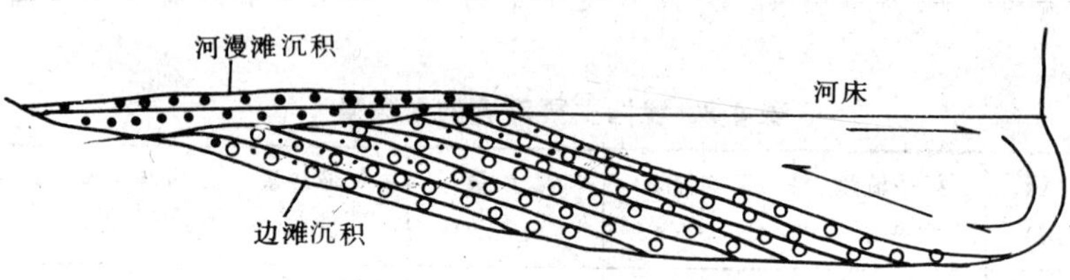

图 4-16　河漫滩二元结构示意图

对富集时，可形成冲积砂矿床。

（二）河口区的沉积作用

河口区河床纵坡降小，水流分散，加之海水或湖水的顶托作用，使河水的活力大大减小，河流携带的大量碎屑物在河口区沉积下来，形成形态各异的三角洲沉积。

一个简单的三角洲的生长过程，遵循图 4-17 所示的几个阶段。为简便起见，设想该水体受波浪与潮汐的影响不明显，河流作为一条水流进入相对静止的水体，其流速被迅速抑止。在水流两旁紊流较小的地带，碎屑物沉积组成侧向堤岸，并使河床伸入到开阔的水域里。由于河流反复冲破堤岸，占据着不同的辐射状位置，最终产生一个扇形的沉积地形，即三角洲。

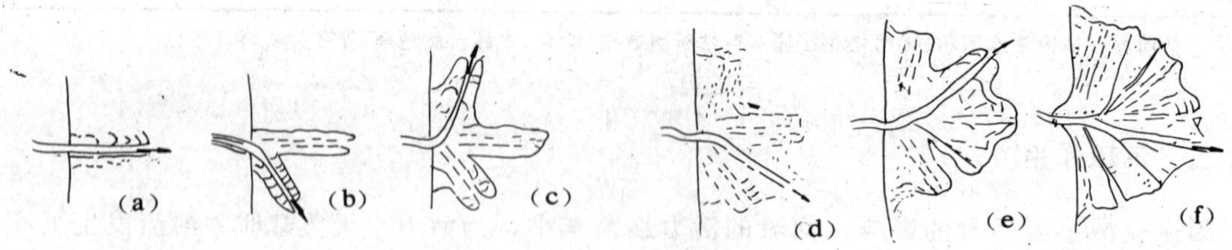

图 4-17　在一个波浪作用轻微的湖泊中建造一个简单三角洲的几个发育阶段

（据 A. N. Strahler，《Physical Geography》，1981）

(a) ～ (f) 为三角洲逐渐形成的几个阶段

在纵剖面上，三角洲大部分由称为前积层的倾斜沙层组成（图 4-18），为河流沉积物向海（或湖）推进沉积的产物。前积层向外逐渐转变成近水平的粉沙和粘土的薄层，称为底积层。

图 4-18　筑入湖中的一个简单三角洲的内部结构

（据 A. N. Strahler，《Physical Geography》，1981）

当三角洲生长时，河流向海洋方向推进，在前积层上发育网叉状河流，河流有轻微的淤积，并且扩展成新的冲积层，即顶积层。

目前地质学家研究程度最高的是位于墨西哥湾的密西西比河三角洲，它是由新老几个三角洲叠置在一起构成的一个辽阔的三角洲平原（图 4-19）。现代密西西比河三角洲呈鸟足状，它与较老的三角洲的区别在于它有宽阔的分叉支流，并在更深的水中（$>100m$）建造。现代鸟足状三角洲含有沉积物总计约 $113km^3$，沉积了约 450 年，每年新增碎屑量约 $0.25km^3$ 或约 455×10^6t。三角洲的底积层，因混入大量海洋浮游生物的尸体，是理想的生油岩层。三角洲的前积层以沙质沉积为主，孔隙度大且连通性好，是良好的储油层，墨西哥湾是世界上产油最多的地区之一。

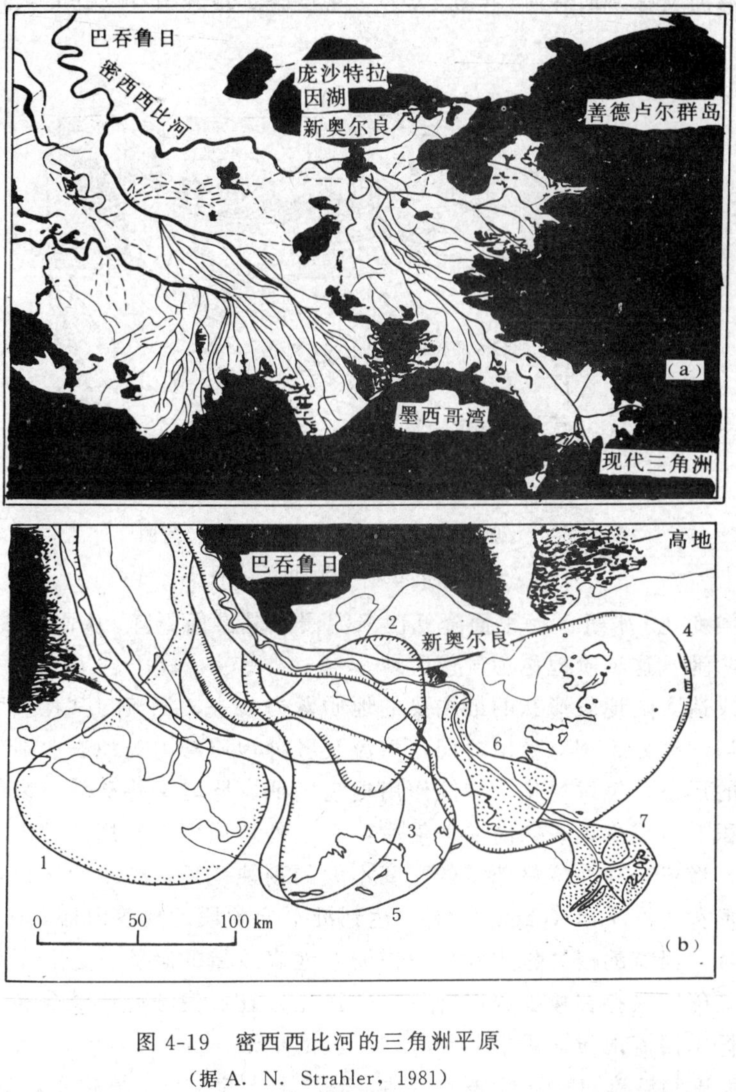

图 4-19　密西西比河的三角洲平原

（据 A. N. Strahler，1981）

被遗弃的河道及支流由粗线表示，7 个三角洲，数字顺序表示由最老至最新，(b) 图覆盖的面积要比 (a) 图大

当波浪和潮汐的作用较强时，河流携带到河口区沉积的碎屑物，会遭受海洋的冲刷并被搬运走，河口区便形成喇叭形的深水港湾，通常称三角港。钱塘江口的杭州湾就是一个典型

的三角港。

六、河流地质作用的一般趋势

在地壳稳定时期，河流由早期的以下蚀作用为主转变为晚期以侧蚀作用为主，河谷不断展宽，河谷中形成由冲积物构成的河漫滩。若因地壳发生区域性上升运动，使河流侵蚀基准面相对下降，此时，河流的下蚀作用重新加强，使河床降低，原有的河漫滩相对被抬升，形成分布在谷坡上，洪水已不能淹没的、顶面较平坦的台阶状地形，称为河流阶地（river terrace）。与此同时，早先呈蛇曲形态的河流，因下蚀作用重新加强，河床降低，并深切至基岩，形成河谷在横剖面呈"V"形谷，但平面上仍保留极度弯曲的蛇曲形态，此类河流称深切河曲。深切河曲又称"回春河"（图 4-20），它反映了地壳由相对稳定转向强烈上升运动的特征。

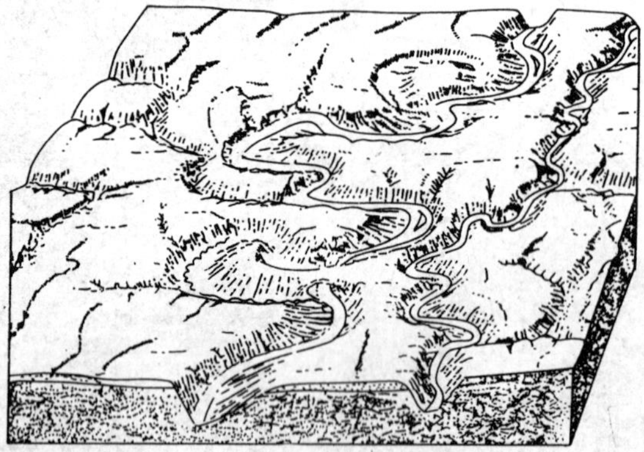

图 4-20　具有截弯取直的深切河曲

（据 A. N. Strahler，1981）

由于气候变化（冰期），海平面降低使河流侵蚀基准面下降，从而造成河流下蚀作用增强，并形成河流阶地，这种阶地称为气候阶地。

河流是改造大陆地表形态的最主要的地质营力之一，河流与其地质营力联合对陆地表面进行改造。当地壳处于相对稳定时期，河流及各种地质营力对地表改造的总趋势是把原来地表高差较大的形态，经过风化、剥蚀作用把它削低，同时又将破坏下来的物质搬运到地表低洼处进行堆积，以减少地表的高差。最后，由于外地质营力作用的"削高填底"的结果，使广大地区内，形成只存在零星分布的高度不大的剥蚀残丘，整个地区变得比较平坦，这种近似平原的地形称为准平原（peneplane）。达到准平原阶段的地表河流，其活力已大为减弱，就整个水系而言，河流的侵蚀作用和沉积作用对地表改造的趋势已近于平衡。地形上表现为分水岭已支离破碎，只存在极少数高度不大的孤立残丘。流域内广泛分布着蛇曲河、牛轭湖和泛滥平原等标志河流地质作用发展到晚期阶段的地形。

河流、片流和洪流对大陆地表的侵蚀，造成水土流失，土壤贫脊，使人类生存环境恶化，洪水泛滥造成人民生命财产损失。河流的沉积，尤其是三角洲的沉积造成陆地面积的扩大，沃土增加，人类居住地扩大。蓄水发电，开河引沙治理盐碱，给人类带来巨大利益。因此，河流及其地质作用与人类的生存环境和利益紧密相关。

第四节　地下水的地质作用

一、地下水的潜蚀作用

地下水在运动过程中对周围岩石的破坏作用称为地下水的潜蚀作用（underground erosion）。潜蚀作用包括机械和化学两种方式。由于地下水主要在岩石空隙中渗流，流速缓慢，水量分散，冲击力小，所以其机械潜蚀作用极微弱。但地下水中常含有较多的CO_2和各种溶剂，因而化学潜蚀作用较显著。

地下水通过对岩石、矿物的溶解产生的破坏作用称为化学潜蚀作用，又统称岩溶作用（岩溶作用广义上还包括地面流水对岩石的溶解）。在可溶性岩石（如石灰岩）分布地区，岩溶作用使岩石的孔隙或裂隙逐渐扩大，形成峰林和巨大洞穴等奇特地形。岩溶作用形成的各种地形通称岩溶地形，又称喀斯特（karst）地形。喀斯特一词来源于南斯拉夫亚得里亚沿海的喀斯特高原，那里的碳酸盐岩石非常发育，地下水的岩溶作用形成了奇特的地貌景观。19世纪末，南斯拉夫学者 J. Cvijic 把这种地貌景观命名为喀斯特。

岩溶作用多发育于气候湿热的可溶性岩石分布地区。世界陆地面积的34%、我国陆地面积的14.3%、贵州面积的80%、广西面积的60%是岩溶地形发育地区。

（一）岩溶作用过程及发育条件

地下水通过溶解岩石的方式对岩石进行破坏。组成地壳的岩石绝大部分是不可溶的或微可溶的岩石，易溶的岩石仅占极少的部分（如膏、盐岩层）。在通常条件下，石灰岩是难以溶解的。当地下水中含有较多的CO_2时，会发生如下反应：

$$CO_2+H_2O \rightleftharpoons H^+ + [HCO_3]^-$$

$$CaCO_3+H^+ + [HCO_3]^- \rightleftharpoons Ca^{2+} + 2[HCO_3]^-$$

使难溶的$CaCO_3$（石灰岩主要成分）转变成易溶的$Ca[HCO_3]_2$。溶解于水的$Ca[HCO_3]_2$随地下水流动被带走，使石灰岩逐渐被溶解、破坏。

岩溶作用发育条件可归纳为：

1. *可溶性岩石*　可溶性岩石的存在是发生岩溶作用的必要作用。主要可溶性岩石有石灰岩、白云岩及膏、盐类岩石（包括石盐、石膏等）。可溶性岩石中以出露面积大、层厚质纯的石灰岩岩溶作用最发育，岩溶地貌景观最丰富多彩。

2. *岩石的透水性*　透水性强的岩石利于岩溶作用的进行。可溶性岩石的透水性主要取决于裂隙发育程度。裂隙发育则岩石空隙率增加，连通性较好，单位体积内岩石与地下水作用的表面积大，地下水易流动，常有不饱和地下水补充，从而使岩溶作用速度加快。

3. *地下水的溶蚀能力*　地下水的溶蚀能力取决于CO_2的含量。CO_2的含量愈高，其溶蚀能力愈强。地下水中的CO_2来源于溶解土壤中的CO_2及生物作用产生的CO_2。水中CO_2的含量与压力呈正比与温度呈反比，因此，地下深处岩石裂隙中的地下水，由于围压较大，可溶解较多的CO_2。近地表处，因压力小，地下水中CO_2含量较低。温度升高虽然使地下水中CO_2的含量降低，却可使溶解反应速度加快。据测定，水温每升高10℃，化学反应速率可增加1倍，这样大大加速了石灰岩的溶解过程。因此，潮湿炎热、土壤层较厚、生物繁茂的可溶性岩石分布地区，岩溶作用最发育。

4. *地下水的流动特征* 由于石灰岩等可溶性岩石多为溶解度较小的物质，地下水是否流动，与岩溶作用能否深入进行关系密切。当地下水流动并且较快时，可将溶解的物质迅速带走，同时补充新鲜的不饱和水，使地下水始终保持较强溶蚀能力状态，有利于岩溶作用的进行。此外，地下水的流动方向决定了岩溶地形的发育方向和特征。

（二）主要的岩溶地形

在包气带，地下水以垂直运动为主。在地下水与地面流水的共同作用下，多形成沿竖直方向发育的岩溶地形，主要有溶沟、石芽、落水洞、溶蚀漏斗等。在潜水面附近则发育溶洞（图 4-21）。

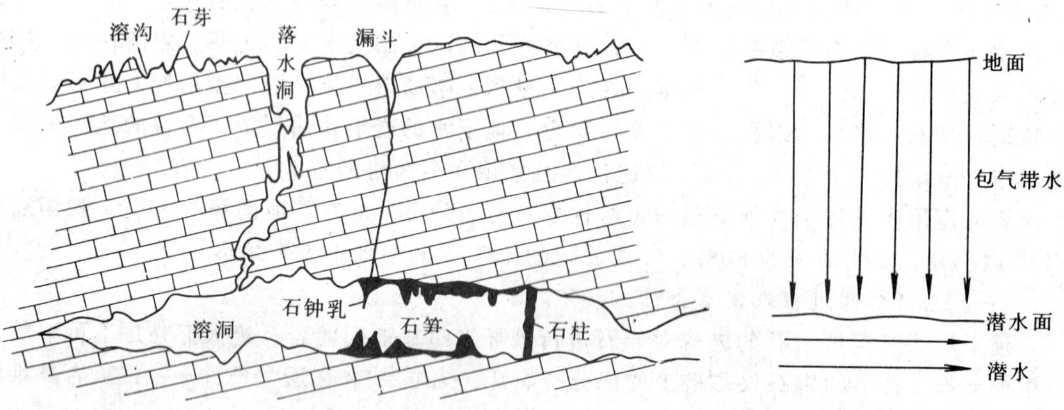

图 4-21 岩溶地形及溶洞沉积物示意图

1. *溶沟和石芽* 是地面流水沿岩石裂隙下渗过程中，溶解地表岩石形成的沟槽和脊状突起，沟槽为溶沟，脊状突起为石芽。当溶沟不断加深，石芽增长，可形成巨形石芽，称石林(stone forest)，如著名的云南路南石林。

2. *落水洞* 是地面流水沿裂隙下渗，溶解岩石所形成的与潜水面或地下溶洞相通的陡立深洞。

3. *溶蚀漏斗* 是分布于地表及浅处的碟状或漏斗状的溶蚀洼地。其形成除受溶蚀作用外，还遭受重力崩塌作用。

4. *溶洞* 在潜水面附近，地下水作近水平方向运动，因而溶蚀作用沿水平方向发展，形成沿水平方向延伸的洞穴，称溶洞。溶洞的延伸方向大致代表潜水面的位置。溶洞的形成除与溶蚀作用有关外，还与重力崩塌作用有关。一些巨大的溶洞常是两者共同作用的结果。在一些溶洞内还有暗河发育。世界上已知最长的溶洞系统是美国肯塔基州巨洞——国家公园内的猛玛洞，1972 年经查明其连续的地下通道长达 252km。溶洞是人类祖先最早的居住场所，幽险的形态和奇特的洞内景观，使溶洞成为被开发的重要旅游资源。

随着岩溶作用的发育，溶洞不断扩大，最终其上部岩石在重力作用下，发生大规模崩塌，形成岩溶盆地。在岩溶盆地内常残留在孤立分布的石灰岩锥状山峰，称孤峰，通称峰林。

二、地下水的搬运作用和沉积作用

（一）搬运作用

地下水的搬运作用以化学方式为主，机械搬运能力通常很微弱。当溶洞内发育有地下暗河时，其暗流有较大的搬运能力，其搬运方式和特点与河流相似。

地下水化学搬运物来源于溶蚀的围岩及部分风化的岩石，包括各种离子和胶体物质。主要有 K^+、Na^+、Ca^{2+}、Mg^{2+}、Cl^-、SO_4^{2-}、HCO_3^-、CO_3^{2-}、SiO_2、$Al(OH)_3$、$Fe(OH)_3$ 等。不同气候和岩石分布地区，地下水含有并搬运的物质有一定差异。搬运量与岩石性质、风化程度有关。地表岩石风化彻底，地下水矿化度高，则地下水搬运量大。

（二）沉积作用

地下水的沉积作用以化学沉积为主，也有一定数量的机械沉积。

1. 化学沉积　地下水所溶运的矿物质，通常以过饱和的方式发生沉积。如富含 $Ca(HCO_3)_2$ 的地下水，在压力骤然降低、温度升高的情况下，由于水中的 CO_2 逸出及水分蒸发，水中的 $CaCO_3$ 会迅速达到过饱和状态而发生沉淀，形成各种沉积物。包括溶洞滴石、泉华等。

(1) 溶洞滴石　当饱含 $Ca(HCO_3)_2$ 的地下水，由裂隙渗入溶洞，便由一个压力较高的环境进入压力相对低的环境，水中 CO_2 逸出，水分蒸发，过饱和的 $CaCO_3$ 在渗出口附近不断沉淀。悬挂在洞顶的锥状 $CaCO_3$ 沉淀物称石钟乳，滴至洞底后沉淀且向上增长的竹笋状沉淀物称石笋，两者生长相连，则形成石柱（图 4-22）。三者通称溶洞滴石或钟乳石。溶洞滴石千姿百态，人们给其起了若干形象的名字，如帷幕状的沉积物称石幔，附着在洞壁上的沉积物叫流石。

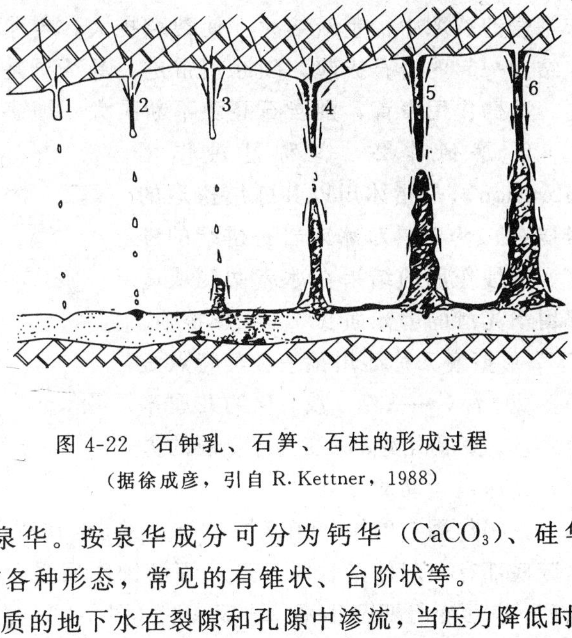

图 4-22　石钟乳、石笋、石柱的形成过程

（据徐成彦，引自 R. Kettner，1988）

(2) 泉华　在泉口附近，泉水中的矿物质发生过饱和沉积，形成的沉淀物称泉华。按泉华成分可分为钙华（$CaCO_3$）、硅华（SiO_2）、硫华（S）。泉华因地形不同而具有各种形态，常见的有锥状、台阶状等。

(3) 裂隙和孔隙中的沉积物　饱含矿物质的地下水在裂隙和孔隙中渗流，当压力降低时，地下水的溶解度减小，所含的矿物质会在岩石裂隙和孔隙中发生沉淀。裂隙内沉积物常见的有方解石脉（$CaCO_3$）和石英脉（SiO_2）。孔隙内沉积物常围绕某些颗粒形成结核。地下水中所含矿物质（SiO_2、$CaCO_3$）还可与堆藏在沉积物中的生物遗体进行置换，使矿物质在生物遗体中沉淀，形成化石。其结果是生物体的物质成分改变了，但保留其外部形态和内部构造。如硅化木就是树木的有机质被地下水中的 SiO_2 置换，但树干、枝、叶的外形和纤维构造却完整无缺。

2. 机械沉积物　地下水的机械沉积物包括溶蚀残余堆积物和碎屑沉积物。

溶蚀残余堆积物是指由于岩石溶蚀后，岩石中所含的难溶物质在洞穴底部或低洼处堆积形成的物质。一般没有经过长距离搬运，其成分通常为富含 Fe_2O_3 和 Al_2O_3 的红色粘土。

碎屑沉积物包括崩塌形成的岩石角砾及地下河中的碎屑沉积物。崩塌形成的岩石角砾，由于没有经过搬运，常为棱角状，且大小不等，部分角砾表面有溶蚀痕迹，角砾通常分布于溶洞内，又称溶洞角砾，经胶结形成溶洞角砾岩。地下河中碎屑沉积物的特点与河流沉积物相似，只是沉积物的分布受溶洞限制，范围较局限。

新生代以前发育的岩溶地形称古岩溶。对古岩溶的识别，在理论及生产实践中均有一定意义。如根据古岩溶，帮助分析古气候，寻找溶洞型残积砂矿和潜山型油气藏。

第五节　冰川的地质作用

一、冰川的刨蚀作用

冰川及其挟带的岩石碎块对冰床基岩的破坏作用称刨蚀作用(ploughing)。其方式有挖掘和磨蚀两种，均是冰川对基岩的机械破坏作用。

(一) 冰川刨蚀作用的方式

1. 挖掘作用　又称拔蚀作用(plucking)，是指冰川在运动中，将与冰川冰结在一起的冰床基岩碎块拔起带走的过程。在巨厚冰层的压力下，冰川底部冰部分融化，冰融水渗入到冰床基岩的裂隙中，重新结冰，使裂隙扩大。当冰川向前运动时，就将这些裂隙发育并与冰川冻结在一起的岩石拔起，随冰川带走，其结果是冰床加深。挖掘作用的强度受冰劈作用的控制。冰劈作用发育，则岩石裂隙不断扩大、增多，变得较为破碎，利于挖掘作用进行。

2. 磨蚀作用　又称锉蚀作用(abrasion)，是指冰川以其冻结搬运的岩屑(块)为工具对冰床岩石进行的锉磨。磨蚀作用的结果在冰床两侧或底部留下光滑的磨光面及“丁”形擦痕。“丁”形擦痕又称冰川擦痕，其特点是一头宽、深，一头窄、浅，长约几厘米至几米。擦痕由宽、深变为窄、浅的方向，为冰川运动的方向。

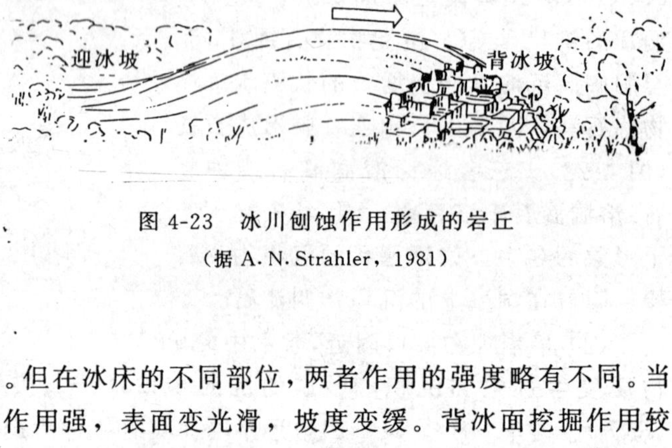

图 4-23　冰川刨蚀作用形成的岩丘
(据 A. N. Strahler, 1981)

挖掘作用与磨蚀作用是同时进行的。但在冰床的不同部位，两者作用的强度略有不同。当冰床底部有凸起的基岩时，迎冰面磨蚀作用强，表面变光滑，坡度变缓。背冰面挖掘作用较强烈，表面变得凹凸不平，坡度变陡(图 4-23)。当冰川消融后，这些遭受磨蚀和挖掘的基岩，若保留下来，则称为羊背石。

(二) 主要的冰蚀地形

冰川的刨蚀作用可形成各式各样的冰蚀地形，这些地形是研究冰川活动的重要证据。山岳冰川形成的冰蚀地形主要有冰蚀谷、冰斗、鳍脊、角峰等(图 4-24)。大陆冰川形成的冰蚀地形主要为冰蚀洼地。

1. 冰蚀谷(glacial valley)　经山谷冰川刨蚀、改造而形成的谷地称冰蚀谷。冰川沿由地面流水侵蚀形成的沟谷或其他负地形流动，在流动过程中冰川的刨蚀作用使原沟谷加深、加宽，山嘴部分因阻挡冰川流动而被刨蚀掉。因此，冰蚀谷常较平直而宽阔，形成两壁陡立的槽形谷。由于冰蚀谷横剖面呈“U”字形，故又称“U”形谷或槽谷。在冰蚀谷底部或两壁常能发育磨光面及冰川擦痕。

复式山谷冰川的支流，因冰量较小，刨蚀能力较弱，在汇入主流处，支流的谷底常较主流谷底高出数十乃至数百米，当冰川消融后，支冰蚀谷便悬挂在主冰蚀谷的谷坡上，称为悬谷。

2. 冰斗（cirque） 是由冰川刨蚀作用形成的三面陡壁的围椅状洼地。在原始积雪洼地里形成冰川后，冰川刨蚀作用和冰劈作用共同使原始洼地不断加深，拓宽并向山顶后退，形成“三面壁陡，一面开口”的围椅状地形。在冰斗后退过程中，因冰劈作用发育，陡壁上破碎的岩石在重力作用下坠落到冰斗冰川中，随冰川带走。

3. 鳍脊（arête） 相邻的两个冰斗或冰蚀谷，因刨蚀作用后退，使两相邻冰斗或冰蚀谷之间的山脊变得越来越窄，形成两坡陡峻、山顶尖薄的山脊称鳍脊。

4. 角峰（horn） 当3个或3个以上不同方向的冰斗，在刨蚀作用下不断后退，最后包围形成岩壁陡立的金字塔形山峰，称角峰。

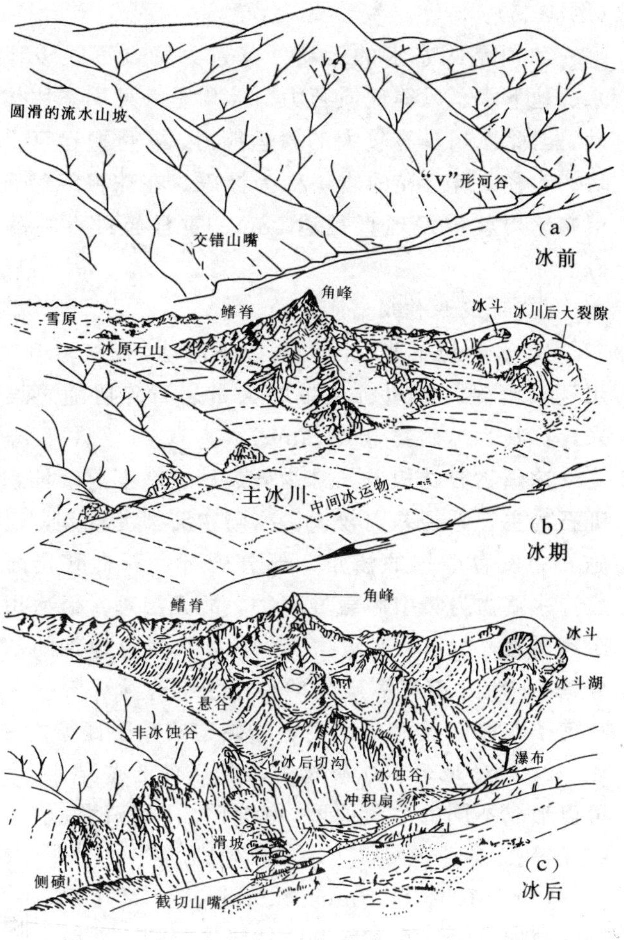

图 4-24 山岳冰川作用下发育的冰蚀地形

（据李叔达，引自 W. M. Davis，1983）

5. 冰蚀洼地（ploughing depression） 大陆冰川在运动过程中，对冰床基岩刨蚀而形成的大小不等的洼地，称冰蚀洼地。洼地的大小与深浅多与冰川的厚度及冰床基岩的岩性及构造有关。在冰川消融后，这些冰蚀洼地会积水成湖。

二、冰川的搬运作用和沉积作用

（一）搬运作用

冰川的搬运作用是指冰川将冻结在冰川内部的碎屑物及冰川前端的碎屑物运移到异地的过程。其搬运方式分载运和推移。载运是指冻结在冰川内或落在冰面上的岩块，随冰川运动而被搬运，其原理类似传送带传送货物。推移是指冰川将前端冰床上的岩屑向前推进的作用，其作用原理类似推土机推土，这种作用只发生在冰川前端向前推进的时期。冰川搬运方式决定了冰川搬运不具分选作用。

冰川搬运的物质称冰运物，主要来源于冰川刨蚀产物及谷坡上的冰冻风化产物，也可以是冰川发生前沉积在山谷中的冲积物、洪积物和坡积物。冰川载运的碎屑物质因冻结在冰川内和停积在冰川表面，在搬运过程中彼此不能发生相互碰撞、摩擦，因此，多具棱角状。在复式冰川中因冰运物在冰川内部分布的位置不同，可分为中冰运物、侧冰运物和底冰运物等

(图 4-25)。

冰川是固态水的运动，其营力特点不同于地面流水、地下水、风等地质营力。冰川是一种固态块体的运动，因此冰川具有较大的搬运能力，常可搬运巨大的岩块。直径大于 1m 的岩块称为漂砾。在珠穆朗玛峰北坡绒布冰川就曾发现直径达 28m、重量超过万吨的大漂砾。

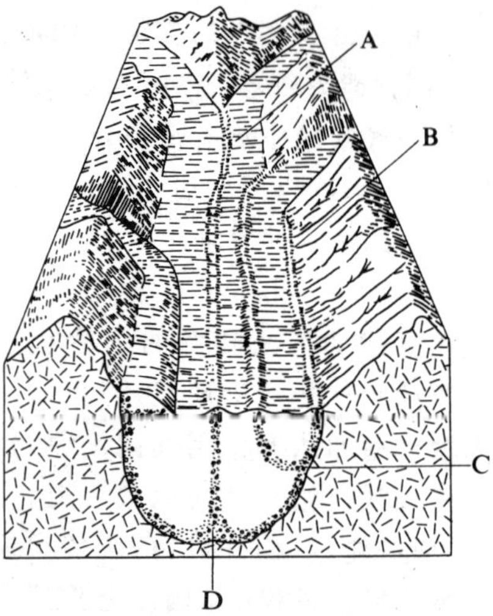

图 4-25 冰运物在冰川内部的分布
(据 Sharp，1960)
A. 中冰运物；B. 侧冰运物；
C. 内冰运物；D. 底冰运物

(二) 沉积作用

1. 冰碛物　冰川向雪线以下流动，随气温升高，冰川逐渐消融，冰川所挟带的大量岩石碎屑随之堆积下来，称其为冰碛物 (moraine)。

冰碛物分选极差，常为砾、沙、粘土混杂堆积，以砾石为主，砾径差别较大。冰碛物磨圆度较差，仅少数砾石中发育磨钝的棱角，部分砾石表面具磨光面及擦痕。冰碛物为集中卸载堆积物，故无层理。因冰川搬运距离较近，所以，冰碛物成分与冰川发育地带的基岩成分基本一致。有时冰碛物的粘土中混有冰冻气候区的植物孢子花粉，其存在是鉴定冰碛物的重要证据之一。

2. 冰碛地形　冰碛物因堆积条件的差异，可以形成不同的冰碛地形，有终碛堤、侧碛堤、鼓丘等。

(1) 终碛堤 (terminal moraine)　是在冰川的前端，冰碛物堆积形成的弧形堤坝。堤坝的弧顶指向冰川前进方向，堤坝内侧缓，外侧陡。它是冰川的消融量与供给量基本平衡时，冰川挟带的碎屑物源源不断地在冰川前端堆积而形成的。若因气候变化，冰川间歇性退缩，冰川前端可以形成多个平行的终碛堤。

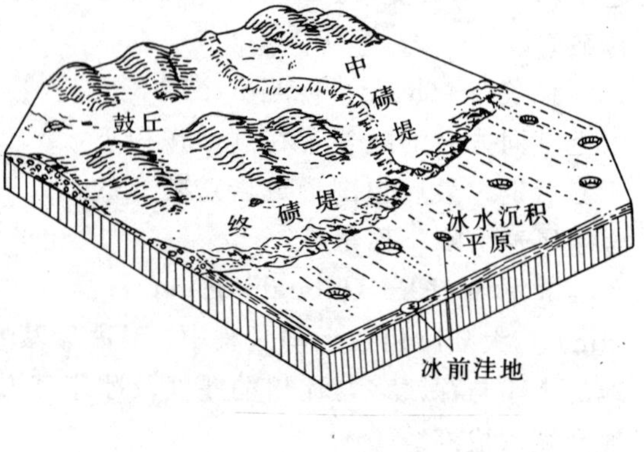

图 4-26 冰川堆积地貌
(据 B. Mears，1970)

(2) 侧碛堤 (lateral morain)　山谷冰川表面运载的冰碛物多集中于两侧，当冰川消融后，冰碛物沿谷壁堆积成的长条状垄岗地形，称侧碛堤。当两条山谷冰川汇合形成复式冰川，原侧碛物汇合于冰川中部，变为中碛物。当冰川消融后，中碛物堆积形成的长条状垄岗地形，称中碛堤 (图 4-26)。

(3) 鼓丘 (drumlin)　是终碛堤内形成的一系列长轴平行冰川流动方向的椭圆形小丘。鼓丘往往由冰碛物的表壳与羊背石的基岩核心组成 (图 4-27)。

冰川消融水汇聚于冰下形成冰下河。冰下河从冰川前流出冲决终碛堤便成为冰前河。冰前河会冲蚀地表岩石及改造冰碛物，经过冰水河流改造的冰碛物常具有河流冲积物的一些特征，如分选性、磨圆度较好，具有一定层理等。冰前河携带碎屑物搬运、沉积会形成冰前扇地等地形。冰前河水及携带的碎屑物在洼地内聚集，会形成冰湖沉积，其特点与湖泊沉积相似。其沉积物称为纹泥，即一种粗细相间，颜色深浅交替的薄泥层。

三、冰期与间冰期

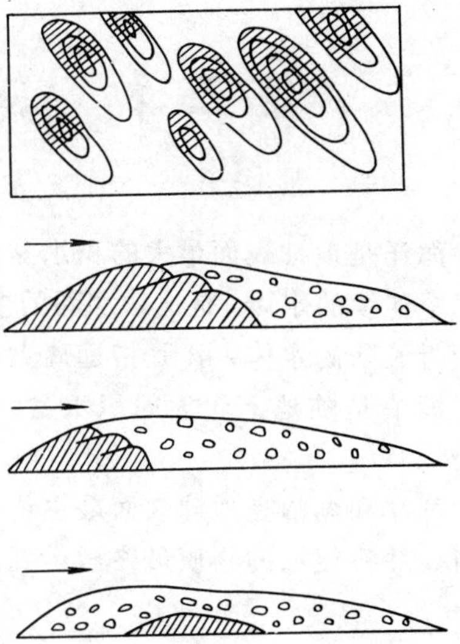

图 4-27　鼓丘的平面图及剖面图

冰期（glacial stage）是地球显著变冷，全球性冰川广泛发育的时期。冰期时，大陆冰川及山岳冰川的范围扩大，向中、低纬底地区推进，雪线降低，年平均气温降低（一般认为较现代约降低 5～9℃），海平面下降。

间冰期（interglacial stage）是指两个冰期之间的温暖时期。其气候与冰川广布的冰期完全相反。由于气候温暖，利于生物的演化和迁移。

在地球 46 亿年的演化历史中，曾发生过三次大冰期，即震旦纪大冰期（6～8 亿年前）、石炭纪—二叠纪大冰期（2.8 亿年前）和第四纪大冰期（2Ma 前）。每一个大冰期又可划分为若干个小冰期及间冰期。如第四纪大冰期，在欧洲地区，将其由老至新分为恭兹冰期、民德冰期、里斯冰期和玉木冰期，以及相应的三个间冰期。由于在冰期与间冰期，全球的气候特征、冰川分布范围、海岸线位置均不相同，因此，在两个时期内地球表面的地质作用、生物种群的分布与演化均有较大差异。所以，对冰期与间冰期的研究具有很大的理论意义，可以帮助预测今后全球长期的气候变化及产生的各种影响。

小　　结

陆地流水是改造和塑造陆地形态的主要地质营力。按流水的存在方式和运动特点分为地面流水、地下水、冰川三种类型。由于这三种流动水体的运动特点不同，从而产生的侵蚀、搬运、沉积作用的形式、强度及产物也各不相同。通常能被人们直接观察到的是它们保留下的侵蚀地形、沉积物和沉积地形。陆地流水的地质作用与人类生存环境紧密相关，涉及到气候和环境的变迁，人类已给予高度重视。

复习思考题

1. 名词解释：片流、洪流、地下水、潜水面、承压水、冲沟、下蚀作用、侧蚀作用、侵蚀基准面、牛轭湖、三角洲、河流阶地、深切河曲、岩溶作用、溶沟、石芽、落水洞、溶洞、峰林、钟乳石、泉华、刨蚀作用、冰斗、冰碛物、漂砾、终碛堤、鼓丘、冰期。

2. 陆地流水的类型及运动特点。

3. 片流与洪流对地表改造作用的特点。

4. 河流侵蚀作用的方式及主要侵蚀地形。

5. 河流沉积作用的原因、场所和沉积物特点及沉积地形。

6. 在一条河流上筑坝修建水库，水库的形成会对河流地质作用产生什么影响？

7. 三角洲的成因及其特点。

8. 岩溶作用的发育条件及主要的岩溶地形。

9. 冰川的刨蚀作用方式及主要的冰蚀地形。

10. 河流与冰川的搬运作用、沉积作用和沉积物的差异。

第五章 海洋及湖泊的地质作用

海洋是地球表面最大的积水盆地，面积约 3.61×10^8km^2，占地球表面积的 70.8%。海洋是一个连续的水体，是地球水圈的主体部分，占水圈体积的 96.5%。海洋是海和洋的总体，海是指近大陆的水体，洋是指远离大陆的水体。

湖泊是陆地上较大的积水盆地。全世界湖泊的总面积约 2.7×10^6km^2，占陆地面积的 1.8%。

海洋和湖泊是地球表面最主要沉积场所。地面流水、冰川、风等地质营力侵蚀大陆地表岩石，并将侵蚀的物质最终搬运到海洋和湖泊中沉积，经成岩作用形成各种沉积岩和沉积矿产。

第一节 海洋的侵蚀和搬运作用

一、海水的运动及海洋的环境分区

（一）海水的运动

海水在风、日月引力、海底地震或火山爆发、地球自转及海水温度、盐度等因素影响下产生运动。海水的运动主要有波浪、潮汐、洋流和浊流几种方式。海水的运动是海洋地质作用的主要动力。

1. 波浪（sea wave） 是海水最基本的运动形式，主要由风的吹刮引起。当风刮过海面时，风与海水面之间产生磨擦力，在磨擦力产生的拖曳力作用下，海水运动形成波浪。波浪运动时，水质点基本上绕某个平衡位置作圆周运动，只是向前移动很小的距离（图 5-1）。在水的内摩擦力（粘滞力）的作用下，一个水质点的运动会带动下一个水质点随之运动，依次传递下去就形成波浪运动，使水面波浪起伏(图 5-2)。水面波浪起伏的最高点称波峰，最低点称波谷，两波峰之间的距离称波长，波峰与波谷之间的垂直距离称波高。波长及波高的大小与风力、水深有关。在广阔的深水海域，风力越大，形成波浪的波长和波高就越大。

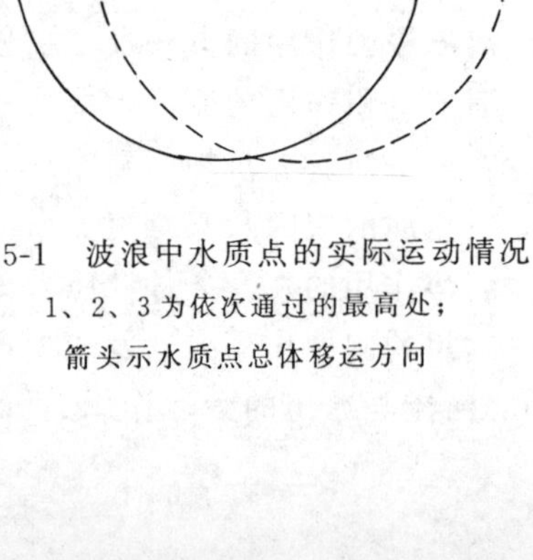

图 5-1 波浪中水质点的实际运动情况
1、2、3 为依次通过的最高处；
箭头示水质点总体移运方向

水质点的动能也能向水面以下传递，但随水深增加，压力加大、内摩擦力亦增大，水质点的运动圆周变得越来越小。实验证明，水质点运动圆周直径的减小与波长为函数关系，当水深为 1/9 波长时，水质点运动圆周直径为1/2 波高。当水深达 1/2 波长时，水质点的运动圆周直径仅为 0.04 波高。因此，在该深处波浪运动已很微弱。一般把此深度（1/2 波长）认为是波浪作用的下限，又称浪基面。由于海水深度的差异，海底对运动的水质点产生的影响不一样，因此，波浪运动的特点也不同，所以又分深水波和浅水波。

深水波出现于深度大于1/2波长的水域，由于水较深，水质点在运动过程中，只受海水内部的摩擦力影响，因而水质点作规则的圆周运动，波浪呈规则对称，不发生变形，波长和波高也变化不大。

浅水波出现于水深小于1/2波长的水域。运动的水质点除受海水的内摩擦力影响外，还受海底摩擦力影响，因而，在表层运动的水质点所受阻力小于下部水质点所受阻力，表层水质点的运动速度快于下部水质点的运动速度，运动轨迹产生变形，成为椭圆形，形成向前倾斜的不对称波浪。随水深进一步变浅，波浪向前倾斜程度加大，形成向前翻卷的波浪，并卷人空气。在空气压力及重力作用下，波浪破碎形成破浪（或称激浪）（图5-3）。最后海水在惯性力作用下冲上海岸形成进流。冲上海岸的海水，当惯性动能消耗尽后，在重力作用下，沿海岸斜坡流回到大海中形成退流（又称底流）。当进流方向与海岸斜交时，除形成垂直海岸的退流外，还会形成平行海岸流动的沿岸流。

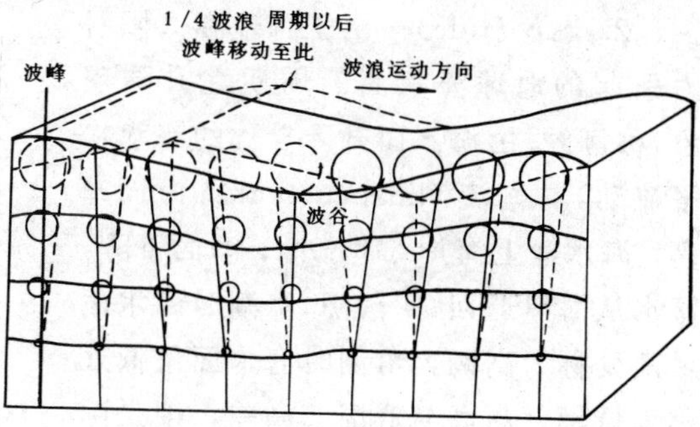

图5-2　波浪运动模式

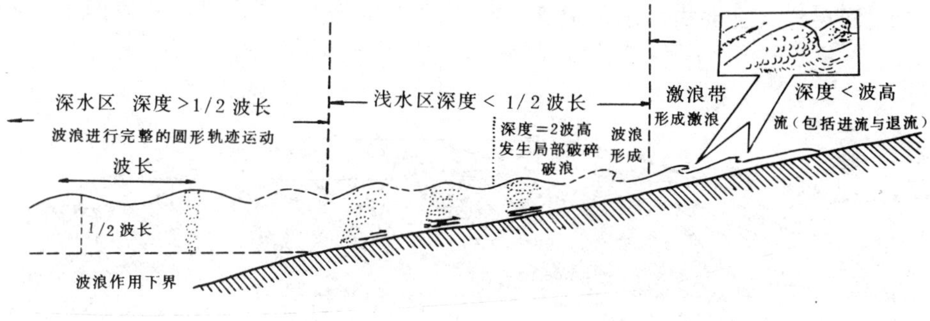

图5-3　浅水区波浪的变化

（据李叔达等，《动力地质学原理》，1983）

在礁石林立的基岩海岸，波浪在向海岸方向运动过程中，在水较深的地区，当波浪运动突然受到礁石或陡立基岩海岸的阻挡，波长迅速减小，波高急剧加大，形成拍击礁石或基岩岸的海浪，称为拍岸浪。拍岸浪的能量巨大，例如在苏格兰，飓风引起的拍岸浪的冲击力曾达29t/m^2，以至将一块重1 350t的防波堤石冲移了位置。

在岬角（海岸突出地段）及海湾发育的海岸地带，波浪在向海岸运动的过程中，因受海底摩擦的影响，波浪向海岸方向推进速度产生差异。在海湾处快，使原先较平直的波脊线（波峰的连线）逐渐弯曲，趋向于与弯曲的海岸平行，这种现象称波浪的折射（图5-4）。由于波浪的折射，导致波能向岬角聚集，在海湾处分散。

当海底发生地震或火山喷发时，其释放出的巨大能量，使海水振荡，产生汹涌的海波，波高可达几十米，这种海浪称海啸。它能长距离传播，具有冲击力，能将海湾中停泊的几十吨、甚至上百吨重的船只抛上海岸。

2. 潮汐(tide) 由于月球和太阳引力引起的地球海水面的周期性升降现象,称潮汐。由海水面升降导致的海水水平流动,称潮流(tidal current)。海面升高,海水涌上海岸,叫涨潮;海面下降,海水从海岸退回,叫落潮。涨潮时海水面最高处称为高潮,落潮时海水面最低处称为低潮。高潮与低潮的高差,即是潮差。潮差是以朔望月为周期变化的。潮差最大时,叫大潮;潮差最小时叫小潮。

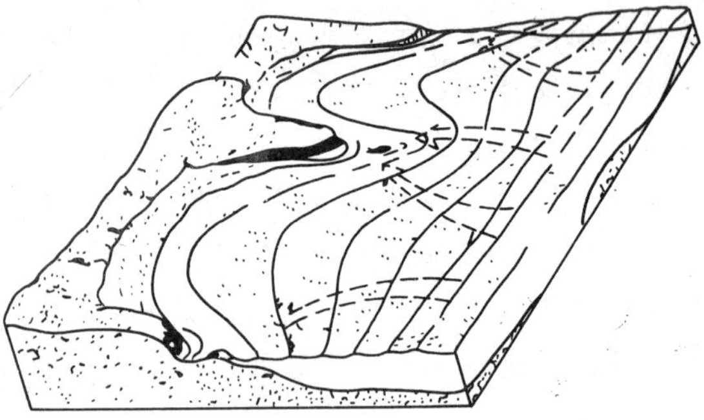

图 5-4 波浪在海湾的折射

(据徐成彦,引自 W. K. Hamblim,1988)

箭头示波浪的前进方向;水中曲线为波脊线

在海峡、海湾、河口区及低缓的海岸带,随潮汐发生出现潮流。涨潮时,潮流涌向海岸并流进河口;落潮时,潮流退出海岸和河口流回大海。潮流的流速一般为1～1.5m/s。在狭窄的海峡或海湾中,如我国的杭州湾,流速可达5～6m/s,潮高可达10m以上。所以,潮流具有较大的动能,对沿海地区的海洋地质作用具有重要影响。

3. 洋流(ocean current) 海洋中沿一定方向有规律移动的海水,称洋流(或海流)。洋流又分表层洋流和深层洋流。表层洋流主要由盛行风的摩擦拖曳力产生,以水平运动为主,其宽度一般为几十—几百公里,深度为100～200m。表层洋流的分布与全球性风带有密切关系(图5-5)。深层洋流主要由海水的温度和盐度的差异产生,具水平和垂直两个方向运动。表层

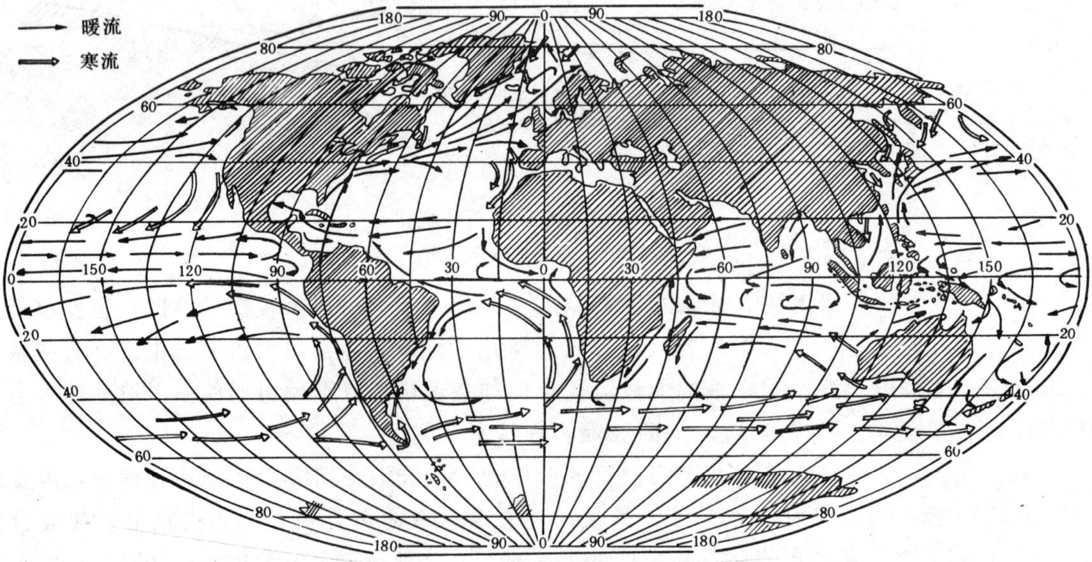

图 5-5 世界洋流略图

(据李叔达,引自 G. T. Trewartha,1983)

洋流与深层洋流可相互转换，并具有长距离移动的特征。因此，对海洋沉积及海洋生物的分布有影响。

4. 浊流(turbidity current) 是海洋或湖泊中载有大量悬浮物质的高密度水下重力流。其密度介于1.2～2.0g/cm^3之间，常携带大量粘土、沙及砾石。浊流一般形成于大陆架外缘、大陆坡上部或河口三角洲前缘。因为那里海底坡度较大，并有大量松散沉积物，在海底由地震等因素触发下，松散的沉积物沿斜坡下滑形成浊流。浊流的最大流速可达20～28m/s，因而具有较大的侵蚀、搬运能力。

（二）海洋的环境分区

根据海水深度及海底地形特征，将海洋分为滨海、浅海、半深海及深海4个区（图5-6）。这4个分区海水的动力特点、物理化学条件及生物群落的分布各不相同，从而在地质作用特征上也有差异。

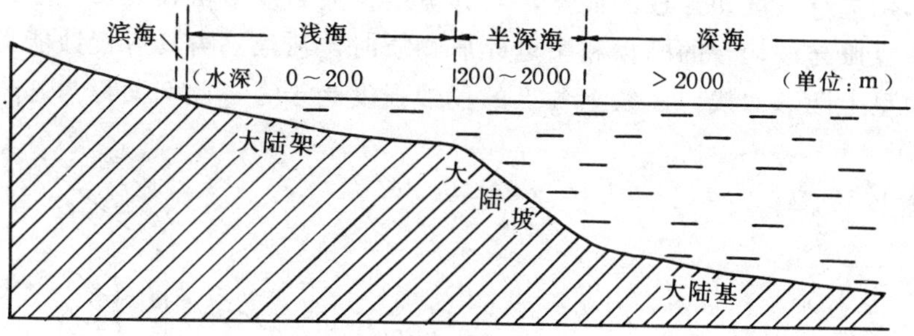

图5-6 海洋环境的分区

滨海是指低潮线（低潮海面与地形面的交线）与最大高潮线（高潮海面与地形面的交线）之间的海陆交互地带。滨海带时而被水淹没，时而又暴露在地表，环境变化大，水动力较强，生物稀少。滨海带宽度取决于潮差的大小及海岸地形的坡度。在潮差较大、地形坡度较缓处，滨海带宽度较大，反之则较小。

浅海是指低潮线以下至水深200m之间的海域。浅海海水较浅，阳光、O_2充足，生物丰富，水温受季节影响，海底地形平缓，海水运动以波浪对海底的影响为主。由于靠近陆地，浅海中陆源碎屑物质较丰富。浅海分布范围恰好是大陆架的分布范围，因此，浅海的宽度取决于大陆架的宽度。

半深海是指水深为200～2 000m间的海域。其海底地形坡度较陡，平均坡度在4.3°以上，是大陆坡分布的地带。大陆坡上常发育有深达数百上千米的海底峡谷。该区水深、透光性差、水温较低，海水运动以洋流为主，生物贫乏，以浮游生物占优势。

深海是指水深大于2 000m的广大海域，是大洋盆地的分布区。由于该区远离大陆，陆源供给物极少。海水运动以洋流为主。深海已属无光带，生物贫乏，以浮游生物为主。

二、海蚀作用

海洋对海岸及海底岩石的侵蚀破坏作用称海蚀作用。其方式有机械侵蚀和溶解两种。机械侵蚀主要是由于海水的波浪运动、潮流等对海岸产生的破坏作用，具体又分为冲蚀和磨蚀两种方式。海水中含有较多的CO_2等溶剂，可以对海岸和海底的可溶性岩石产生溶解作用，使岩石破坏。海蚀作用主要以发生在海岸地段的机械侵蚀作用为主。

（一）基岩海岸的海蚀作用

由坚硬的、未经移动的岩石组成的海岸称基岩海岸。基岩海岸带地形坡度相对较大，潮间带较窄，海岸线凹凸不平，多有岬角、港湾分布。在基岩海岸的潮间带，由于向岸方向水深迅速变浅，海水运动可形成强大的拍岸浪，波浪和潮汐作用较强烈，海水动能较大，海水及其所携带的沙石反复冲击和磨蚀基岩海岸，使基岩海岸下部的岩石遭受破碎，并被掏空，形成平行海岸方向延伸的凹槽，即海蚀凹槽。随海蚀作用进一步进行，海蚀凹槽不断扩大，其上部的岩石因支撑力减小而不稳定，发生重力崩塌，形成陡峭的崖壁，称海蚀崖。海蚀崖形成后，其基底部位岩石仍遭受海浪的侵蚀，又形成新的海蚀凹槽及海蚀崖。如此往返，海蚀崖不断向陆地方向节节后退，在崖前形成一个微微上凸并向海洋方向倾斜的基岩平台，称波切台。波切台上常具有岩岸崩塌垮落下来的巨大岩块。被破坏下来的碎屑物质随退流搬运至低潮线以下地段沉积下来形成波筑台。当地壳运动处于长期稳定，平均海平面高度不变时，随着波浪侵蚀作用进行，波切台逐渐展宽，当其宽度发展到波浪虽在波切台上运动，但能量基本全部消耗在克服与波切台的摩擦和搬运碎屑物质时，波浪不再具有侵蚀能力，此时，基岩海岸的横剖面呈上凸形曲线，曲线上各点的侵蚀强度趋于零，此剖面称为基岩海岸海蚀平衡剖面（图 5-7）。

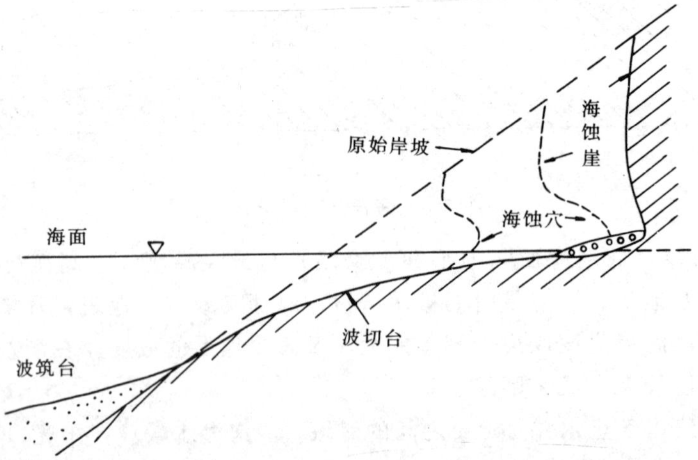

图 5-7　基岩海岸海蚀平衡剖面的形成过程

（据沈锡昌，1983）

在岬甲处，由于波浪的折射作用，波浪能量集中，冲蚀力强，在岬角两侧易发育海蚀洞。海蚀洞进一步发育，扩大连通形成海蚀穹。当海蚀穹顶板岩石塌落，则可形成孤立的海蚀柱（图 5-8），其后发育为海蚀崖。基岩海岸海蚀作用的结果，是使海岸趋于平直，地形坡度变缓。

（二）沙质海岸的改造过程

松散的沙粒组成的海岸称沙质海岸，其地形较为平坦。沙质海岸的改造是由波浪或潮汐的动能引起的。进流和潮流可带动沙粒向海岸方向运动。当海水退回大海时，底流又把部分沙粒带回海中。假定原始沙质海岸地形坡度各处一致，沙粒大小均匀一致，波浪的冲击力大小均匀，海水进流、退流带动沙粒向岸或向海作往返运动，可设想在沙质海滩上有那么一点，沙粒往返的数量基本相等，处于动态平衡状态，这个点称中立点。在中立点进流动力与退流动力和沙粒重力沿斜坡的切向分力大小相等、方向相反，沙粒仅绕各自的平衡点作往复运动。中立点以上，因水浅、波浪作用较强，进流带动沙粒向岸运动；中立点以下，因水深，波浪

图 5-8 基岩海岸海蚀地形

（据 A. N. Strahler，1981）

A. 海蚀穹；S. 海蚀岩柱；C. 海蚀凹槽；N. 海蚀崖；P. 波切台

作用较弱，底流带动沙粒向海一侧移动。在波浪的持续作用下，原坡度均一的沙质海岸，因沙粒的迁移形成一个下凹的形态（图 5-9），中立点以上坡度变陡，中立点以下坡度变缓。沙质海岸的改造结果，使原始坡度均一的海岸遭受破坏，迁移的沙粒在高潮线附近堆积成沿海岸分布的长条状沙垄，称沿岸堤。在水下低潮线附近（中立点以下）堆积成平行海岸分布的长条状垄岗地形，称水下沙坝。

由于风浪和潮汐的大小经常变化，遭受改造达到动态平衡的沙质海岸，很难保持，随时会被再改造，导致沿岸堤和（水下）沙坝的位置经常变化。

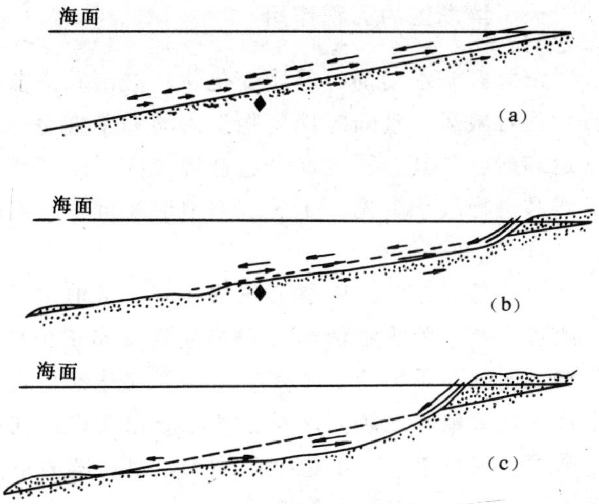

图 5-9 沙质海岸平衡剖面的形成

（据沈锡昌，引自 B.P. 曾科维奇，1983）

(a) 为原始状态；(b) 为受到改造；

(c) 为平衡剖面；菱形点示中立点

（三）潮流的侵蚀作用

潮流的侵蚀作用主要出现在大陆架上一些地形狭窄并有强潮流通过的地方，如我国的琼洲海峡。潮流的侵蚀作用可形成潮流侵蚀谷。侵蚀谷在形态上呈孤立的槽形，中段深，两端浅。另在粉沙—泥质海岸的潮间浅滩上，往复流动的潮流可在浅滩上侵蚀形成细长的潮水沟，其延伸大致与海岸垂直，向陆一端呈树枝状分叉。

三、搬运作用

波浪、潮流和洋流是海洋搬运作用的主要动力。在滨海及浅海的近岸海域，通常以波浪为主要搬运动力，潮流居于次要地位；在近海有狭窄海道的地区潮流的搬运作用明显；在半深海和深海则以洋流的搬运作用为主。

浅水区中波浪运动形成的进流、退流和沿岸流，使碎屑物向岸、向海运动或沿海岸呈“之”字形运动，碎屑物多为颗粒较粗的沙砾。少量细粒物质（如粘土）被波浪扰动起，悬浮在海水中随波浪运动被搬运。

潮流在海峡、河口湾等水道狭窄的海域及泥滩海岸，因流速快而具明显的搬运能力，能远距离搬运大量的细粒碎屑物和溶解于海水中的化学物质。

洋流是深海区的主要搬运动力，流速慢，仅能搬运悬浮的碎屑物（粘土或微小生物的遗体）和溶解于海水中的化学物质，搬运距离远，因物源少搬运量小。

第二节　海洋的沉积作用

海洋是地球表面巨大的积水盆地，是最终的沉积场所。海洋沉积物主要来源于陆地，河流、风、冰川等营力每年将数百亿吨的物质搬运到海洋沉积下来。另外，海洋侵蚀作用的产物、海洋生物的遗体、火山物质、宇宙物质等也是海洋沉积物的重要组成部分。海洋的沉积作用受海水运动、海底地形、海洋生物分布及海水的物理、化学性质等因素影响，在不同的海洋环境中，其沉积作用的方式和沉积物各异。

一、滨海区的沉积作用

滨海区海水动荡、环境变化快、波浪和潮流作用强烈。波浪和潮流不仅可以侵蚀海岸岩石，还可搬运大量陆源碎屑物至海湾和平直海岸水动力较弱处沉积下来。碎屑物因经反复的搬运和磨蚀，其磨圆度和分选性都较好。因环境特殊，滨海区以碎屑物机械沉积为主，化学沉积和生物沉积少见。主要沉积地形及沉积物有下列几种：

（一）海滩沉积

海滩是由松散的碎屑沉积物在海岸带堆积形成的平坦地形。根据沉积物不同又分为砾滩、沙滩和泥滩（又可称潮坪）。砾滩主要分布于山区河流的河口区或基岩海岸附近，砾石具有较高的磨圆度，砾石的形态多呈扁圆形或球形，扁圆形砾石常具定向排列，其长轴基本与海岸平行，最大扁平面倾向海洋。沙滩分布最广，在波浪长期作用下，沙粒具有较好的分选性和磨圆度，成分单一、不稳定矿物少，以石英砂最为常见，并伴有生物贝壳碎片。沙滩表面具有不对称波痕，内部具交错层理。沙滩中常有一些密度大，且稳定的矿物存在，如锆石、独居石、钛铁矿、磁铁矿、金、金刚石等，如果达到一定品位可形成滨海砂矿。

（二）潮坪沉积

潮坪是波浪作用微弱，高潮时海水才能到达的宽阔平缓的海岸地带，通常由泥滩组成。由高潮线向低潮线沉积物出现由细（泥）变粗（沙）的反分带现象（图 5-10），若气候干旱，蒸发量大，潮坪上还会出现盐类结晶沉积。由于潮汐的反复作用，潮坪沉积具双向斜层理，沉积物表面发育泥裂、波痕、爬痕等现象。潮坪还能转化成滨海沼泽。

（三）沙坝、沙嘴沉积

沙坝是由波浪运动产生的进流和退流迁移沙粒形成的平行于海岸的长条状垄岗地形。高潮线附近的沙坝，称沿岸堤；低潮线附近的沙坝，称水下沙坝。沙嘴是一端与海岸相连，一端伸入海中的沙质垄岗地形。通常它是沿岸流携带沙粒从海岸岬角部位进入海湾，因水域变宽，流速下降，使所携带的沙粒堆积下来而形成的。因波浪折射作用影响，其尾部常成弧形（图 5-11）。

（四）泻湖沉积

泻湖是因沙嘴、沙坝扩大相连，使之与大海隔离的海湾。泻湖中海水可通过一定水道

(潮汐口）与大海半流通，即高潮时与大海流通，低潮时与大海隔离。在不同气候区，因地表径流和海水对泻湖补给量的差异，可以使泻湖中的海水盐度不正常，发生淡化和咸化，形成淡化泻湖（含盐度小于33‰）和咸化泻湖（含盐度大于33‰）。

1. 淡化泻湖　发育于潮湿气候区，因地表径流大量注入泻湖，泻湖水面高于外海海面，仅高潮时有少量海水灌入，致使泻湖内海水淡化，并形成上层为淡水、下层为咸水的双水层结构。在缺乏对流的泻湖底，常可形成 FeS_2（黄铁矿）、$FeCO_3$（菱铁矿）、$CaCO_3$ 等化学沉积，同时还有大量碎屑物和生物遗体沉积。

2. 咸化泻湖　发育于干旱气候区，因地表径流注入较少及过量的蒸发，水面常低于外海面，因而高潮时海水大量补给泻湖。由于不断蒸发致使湖内海水的盐度增加而咸化。咸化泻湖中除碎屑沉积外，还出现大量化学沉积。主要是溶解度大的盐类沉积，沉积顺序为碳酸盐→硫酸盐→氯化物。

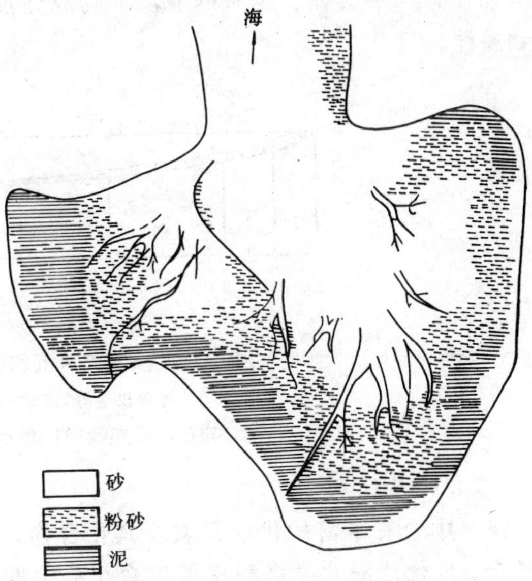

图 5-10　泥滩沉积物粒度的平面分布
（据 H. E. Lynake，1971）

二、浅海区的沉积作用

浅海水域较宽阔、水深较浅、海底平缓、生物繁盛、靠近大陆，是海洋中最主要的沉积区。大量的碎屑物、化学物质及生物遗体通过机械和化学的方式在浅海区内沉积。

（一）碎屑沉积

浅海区以机械方式沉积的碎屑物主要来源于大陆，部分来自海岸地带，以泥沙为主，砾石较少。

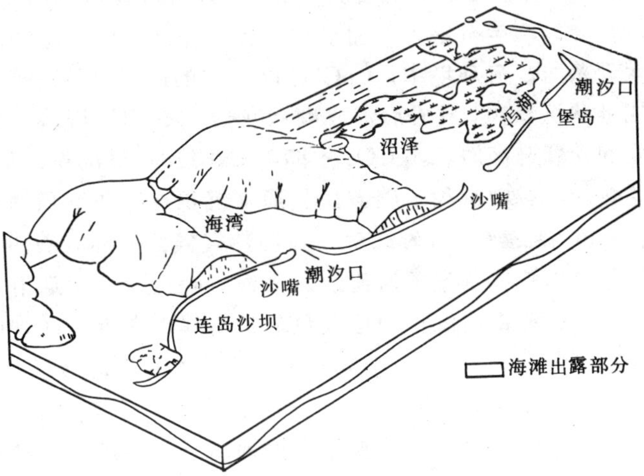

图 5-11　沙嘴、泻湖、堡岛和连岛沙洲（沙坝）
（据 R. F. Flint 等，1977）

当碎屑物进入浅海后，由于地形平缓、水域开阔，一些较粗的颗粒（沙、砾）首先在近岸地区沉积下来。而较细的颗粒（如粘土）受波浪扰动，悬浮在海水中，被潮流搬运到远离海岸的地区。当水深增加、水动力逐渐减弱后，悬浮的碎屑物质逐渐沉积下来。因此，浅海碎屑沉积物具有近岸粗、远岸细的分带特征（图 5-12），沉积物具有良好的分选性和磨圆度。浪基面以上地带沉积物表面发育有对称或不对称的波痕，内部常具交错层理；浪基面以下地带沉积物具水平层理。浅海碎屑沉积物成分较为单一，以石英沙粒和粘土为主，并含有大量生物遗体。

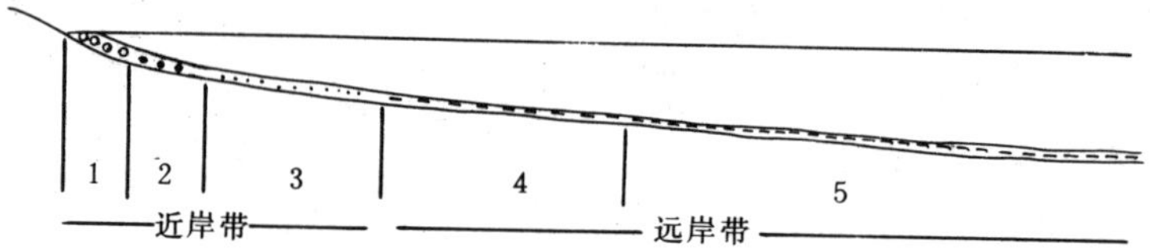

图 5-12 浅海碎屑沉积物理想的分布情况示意图

（据李叔达等，《动力地质学原理》，1983）

1. 砾石；2. 粗沙；3. 细沙；4. 粉沙；5. 粉沙质粘土

（二）化学沉积

海水中含有丰富的化学元素及其化合物，在适宜的环境中，可形成各种化学沉积物及沉积矿产。现代浅海化学沉积主要发育于低纬度（南北纬 30°之间）陆源碎屑物少的海域。发生沉积的原因是海水的盐度、温度、压力、pH 值、Eh 值等因素发生变化。化学物质通过过饱和沉淀、胶体电性中和产生凝聚、微粒吸附和生物浓集等方式发生沉积。主要沉积物有碳酸盐类，铝、铁、锰的氧化物和氢氧化物，SiO_2 的胶体及磷质沉积。

1. *碳酸盐沉积* 在浅海化学沉积中以碳酸盐类所占比例最大。其主要成分为 $CaCO_3$ 和 $MgCO_3$。沉积原因是温度升高或压力降低，使海水中 CO_2 含量减少，导致海水中的 $Ca(HCO_3)_2$ 过饱和，产生分解，从而形成 $CaCO_3$ 的沉淀。沉淀的 $CaCO_3$ 多呈细粒碎屑状（晶屑）。在海水动荡的浅海环境中，$CaCO_3$ 以一定的质点（晶屑或生物碎屑）为核心呈同心圆状生长，形成鲕状沉积物，成岩后形成鲕状灰岩。$MgCO_3$ 因溶解度较 $CaCO_3$ 大，只有炎热气候使海水温度和盐度升高时，$MgCO_3$ 才能与 $CaCO_3$ 一道沉积。现代海洋中，$MgCO_3$ 只在南北纬 30°以内的热带海域中沉积。碳酸盐类通常沉积在碎屑沉积物外围，更深的浅海水域中。

2. *铝、铁、锰的沉积* 在湿热气候区大陆岩石风化彻底，使 Al、Fe、Mn 的氧化物和氢氧化物以胶体状态随河流迁入大海，在近岸地带遇电解质而凝聚沉积。因此，常与粘土沉积共生，一般铝质沉积物位置更靠近海岸。在近岸区，因海水动荡，沉积物易形成鲕状颗粒或豆状、肾状颗粒的集合体。铝质沉积物主要是 $Al_2O_3 \cdot nH_2O$（铝土矿）；铁质沉积物主要由 Fe_2O_3（赤铁矿）、$Fe_2O_3 \cdot nH_2O$（褐铁矿）组成；锰质沉积物主要是 $MnO_2 \cdot nH_2O$（水锰矿）。当海水中硅、铝、铁的胶体吸附钾离子、会形成一种绿色的粘土矿物，称海绿石。海绿石是浅海沉积的标志矿物。

3. *硅质沉积* 海水中的 SiO_2（胶体）来自大陆及海底火山喷发。在水温较低、偏碱性（pH 值＞8）的环境中，以胶体凝聚的方式沉淀，形成 $SiO_2 \cdot nH_2O$（蛋白石）。进一步脱水形成燧石（SiO_2）。硅质沉积物常与碳酸盐沉积物共生。

4. *磷质沉积* 磷主要以 HPO_4^{2-} 的形式存在于海水中。表层海水含磷量低，难以沉积，深层海水由于含磷生物遗体的分解，富含磷质。当富含磷质的低温海水随洋流到达浅海后，因压力减小、水温上升、溶解度减小，磷质产生沉积，形成 $Ca_3(PO_4)_2$（胶磷矿）沉积。胶磷矿与碎屑沉积物共生，经成岩作用后可形成磷块岩。

（三）生物沉积

浅海中生活着大量的底栖和浮游生物。当这些生物死亡后，它们的骨骸和外壳会在海底集中堆积，也可与沉积物混杂堆积，经成岩后可形成生物碎屑岩和介壳灰岩。生物遗体的软体部分容易分解，呈有机质分散在其他沉积物中，若被迅速掩埋并保存下来，在特定条件下可转化为石油。

浅海中还生活着大量造礁生物（如珊瑚虫、海藻、苔藓虫、层孔虫等）。这些群体生活的造礁生物在其自身的新陈代谢过程中，分泌的矿物质可堆积起形态多姿、大小各异的生物礁。生物礁中以珊瑚礁最为常见。珊瑚虫是一种海生腔肠动物。它是固着在海底基岩上的群体生物。其骨骼由软体分泌物形成，成分为碳酸钙。现代珊瑚主要分布在南北纬30°之间的热带浅海。珊瑚虫对生活环境有较严格的选择，只能生活在水温25℃左右、水质清澈、盐度正常（34‰～36‰）、阳光充足、水深小于20m、水流通畅而不激烈动荡的浅海环境中。在这种环境中，珊瑚虫不断繁殖、生长，形成岸礁；珊瑚礁平行海岸分布，与海岸间有一个较宽的水道，称堡礁；珊瑚围绕海底隆起的边缘生长形成的环状礁体称环礁（图5-13）。

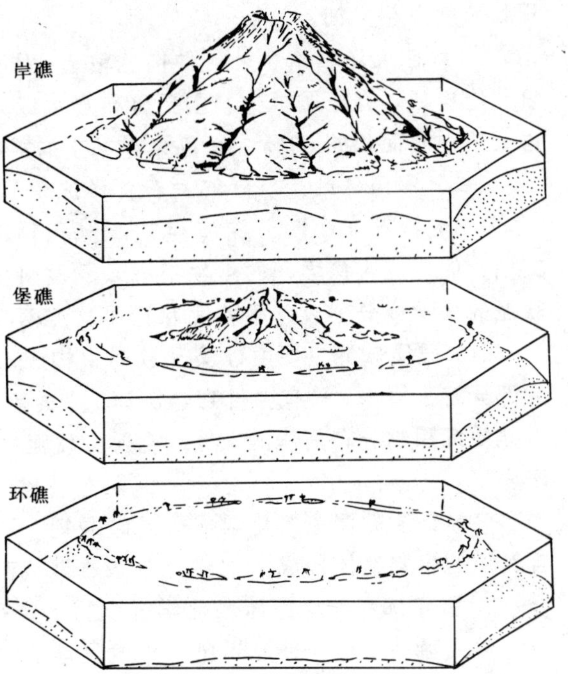

图5-13　岸礁、堡礁和环礁
（据D. Sayner，1977）

三、半深海、深海区的沉积作用

（一）半深海的碎屑沉积

半深海远离大陆，一般碎屑物较难搬运到这里。其沉积物主要是经二次搬运的浅海沉积物，其次还有风运物、冰运物及火山碎屑物等。半深海分布最广的是软泥，主要有蓝色软泥、红色软泥和绿色软泥三类。

1. 蓝色软泥　这种沉积物广布于大陆坡。呈蓝黑、深蓝或浅蓝色，有硫化氢味，成分以粘土和粉沙为主，碳酸盐约占10%，常见黄铁矿，通常形成于弱洋流或无洋流的半深海海域。

2. 红色软泥　局限分布于热带、亚热带的一些大河河口外。大陆上的红色风化产物经河流带入浅海后，经再次搬运到半深海中沉积形成。

3. 绿色软泥　主要分布于大陆架和大陆坡的接壤地带。其特征是含有较多的海绿石矿物，致使软泥呈绿色。

（二）深海区的碎屑沉积

深海区的碎屑沉积物来源于风运物、冰运物及浊流搬运物。主要有浊积物和红色大洋粘土。

1. 浊积物　沿大陆坡运动的浊流悬浮和挟带了大量泥沙质物质，在进入大陆坡脚和深海盆地时，因地形平坦、流速降低、搬运能力剧减而发生堆积，所形成的沉积物叫浊积物。浊积物构成的扇状地形叫浊积扇（或深海扇）。浊积扇的厚度较大，向深海平原方向厚度减小。

浊积物主要由粘土和沙组成，还有砾石、岩块、生物碎屑等，具有递变层理，即由下至上，沉积物粒度由粗变细。

2. 红色大洋粘土　是一种褐色粘土。质纯、粒细，粘土成分占80%以上，多由铁和锰的氧化物构成，有机质很少。主要分布在水深大于4 500m大洋盆地中，以太平洋中分布最多，占太平洋底面积的49%。红色大洋粘土的成因尚无定论。

（三）深海区的生物源沉积和化学沉积

1. 生物源沉积物　深海生物源沉积物以生物软泥为主。软泥中生物组分的含量大于50%，能形成大量堆积的生物有硅藻、放射虫、有孔虫、抱球虫、翼足虫和颗石藻。按生物软泥的化学成分分成硅质软泥和钙质软泥两类。

(1) 硅质软泥主要由硅藻和放射虫构成。它们都是硅质浮游生物，在其遗体下沉过程中，大部分溶于海水，只有少量到达深海底。硅藻软泥主要分布在高纬度海洋冰川沉积物的外围，占硅质沉积物分布面积的3/4。放射虫软泥主要分布在太平洋赤道附近碳酸钙沉积物少的深海底。

(2) 钙质软泥主要化学成分是碳酸钙，平均含量达65%，由有孔虫、翼足虫、颗石藻等含钙质的生物遗体构成。主要分布于热带、亚热带水深小于5 000m的深海底。

2. 化学沉积物　深海区化学沉积物主要有锰结核和多金属软泥。

(1) 锰结核是一种黑褐色、外表呈球形或椭球形，内部具同心圈层结构的锰、铁氧化物团块。它由水针铁矿、钠水锰矿和钡镁锰矿等矿物组成。结核大小不一，其直径一般为0.5～25cm，个别达1m（质量达850kg）。锰结核中MnO_2和Fe_2O_3的含量分别达到31.7%和24.3%（质量百分比），还含有Cu、Pb、Zn、Co、Ni等30多种元素，其中Mn、Cu、Co、Ni的含量已达到工业品位，而且储量可观。所以，锰结核具有较高的经济价值。锰结核主要分布于水深4 000～6 000m的深海区，以太平洋深海底分布最多。中国原地质矿产部“海洋四号”科学考查船，1987年曾发现在太平洋某区海底，锰结核分布达5～10kg/m^2，最大的锰结核重38kg。锰结核是一种重要的深海矿产资源，目前世界各国都在考虑如何分配海底矿产资源及如何开采锰结核。由于全世界海洋中每年可新生成1 000万吨锰结核，它又拥有“永远资源”之称。

(2) 多金属软泥是一种富含Fe、Mn、Al、Zn、Pb、Ag、Au等金属的未固结泥质沉积物。主要分布于红海、东太平洋洋隆，水深2 000～3 000m，海底有热泉群的地区。多金属软泥中各种金属主要以硫化物形式存在，认为其形成与海底火山喷发有关。由于多金属软泥分布的深度比锰结核浅，且其中部分金属含量已达到工业品位，所以，多金属软泥是一种极有远景的海底矿产。

第三节　湖泊的沉积作用

一、湖泊的分类

湖泊是陆地上的积水洼地。湖水来源于大气降水、地表流水、地下水及冰雪融水的补充。湖泊的形成可以由地壳差异性升降运动造成，也可以是水道堵塞、火山口积水、人工修筑水库等。

按湖泊是否有出水口，将湖泊分为泄水湖和不泄水湖。泄水湖有出口，主要分布在潮湿气候区，主要以流泄方式消耗湖水。不泄水湖无出口，主要分布在干旱气候区，主要以蒸发方式消耗湖水。根据湖水的含盐度，湖泊又可分为四类：湖水含盐度<0.3‰的湖泊叫淡水湖；含盐度为0.3‰～24.7‰的叫半咸水湖；含盐度>24.7‰的叫咸水湖；含盐度达到盐分过饱和结晶时，大量盐类在湖中沉积，此时称为盐湖。淡水湖多为分布在潮湿气候区的泄水湖，半咸水湖、咸水湖、盐湖多为干旱、半干旱气候区的不泄水湖。

湖泊的大小、形态、深度相差甚远。世界上最大的湖泊是里海，面积 $43.7\times10^4km^2$，最大深度980m。但多数湖泊面积不大，有的还不到 $1km^2$。不同的湖泊大小、水深差异较大，因而湖水的水动力强度也不相同。湖水的运动方式有波浪、湖流和浊流等。其侵蚀和搬运作用的特点和方式与海洋类似，但强度要小得多。湖泊主要以沉积作用为主。

二、干旱气候区湖泊的沉积作用

干旱气候区的湖泊多属于不泄水湖。湖水的补给除大气降水外，多由随季节变化的间歇性河流提供。干旱气候区物理风化强烈，岩石破碎，化学风化微弱，但仍有第1、2系列和部分第3系列的元素发生迁移。间歇性河流除携带大量泥、沙、砾石等碎屑物入湖外，还携带大量可溶性盐类物质入湖。因此，湖水中常含有K、Na、Ca、Mg的氯化物、硫酸盐和碳酸盐等。由于湖水不断蒸发，湖水的含盐度逐渐加大，湖泊可演变为半咸水湖、咸水湖。当含盐度达到过饱和状态时，盐类大量结晶沉淀形成盐湖。由于各种盐类的溶解度不一样，发生沉积的先后顺序也不相同，各种盐类按溶解度由小到大依次沉淀，大致为碳酸盐、硫酸盐、氯化物，据此可把盐湖沉积分为以下四个阶段（图5-14）。

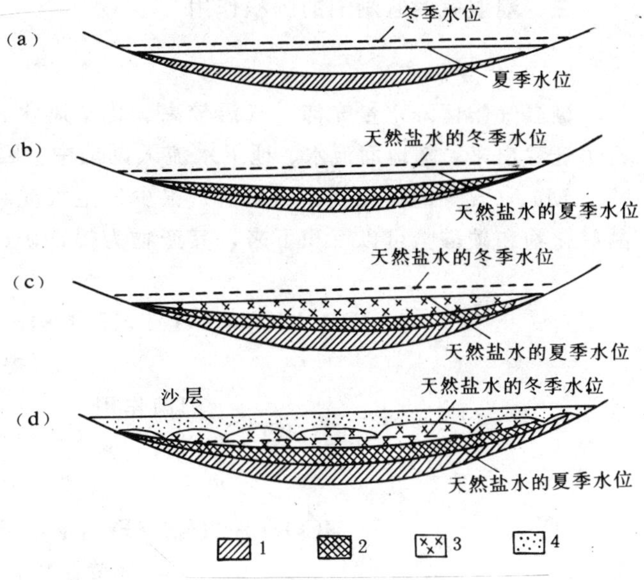

图5-14 干旱气候区湖泊的发展阶段

（据马丽芬，引自M.T.瓦良什科，1983）

(a) 半咸水湖；(b) 天然盐水湖；(c) 干湖；(d) 沙下湖；

1. 碳酸盐沉积物；2. 硫酸盐沉积物；3. 氯化物沉积物；4. 沙层

1. 碳酸盐阶段　湖水在逐渐蒸发咸化过程中，溶解度较小的碳酸盐首先达到过饱和而结晶沉淀，形成以 $CaCO_3$（方解石）为主的碳酸盐软泥。继而发生的沉淀是 $MgCa[CO_3]_2$（白云石）、$Na_2CO_3\cdot10H_2O$（苏打）、$Na_2CO_3\cdot NaHCO_2\cdot2H_2O$（天然苏打）。若湖水中含有硼酸盐，则可出现 $Na_2[B_4O_7]\cdot10H_2O$（硼砂）沉积。此类湖泊称碱湖或苏打湖。这类湖泊通常湖水较深，水域面积较大，多属半咸水湖。

2. 硫酸盐阶段　湖水进一步蒸发、咸化，深度变浅（水深小于0.5m），形成 $CaSO_2\cdot2H_2O$（石膏）、$Na_2SO_4\cdot10H_2O$（芒硝）、Na_2SO_4（无水芒硝）等硫酸盐矿物沉积。这时湖泊称苦湖。

3. 氯化物阶段　湖水进一步浓缩形成天然卤水（含盐度>50‰），这种卤水可以直接开采。卤水进一步蒸发，NaCl（石盐）、KCl、$MgCl_2\cdot6H_2O$（光卤石）和KCl（钾盐）等氯化物结晶析出，这时湖水基本干涸，形成干盐湖。

4. 沙下湖阶段　当湖泊全被固体盐类填满，全年都不存在天然卤水，盐层之上通常被风及间歇性河流携带的碎屑沉积物所覆盖，成为埋藏的盐矿床，致使盐湖的发展结束。

盐湖中蕴藏着丰富的盐类矿产资源。如仅青海省察尔汗盐湖盐类储量达421.4亿吨，可供年产100万吨的化工厂生产100年以上。我国的盐湖主要分布于青海、陕西、内蒙、新疆等省、自治区。

上述的盐湖发展过程只是一个理想的过程，并不是所有的盐湖都能达到如此完整的四个阶段。受地壳运动、气候变化和物质来源等因素的影响，会出现差别。干旱气候区的湖泊中，在盐类沉积的同时，风及河流搬运的泥、沙、砾石等碎屑物会在河流入湖口处或与盐层交互沉积。

二、潮湿气候区湖泊的沉积作用

(一) 化学沉积

潮湿气候区降水量充沛、气温较高、化学风化和生物化学风化作用显著。大量元素从岩石中迁移出来，随地面流水、地下水流入湖泊中。因湖水含盐度低，溶解度大的组分（如K、Na、Mg、Ca等的卤化物、硫酸盐）很少发生沉淀，会从泄水口流走。只有Fe、Mn、Al等的氧化物和碳酸盐可以沉积下来，其产物为褐铁矿、菱铁矿及黄铁矿等。反应式如下：

$$4Fe(HCO_3)_2+O_2+2H_2O \rightarrow 4Fe(OH)_3\downarrow+8CO_2\uparrow$$

（褐铁矿）

$$Fe(HCO_3)_2 \xrightarrow{\text{细菌作用}} FeCO_3\downarrow+H_2O+CO_2\uparrow$$

（菱铁矿）

$$Fe(HCO_3)_2+2H_2S \rightarrow FeS_2\downarrow+3H_2O+CO_2\uparrow+CO\uparrow$$

（黄铁矿）

$$Ca(HCO_3)_2 \rightarrow CaCO_3\downarrow+CO_2\uparrow+H_2O$$

褐铁矿主要分布在湖滨浅水区，菱铁矿多分布于沼泽化的湖滨，黄铁矿分布在深水湖底地带。$CaCO_3$与湖底淤泥混在一起，形成钙质泥，成岩后形成泥灰岩。此外，在湖滨地带还有呈胶体状态的氢氧化铝和氧化锰沉积。湖心有V、Cr、Ni、Cu等微量元素及化合物被淤泥吸附，而发生沉积。

(二) 机械沉积

地表流水携带的碎屑物入湖后迅速沉积下来。由于碎屑物的大小、密度、形状不同，从湖滨到湖心，水动力逐渐减弱，沉积物的粒度也由粗变细，呈同心环带状分布（图5-15）。沉积物依次是沙、砾→粉沙、泥→淤泥。湖心淤泥沉积，因季节变化会在颜色、厚度和粒度上出现韵律性变化，称为纹泥。如武汉市东湖夏季纹泥层为灰色湖泥、冬季为黑色湖泥。灰色湖泥粒度较粗，黑色湖泥粒度较细并含有机质。

随着碎屑物在湖内沉积，河口区的湖积三角洲扩大相连，使湖泊逐渐淤塞变小，形成湖积三角洲平原，最终湖泊消亡。湖泊淤塞缩小的速度与河流带入湖中的泥沙量多少有关。如洞庭湖，1826年时面积为6 000km²，1988年时只有2 691km²，主要是因长江、湘江、资江、沅江及澧江携带的泥沙入湖沉积的结果。5条江每年带入洞庭湖的泥沙量达$1.56\times10^8m^3$，而洞庭湖水从城陵矶流入长江仅带出$0.24\times10^8m^3$的泥沙。因此，每年有$1.32\times10^8m^3$的泥沙在

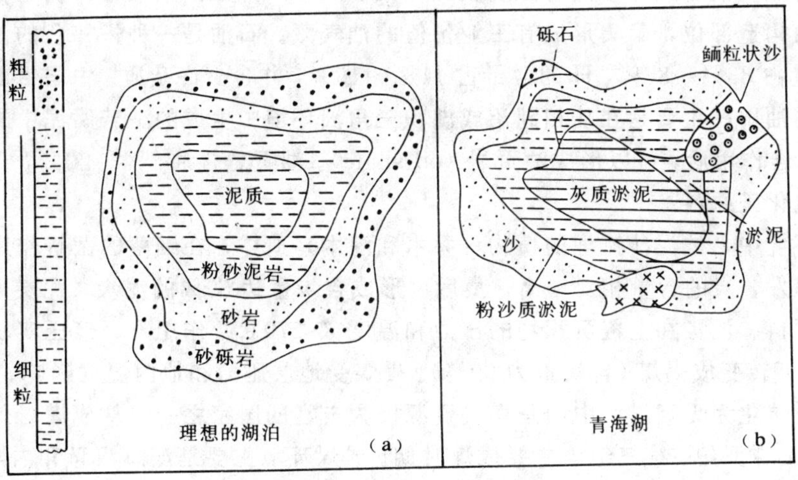

图 5-15　湖泊沉积物的环带分布

（据马丽芬，引自 Twenhofel，1983）

(a) 理想的湖沉积环带状分布；(b) 现代的青海湖沉积

湖内沉积，湖底每年淤高 3.5cm。由于洞庭湖区地面每年沉降 1～1.3cm，因此，延缓了洞庭湖的消亡过程。从地质历史时间的角度看待湖泊的演化过程，可认为湖泊的寿命是很短暂的。

被淤塞的湖泊可以发展成沼泽（图 5-16）。沼泽是地表极度湿润，长满嗜湿性植物，并有大量泥炭堆积的地方。如中国的松潘草地，其特点是潜水面位于地面附近，土壤中饱含水分。

（三）生物沉积

潮湿气候区湖泊中生物繁盛，主要是生长在湖滨的乔木和灌木、浅水中的草本植物及湖水中的浮游生物、底栖生物。这些生物死亡后，它们的遗体大量堆积在湖底，与泥质沉积物混杂在一起，成为富含有机质的沉积层。这种沉积层是形成煤、石油、油页岩等可燃性有机矿产的原始物质。

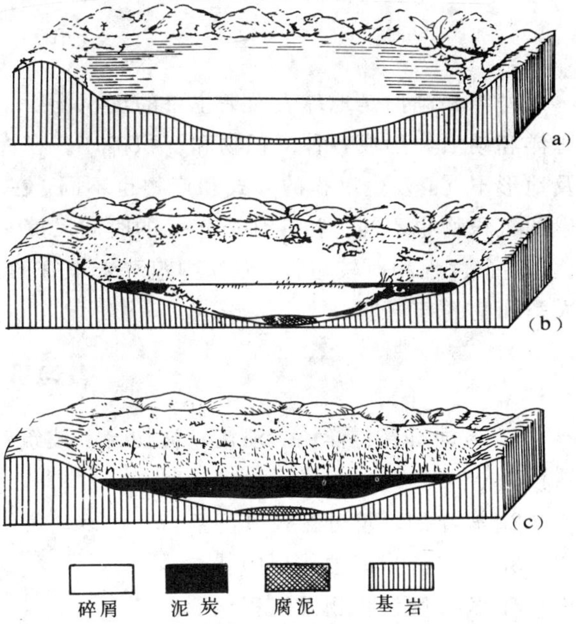

图 5-16　潮湿气候区湖泊发展成沼泽的示意图

（据李叔达，《动力地质学原理》，1983）

(a) 早期湖泊；(b) 湖泊开始淤塞；(c) 湖泊变为沼泽

堆积在湖底的生物遗体，在缺氧和富含 H_2S 的还原环境中，经过细菌的分解作用，使富含脂肪和蛋白质的有机质遗体分解成微小的富含碳、氢的有机团——干酪根，并与泥质混合形成腐泥。因大量沉积物覆盖而埋藏于地下深处（1 500～3 000m）的腐泥，在一定的温度（60～150℃）和压力（300Pa）条件下，其中的干酪根发生热降解形成石油（petroleum）。温度进一步升高，石油可裂解成天然气（gas）。石油、天然气形成之后，在地层岩体和流体压力驱动下，会从生油岩层运移到空隙度较大储集岩层中，并在储集层中再次迁移，直至迁移到适当的储油构造部位，聚集形成有工业价值的油气藏。石油是一种褐棕色的油脂状液体，其中C的含量占83%～87%，H的含量占11%～15%，并含少许杂质。中国目前已开发的大庆油田、胜利油田等主要是在陆相湖沼或湖积三角洲环境中生成的。若腐泥中的矿物质含量>33%，经成岩作用后，可以形成油页岩（oil shale）。油页岩含油5%～20%，干馏后可提炼出石油和其他化工原料。

湖沼环境中，被泥沙掩埋的植物（乔木和灌木）遗体，在细菌的菌解作用下，其氢、氧成分相继挥发，炭的含量相对增高，最后可形成含炭量达59%的泥炭。泥炭可用作燃料、肥料或化工原料。泥炭在上覆沉积物的压力和温度（<70℃）作用下，经压实、脱水、胶结和炭化作用，可转变成褐煤（含炭量为69%）。褐煤受地层压力和地内温度影响，会变质成烟煤，进一步变质转化为无烟煤。中国是煤炭资源极为丰富的国家之一。从成煤时代来看，以石炭纪、二叠纪、侏罗纪、第三纪为主要成煤时期。成煤环境主要是滨海沼泽和内陆湖泊沼泽。时代越老，煤的变质程度越高。

在温带较寒冷的淡水湖中，有时可繁殖大量的硅藻。硅藻死亡并大量堆积后，可形成疏松多孔的硅藻土。硅藻土在工业上主要用作化工原料和隔热、隔音的建筑材料等。中国山东临朐的第三纪地层中有厚度达十余米的硅藻土层，其SiO_2的含量达74.56%。

小　结

海洋和湖泊是地球表面最主要的沉积场所。各种地质营力侵蚀、搬运的物质，最终进入海洋和湖泊，形成各种沉积物和沉积矿产。在海洋的不同环境分区，由于水深、水动力特点及地形不同，发生沉积的方式和产物也不同。在不同气候区，湖泊的类型和演化具有差异，产生的沉积物也不同。按照地质年代的时间尺度来看湖泊的演化，湖泊从形成、发展、直至消亡，整个过程相对较短暂。海洋中蕴藏着丰富的矿产资源，如何开发和利用海底矿产资源，是人类面临的新课题。

复习思考题

1. 名词解释：洋流、浊流、波切台、波筑台、海蚀凹槽、潮坪、泻湖、沙嘴、沙坝、锰结核。
2. 海洋的环境分区及其特点。
3. 基岩海岸海蚀作用的特点。
4. 滨海区沉积物及沉积地形。
5. 浅海沉积作用的方式及沉积物。
6. 半深海、深海的沉积物。
7. 干旱气候区湖泊的演化过程。
8. 潮湿气候区湖泊中的沉积物。

第六章　风的地质作用

空气从高压区流向低压区就形成了风。风具有方向易变、风速变化大、与地面面状接触等特点。风是作用于地球表面的常见的地质营力之一。风对地球表面的改造主要发生于气候干旱的戈壁、沙漠、洪泛平原、黄土地带、沙质海岸等地区。这些地区共同的特点是年蒸发量远远大于降水量，地势平坦、开阔、地表径流不发育，风力较大，风期显著，植被稀少，昼夜温差、年温差都较大，物理风化作用强烈，地表具有大量松散的碎屑堆积物。

当风掠过地面时，就会对地面施加一种拖曳力，或剪切应力。风吹过诸如基岩或坚硬粘土的表面时不会引起明显的变化，因为该物质的内聚强度超过了由风所施加的应力。只有在地表上有松散的小碎屑颗粒的地方，风才能充分发挥它的剥蚀与搬运能力。

强烈的飓风能摧毁地表不牢固的建筑和树木，产生飞沙走石的现象。龙卷风如螺旋般旋入大地，破坏岩石，由于其压力急剧降低，能把地表松散物质吸进漏斗。漏斗中风的运动速度可达数十米/秒，因此龙卷风具有巨大的破坏力，能摧毁房屋，翻倒汽车，将树连根拔起。龙卷风夹带尘土、沙和所有其他物质，并以10～13m/s的速度移动数十公里的距离，并在其后留下一条很宽的破坏带。大风扰起的尘土能随风的运动搬移数百公里至数千公里以外的地方沉降下来。风带动流沙迁移，能淹没农田、村庄。由于风沙的移动和尘土的吹扬引起的土地沙漠化，是全世界日益关注的环境问题之一，这个问题将在第十三章论述。

第一节　风的侵蚀与搬运作用

一、风蚀作用

（一）风蚀作用

风蚀作用（aeolian erosion）是指风以其自身的力量和所挟带的沙石对地表岩石、松散沉积物的破坏作用。按作用方式分为吹蚀作用和磨蚀作用。

1. 吹蚀作用（deflation）　吹蚀作用是指风力将地表的疏松物质吹离原地的过程。当风的迎面冲击力和上举力的合力超过碎屑颗粒的质量和地表摩擦力时，碎屑颗粒便被吹扬而去。

吹蚀作用中，碎屑粒径（d）与起沙风速（v）呈正比关系（表6-1）。风速愈大，能起动的颗粒也愈大。吹蚀作用的对象主要是粘土和粉沙级的松散颗粒，它们常被涡流卷起，上升到对流层上部随风飘扬。当气流中的细碎屑物含量较大时，形成尘暴。

表6-1　碎屑粒径与起动风速的关系

υ(m/s)	0.25	0.6	1.5	3.0	4.0	5.0	6.0	7.5	10～11	11～15	20～30
d(mm)	0.03	0.05	0.12	0.25	0.32	0.40	0.50	0.60	0.60～1.0	1.0～2.0	2.0～4.0

（据《沙漠地区风沙地貌调查法》1961）

2. 磨蚀作用（abrasion）　是指在风沙流动过程中所携带沙粒对地表岩石的冲击、磨擦，使岩石发生破坏的作用。风沙流是指携带沙粒的气流，其含沙量是影响磨蚀作用的主要因素。

风沙流中的含沙量随高度增加而减少。据实测，绝大部分沙粒集中在近地面 30cm 处，尤其是 10cm 以下的范围内。因风沙流中沙的含量有垂直分带的特点，故磨蚀作用最显著的范围是离地面 30cm 的高度内。

风蚀作用的强度取决于风速的大小和地面性质。即当风速愈大，地面愈干燥，植被愈稀少，组成地面的物质愈松散，风沙流的含量愈多时，风蚀作用就愈强。

（二）风蚀作用的产物

地表岩石遭受长期风蚀作用会形成各种特殊的风蚀物和风蚀地形，主要有：

1. *风棱石*　由风沙流长期磨蚀形成的由几个磨光面组成棱角明显的砾石。这些砾石最初为戈壁滩上的冲积—洪积砾石及风化岩块。砾石在风沙流的打磨下，迎风面被打平磨光，当风向改变时，砾石发生翻转，第 2 个面被打磨，随着风向的改变，砾石翻转第 3 个面、第 4 个面被打磨，最终形成三棱或多棱的砾石（图 6-1）。当在沉积地层中发现有风棱石时，就成为提供天气干燥度的证据。

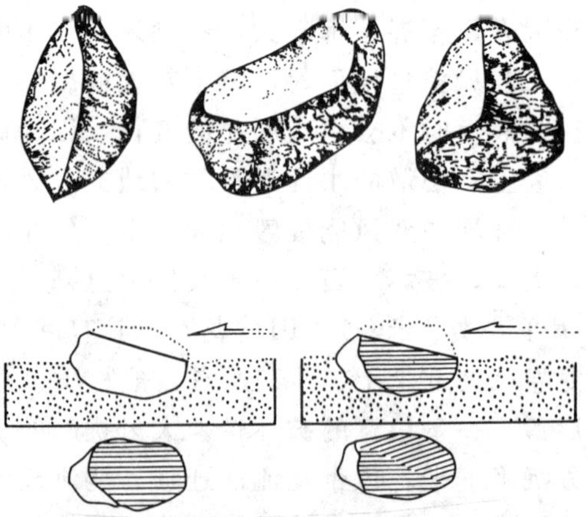
图 6-1　风棱石及其形成

2. *蜂窝石*　由复矿物岩石组成的陡壁，由于各种矿物的硬度不同，在风沙流的冲击作用下，被磨蚀程度不等，使岩壁表面形成蜂窝状孔洞称之为蜂窝石。

3. *风蚀蘑菇石*　沙漠边缘孤立突出的岩石，经风蚀作用改造形成的上粗下细形如蘑菇的岩石。它是岩石近地面处部分被风沙流磨蚀得多些，逐渐变细形成的（图 6-2）。

图 6-2　干旱区风的地质作用形成的地形示意图
（据李尚宽，素描地质学，1982）
1. 风蚀湖；2. 风蚀蘑菇石；3. 风蚀城；4. 风蚀柱；5. 蜂窝石；
6. 新月形沙丘；7. 塔状沙丘；8. 纵向沙垄；9. 风成斜层理

4. 风蚀洼地　风吹蚀作用开凿出的浅浅的洼地。经过动物践踏、暴雨冲刷和风的吹扬，反复改造，风蚀洼地往往加深加大，有时发展到1km多宽，5～20m深。

5. 风蚀谷　暴雨形成的地表径流，冲刷地面形成许多小冲沟。这些冲沟经风蚀作用改造，形成壁陡、底部起伏不平、形状极不规则的线状沟谷，称为风蚀谷。风蚀谷沿主要风向延伸，蜿蜒曲折，可长达数十公里，谷壁下部常见崩塌堆积物。

6. 风蚀残丘　风蚀谷之间原始地面随着风蚀作用的进行，日益变窄，形成残留孤丘，称为风蚀残丘。有时风蚀残丘形如城堡，又称风蚀城。

（三）风蚀作用的下限

随着风蚀作用的不断进行，风蚀洼地日趋增大加深。当风蚀洼地切过地下潜水面时，会有地下水流出，在洼地内贮集，形成风蚀湖，也可形成水草丰茂的绿洲（oasis），如甘肃酒泉的月牙湖。此时，风蚀作用趋于停止。

二、风的搬运作用

风力将各种碎屑物携带至他处的过程称为风的搬运作用。碎屑物在风力作用下的运动方式分为悬移、跃移和蠕（推）移三种（图6-3）。

（一）搬运方式

1. 悬移　颗粒细小的物质，被风吹扬至空中，随风运至远方的过程，称为悬移。如撒哈拉的尘土能被信风带到离非洲海岸3 000km之外的大西洋中。通常悬移物的粒径＜0.2mm，多为粒径＜0.05mm的粉沙和粘土。悬移物的粒径大小与风速呈正比。

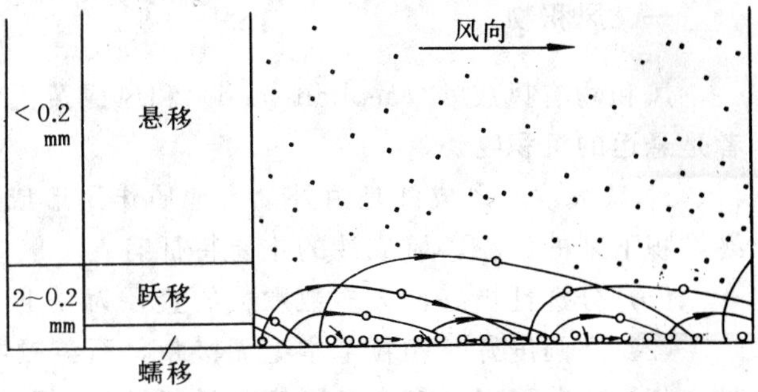

图6-3　风沙搬运的三种基本形式

2. 跃移　被风搅起的沙粒，在落回到地面时，与地面上的沙砾碰撞，回弹到空中顺风跃进，称为跃移。沙粒在撞击地面时，还能触动其他碎屑的起动和跃起。

3. 蠕移　在风力影响下，颗粒间的碰撞致使沙砾缓慢地顺风移动的过程，称为蠕移。一个冲击颗粒的能量有这样大——以致能使直径为它本身6倍或质量为它本身200倍的地面颗粒移动。

跃移是风运物的主要运动方式。风沙流中跃移物一般占70%～80%，蠕（推）移物占20%～30%，悬移物＜5%。粒径0.2～2mm的沙、砾都以跃移和蠕移的方式移动。

风把粉沙、粘土从一种粒级不同的混合物（如冲积的沉积物）中以悬浮状态带走，粒径为沙和砾石的颗粒便留下来。沙粒贴着地面持续地顺风跳跃移运，并逐渐地与砾石颗粒分离，因为砾石颗粒太重难于被风移动得很远。可见风的搬运作用具有很强的分选性，导致戈壁（砾漠）、沙漠和黄土呈带状分布。分选作用是指碎屑物在搬运过程中，按大小、密度、形状依次发生堆积的过程。

由于空气的密度小，沙粒在被风搬运过程中，彼此之间及与地面的碰撞、磨擦机会多，致使沙粒磨细、磨光而成浑圆状。原始棱角分明的碎屑在搬运过程中，由于相互间的撞击和磨擦，其棱角逐渐圆化、消失的过程，称为磨圆作用。风运物的磨圆作用较强。由于撞击频繁，沙粒表面常呈毛玻璃状。

（二）风的搬运力和搬运量

搬运力是指各种营力能搬运最大颗粒的能力。搬运量是指各种营力能搬运物质的总量。

风的搬运力很小，当风速为4m/s，只能推动粒径为0.2～0.3mm的沙粒，12级大风才可能推动粒径为4～5mm的砾石，风的搬运力取决于风力大小。

风的搬动量较大。在大尘暴时，$1km^3$的空气中间可携带1 000t尘土。如果这种尘暴覆盖几百平方公里面积，它能携带1亿多吨尘土，使全部农舍被埋深在尘土中。风的累积搬运量更为可观，如现代陆地上面积达几百万平方公里的沙漠和近100万km^2的风成黄土就是近几百万年内风力搬运的产物。

第二节　风的沉积作用

当风沙流随风速的减弱，所携带的碎屑物由于重力作用逐渐停积下来，形成风积物（aeolian deposit），并组成各种沉积地形。造成风速减弱的原因是：①风长距离运动过程中与地面摩擦动能减小；②遇各种障碍物（树林、草丛、突起的地形等）的阻挡。风积作用的主要场所是气候干燥的亚热带高压区和内陆干燥盆地及其外围地区。

一、风积物

风积物有风成沙（aeolian sand）和风成黄土（loess）两种，前者为跃移物和蠕移物，后者是悬运的沉积物。

1. 风成沙　风成沙是由外动力地质作用形成的松散堆积物，经风蚀作用的反复改造，最终堆积下来的沙粒。风成沙的主要特征有：

（1）分选性极好，大多数颗粒的直径为0.1～1mm；

（2）磨圆度好，颗粒基本上无棱角，石英颗粒表面常呈毛玻璃状；

（3）成分稳定。多由最稳定和最坚硬的石英等矿物颗粒组成，一般不存在云母等片状矿物；

（4）其堆积物（风成沙）常具板状斜层理和风成交错层理；

（5）较粗的沙粒表面常具有氧化膜，成分为氧化锰和氧化铁，俗称“沙漠漆”；

（6）风成沙中一般不含生物遗体和遗迹。

2. 风成黄土　由风成堆积的粉沙和尘土组成。风成黄土从高空中沉降下来，其堆积不受地形影响，可覆盖在任何地形之上。中国的“黄土高原”举世闻名，面积达$44\times10^4km^2$，主要集中在黄河中游的陕、甘、宁、晋等省，一般厚度为30～100m，最厚可达400m。风成黄土的主要特征为：

（1）灰黄、棕黄色，疏松多孔，孔隙度高达44%～55%，垂直裂隙（节理）发育；

（2）分选性良好，大部分颗粒直径为0.5～0.05mm；

（3）磨圆度差，由于悬运过程中颗粒之间碰撞小，一般呈次棱角状—棱角状；

（4）矿物成分以石英和长石为主，两者之和占总量的90%左右，含少量的$CaCO_3$淋滤形成的结核（俗称姜土）；

（5）无层理。

二、风成沉积地形

风成沉积地形主要是由风成沙堆积形成，常见的沉积地形有沙堆、新月形沙丘、纵向沙垅等。

1. 沙堆　是风沙流受岩石或灌木等障碍物阻挡，在其周围形成的一堆沙。沙堆不会移动只是附着于障碍物之上。沙堆的规模由障碍物的大小而定。

沙堆的出现改变了近地面气流的动力结构。在沙堆的背风面出现涡流，使风速减弱，风运能力降低，促使沉积作用发生，导致沙堆不断增高、增大。当沙堆长得大到不再依靠原来的障碍物时，沙堆沙开始能顺风迁移，此刻一个孤立的沙丘便形成（图 6-4）。沙丘在定向风的作用下会顺风移走。在它后面留下了围绕障碍物的小沙堆去发展另一个沙丘。

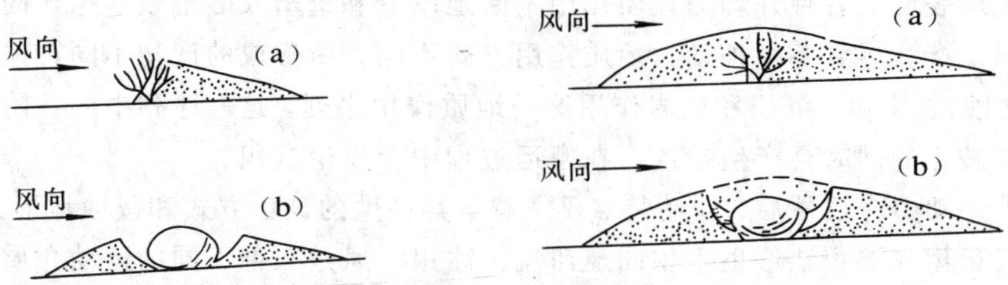

图 6-4　沙堆及沙丘的形成过程
左图　障碍物（(a)．树丛，(b)．石头）后积聚成沙堆
右图　障碍物被掩盖成雏形沙丘

沙丘能顺风移动，并保留其单独的形状。沙丘在定向风持续的作用下，迎风面（坡）上的沙不断地被带到背风面（坡）上部堆积，使背风坡坡度变陡，当坡度＞34°时，背风坡上沙发生溜泻，形成一个倾斜的薄层。沙丘不断向前移动，形成无数个倾斜一致的薄层，即风成斜层理（图 6-2）。每一薄层厚 1～5cm，由于沙丘规模较大，风成沙的薄层厚度也较大，故这种层理称为板状斜层理。

沙丘的类型较多，最典型、最常见的有新月形沙丘和纵向沙垄。

2. 新月形沙丘（parabolic dune）　是指孤立分布、平面上呈弯月形状的沙丘（图 6-2）。新月形沙丘两坡不对称，迎风坡缓，坡度 5°～20°。背风坡陡，坡度 30°～34°。沙丘的两个尖角指向顺风方向。其规模较大，高可达 30m，宽可达 350m。沙丘移动缓慢，每天移动几厘米。已发现个别新月型沙丘一年移动 15m 远。

3. 纵向沙垄（longitudinal dune）　是延长方向与盛行风向平行的垄岗状风沙地形（图 6-2）。常发育于供沙量中等、有强烈单向风的沙漠地区，沙垄的长度常达数百米。

小　结

风是改造干旱地区地面的主要地质营力之一。风蚀作用塑造了奇特的风蚀地形，也造成土壤的贫瘠、荒芜。风沙流及沙丘的迁移，使沙漠扩大。风沙可埋没耕地，毁坏建筑物，阻塞交通。世界范围的沙漠化，是人类目前十分关注的环境问题之一（详见第十三章）。但是，风成黄土给人类提供了适宜于谷类作物生长的富饶土壤。

复习思考题

1. 名词解释：风蚀作用、风棱石、风蚀蘑菇石、风蚀残丘、新月形沙丘。

2. 风成沙与风成黄土的特点。

3. 主要的风蚀地形与风成地形。

第七章　成岩作用与沉积岩

第一节　地表动力地质作用的一般规律

发生于地球表面的各种外动力地质作用不断地改造和重塑大陆地表形态，同时形成各种沉积岩和沉积矿产。尽管各种外动力地质作用方式不同，所形成的产物不同，但都遵循着破坏（风化和剥蚀）、搬运、沉积和成岩作用这一地质作用序列。这一序列中的各阶段彼此不能截然分开，在破坏的同时会产生搬运，在搬运过程中会发生沉积。

由于各种外动力介质性质、运动特点不一样，其产生的破坏方式和侵蚀地形、搬运方式、沉积方式、沉积物和沉积地形也不相同。河流、冰川、风是三种不同的运动介质，其运动特点不相同，产生的破坏作用和侵蚀地形也不相同。如侵蚀形成的沟谷地形，山区河流形成的河谷为“V”形谷；平原区河流形成的河谷为箱形谷，且河谷在平面上呈有规则的弯曲；冰蚀谷为“U”形谷，平面上较平直延伸；风蚀谷因风向多变，导致谷底常忽高忽低，平剖面上常忽宽忽窄，方向多变。三种外动力作用形成的沉积物也不相同。冰碛物分选性和磨圆度差，且不具层理；风积物分选性和磨圆度好，具大型板状斜层理；河流冲积物分选性和磨圆度介于两者之间，常具斜层理和水平层理。因此，可以根据各种外动力产物的特点来推断地质作用的方式、规模和特点。

由于各种外动力的运动速度不一致，破坏作用的速度也不一致。河流流速较快，对地表岩石的破坏速度也较快。地下水流速缓慢，对地下岩石的侵蚀速度也较慢。

各种外动力地质作用及其速度和强度除与外动力本身特点有关外，还受气候、地形、地表岩性及地壳运动等因素影响。

气候包含温度和降水量两个因素。不同的气候区决定了不同的地质作用类型。如干旱气候区，有物理风化作用、风的地质作用、暂时性地面流水的地质作用及盐湖的沉积作用。潮湿气候区，有强烈的化学风化、生物风化及河流、地下水、湖泊等外动力地质作用。所以，各种地质作用在地表不是单一进行的，而是同时或交叉进行的。但在某一时期或某一具体地区，会以某一种地质作用为主。气候的变化会导致外动力地质作用的类型发生改变。

地形的高低、陡缓和地面岩性软硬决定了各种外动力地质作用的速度和强度的大小。地形陡、岩性软的地区，外动力地质作用的速度和强度较大；反之，则较小。

岩石圈构造运动造就了雄伟的山脉，使地表崎岖不平。发生在地表环境中的各种外动力地质作用的结果是“削高填低”，使地表趋于平坦。一般说来，地壳运动稳定的时期，外动力地质作用比较发育，且能充分进行到底。当地壳运动升降频繁时，海岸线、潜水面的位置则经常改变，风化、地面流水、地下水、冰川、风等外动力地质作用的场所及方式会随之改变。如地壳上升河流由侧蚀为主转变为以下蚀为主，溶洞发育趋于停止转为发育成落水洞。地壳运动不仅会引起地形的巨变，也会引起气候的变化。地壳运动的强度幅度，也会对沉积盆地的范围和沉积速度产生影响，使沉积环境发生改变。

在地表各种外动力地质作用形成的松散沉积物，在漫长的地质历史时期中，逐渐堆积，最终经过成岩作用变成沉积岩。

第二节　成岩作用

在一定条件下，松散的沉积物转变为坚硬的岩石过程称为成岩作用(diagenesis)。在成岩过程中，沉积物中的水分逐渐排出，孔隙度减小，密度加大，松散颗粒被胶结或发生重结晶作用，形成固结的岩石。成岩作用的主要方式有压实、胶结、重结晶三种。

一、压实作用

压实作用(compaction)　是指疏松沉积物在上覆水体和沉积物的负荷压力下，水分排出，孔隙度降低，体积缩小转变为固结的岩石过程。随埋深加大，沉积物承受的静压力也不断加大，孔隙中水分不断排出，孔隙度下降，孔隙连通性变差，渗透率降低，颗粒间的连接力增强，使岩石固结。如松散的粘土，其孔隙度可达80%以上，含水量达80%～90%，经压实作用变为固结的页岩，其孔隙度仅为20%左右。由于各种沉积物原始孔隙度不同，达到压实的极限深度也不同。通常条件下，压实极限深度小于5 000m。应当指出，单纯的压实作用不一定能使沉积物固结，必须有其他成岩方式相配合。

二、胶结作用

胶结作用(cementation)　是指从孔隙溶液中沉淀出的矿物质，将松散的沉积物颗粒胶结在一起，转变成固结的沉积岩过程。胶结作用是砂、砾石、生物碎屑等沉积物成岩的关键。使沉积物颗粒胶合在一起的矿物质称胶结物。最常见的胶结物有钙质、硅质、铁质和粘土质。这些胶结物或是与沉积物同时形成，或是由地下水带来，也有少量是沉积颗粒部分溶解的产物。

三、重结晶作用

重结晶作用(recrystallization)　是指深埋于地下的沉积物，在一定的压力、温度影响下，其颗粒成分部分溶解和再结晶，使非晶质变为结晶质，细粒晶体变成粗粒晶体，从而使沉积物固结成岩的过程。化学沉积物、生物化学沉积物通常是以这种方式固结成岩的。如非晶质的碳酸钙经重结晶作用可转变成由方解石微晶组成的石灰岩。重结晶作用的强弱，与矿物颗粒的成分、大小等因素有关。易溶的矿物成分比较容易发生重结晶作用。一般颗粒越小，越易被溶解，被溶解的成分容易沿较大颗粒重结晶，使颗粒增大。

经过成岩作用后，沉积物原有的结构、构造特点及所含的生物遗体、遗迹均保留在沉积岩中。生物的遗体和遗迹经石化作用后变成化石。沉积岩的层理和层面构造及含有化石是沉积岩区别于岩浆岩和变质岩的主要特征。

第三节　沉积岩

一、沉积岩的矿物成分

尽管沉积岩及沉积物覆盖大陆面积的75%并几乎覆盖了全部大洋底，但沉积岩及沉积物的体积仅占地壳的5%。形成沉积岩的物质绝大部分来自大陆，其物质成分与构成大陆地壳主体的中酸性岩浆岩及变质岩密切相关。沉积岩中已知的矿物在160种以上，但是组成沉积岩最常见的矿物仅有20余种。

最常见的组成沉积岩的矿物为氧化物、硅酸盐、碳酸盐和硫酸盐矿物，包括石英、钾长石、斜长石、白云母、粘土矿物、方解石、白云石、石膏、赤铁矿、褐铁矿、蛋白石等。其中石英、钾长石、斜长石、白云母是岩浆岩所具有的矿物，在岩浆岩遭受风化、剥蚀的过程中，随地表流水带入到沉积盆地中沉积形成的。粘土矿物、褐铁矿、蛋白石通常是岩浆岩中的铁镁硅酸盐矿物在地表环境中风化分解后的产物。方解石、白云石、石膏等是在地表环境中形成的特征性矿物。此外，由生物作用形成的有机物质是沉积岩所特有的。

二、沉积岩的结构

沉积岩的结构是指其组成物质（碎屑、晶粒等）的形状、大小、结晶程度及组合方式等。常见的结构类型有：

1. *碎屑结构* 是指各种碎屑物被胶结物粘结起来形成岩石的基本结构。根据碎屑物颗粒的大小还可细分为：①砾状结构，多数碎屑粒径＞2mm；②砂状结构，多数碎屑粒径为2～0.05mm；③粉砂状结构，多数碎屑粒径为0.05～0.005mm。

2. *泥质结构* 是由粒径＜0.005mm的泥质物质形成的沉积岩所具有的结构。

3. *晶粒结构* 是由化学沉积作用形成的结晶岩石所具有的结构。按晶粒大小又可分为：巨晶（＞4mm）、粗晶（4～0.5mm）、中晶（0.5～0.25mm）、细晶（0.25～0.05mm）、粉晶（0.05～0.01mm）、微晶（0.01～0.001mm）和隐晶（＜0.001mm）。

4. *生物结构* 是由生物遗体或生物碎屑形成的岩石所具有的结构。岩石中所含生物遗体或碎屑的含量应达30%以上，为灰岩和硅质岩的常见结构。

5. *火山碎屑结构* 绝大部分由火山碎屑物所构成的岩石所具有的结构。根据碎屑粒径的大小又可分为集块结构（＞64mm）、火山角砾结构（64～2mm）和凝灰结构（＜2mm）。

沉积岩的结构在一定程度上反映了沉积岩的成因，是沉积岩的鉴定标志之一，也是沉积岩分类命名的主要依据。

三、沉积岩的主要构造

沉积岩的构造是指岩石各个组成部分的空间分布和排列方式显示出来的形貌特征。沉积岩的构造类型多样，成因复杂。常见的沉积岩构造分为层理构造、层面构造和变形构造三大类（如表7-1）。层理和层面构造是沉积物在沉积过程中形成，并在固结成岩过程中保留下来的形貌特征。变形构造是沉积物在固结成岩过程中，由于受重力、流体、地形及沉积物密度差异等因素影响形成的形貌特征。沉积岩的构造在一定程度上反映了沉积物所处的环境特征。研究沉积岩的构造，可以帮助分析沉积介质的运动状况，推断古沉积环境及确定地层的顶底层序。

（一）层理构造

层理（bedding）是沉积岩中最普遍的一种原生构造，是通过组成沉积岩的矿物、岩屑的颜色、成分、厚度、颗粒大小及排列状况等，在垂直于沉积岩表面的方向上变化表现出来的。

层理的结构术语有：

表 7-1 沉积岩构造的分类

机械成因的构造	化学成因的构造	生物成因的构造
Ⅰ. 层理构造 水平层理、波状层理 斜层理、粒序层理(递变层理)、 块状层理、压扁层理	Ⅰ. 溶解构造 缝合线、溶洞、溶孔	Ⅰ. 生物层理 叠层构造
Ⅱ. 层面构造 波痕、泥裂、冲刷面、雨痕、雹痕、晶痕、流痕、槽模、沟模	Ⅱ. 凝聚构造 结核、晶簇	Ⅱ. 生物遗迹 虫迹、孔迹
Ⅲ. 变形构造 负荷构造、包卷层理、滑坡构造、球状构造、盘状构造、碎屑岩脉	Ⅲ. 其他构造 叠锥、鸟眼、龟背石	Ⅲ. 生物遗体 生物礁体

(据叶俊林《地质学概论》，1996)

细层　它由成分单一的细微薄片组成，厚度以毫米（mm）为单位，又称纹层。

层系　它是由结构和产状相似的纹层组合而成的。

层系组　在相似沉积环境下形成的层系组合，代表一套层理的基本单元（图 7-1）。

层面　层面是指每套层系组间的界面，它是沉积过程中暂停沉积的间断面，或是介质动力状态的转换而使沉积物发生突然变化形成的沉积突变面。层系组的下层面称底面，上层面称顶面。

层是最小的岩石地层单位，由成分基本一致的岩石组成。层与层之间由层面分隔，层可以根据其在成分和结构上的不连续与上、下邻层分开。一个层系组即为一层。层的厚度变化很大，由几厘米至几米。按层的厚度可分为：块状层（>1m）、厚层（1～0.5m）、中层（0.5～0.1m）、薄层（<0.1m）。

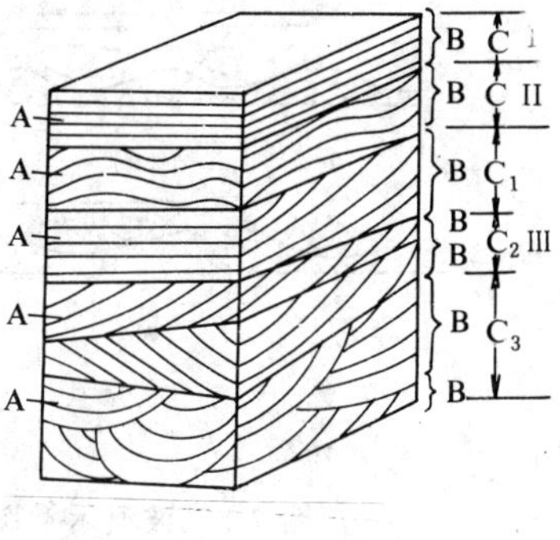

图 7-1　层理的主要类型及术语

Ⅰ. 水平层理；Ⅱ. 波状层理；Ⅲ. 斜层理；C_1. 板状层系组；C_2. 楔状层系组；C_3. 槽状层系组；B. 层系；A. 细层

层理的主要类型有：

1. *水平层理*　这种层理的细层界面平直且互相平行，并与层面一致（图 7-1，Ⅰ）。一般是在静水环境中悬浮的粉沙和粘土缓慢沉积而形成的，沉积表面为水平面。

2. *波状层理*　这种层理的细层界面呈波状起伏，但总体方向平行层面（图 7-1，Ⅱ）。它是在水介质呈波痕运动的条件下形成的。

3. *斜层理*　是由一系列斜交或交切的层系组成（图 7-1，Ⅲ）。又可分为板状斜层理，层系界面为平面，大致平行；楔状斜层理，层系界面为平面，但互相不平行；槽状斜层理，细层和界面呈槽状，层系界面呈弧状交切。斜层理是沙粒在介质流速较高时产生波动的情况下形成的。流动方向稳定时形成板状斜层理或单斜层理，流动方向交替变化时形成楔状等交错层理。

4. *粒序层理*　这是层系组内从底到顶粒度由粗向细逐渐变化显示出来的层理，又称递变层理（图 7-2）。递变层理是浊流沉积物所具有的特征构造。

5. 凸镜状层理　这种层理表现为泥质沉积层系中夹有多层小型凸镜状沙体（多具斜层理）。若波状起伏的沙层中夹泥质透镜体，则称压扁层理。

6. 块状层理　在厚几十厘米的一层岩层内，肉眼不见上述层理特征，岩石成分、颜色、粒度均匀，可称块状层理。它是沉积物快速堆积的反映；有时是由于强烈的生物扰动作用将原生层理破坏而造成的。

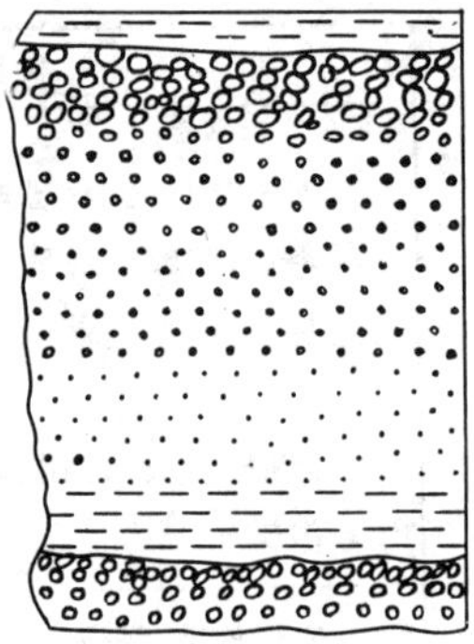

图 7-2　粒序层理剖面示意图

（二）层面构造

当岩层沿着层面裂开时，在层面上出现的各种不平坦的沉积构造痕迹，统称为层面构造 (bedding plane structure)。主要的层面构造有：

1. 波痕　由于河流或波浪等介质的运动，在沙质沉积物表面所形成的一种波状起伏现象，形似波纹。当介质定向运动时，形成不对称波痕，迎流坡较缓，顺流坡较陡；当介质作来回往复运动时，常形成对称波痕，其两坡坡角基本相等（图 7-3）。当波峰较明显而波谷较宽缓时，波峰所在一侧为顶，波谷所在一侧为底。

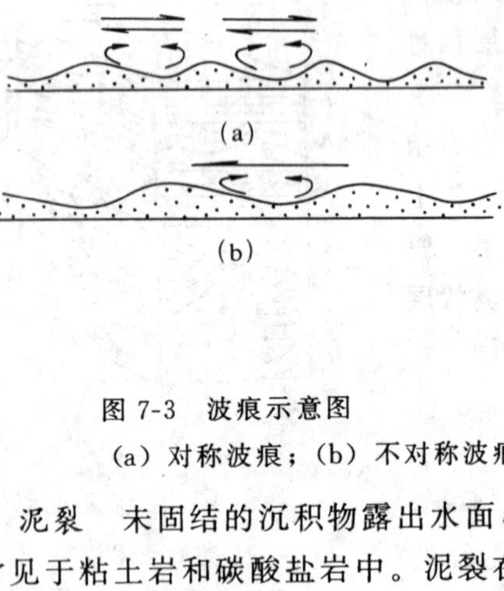

图 7-3　波痕示意图

(a) 对称波痕；(b) 不对称波痕

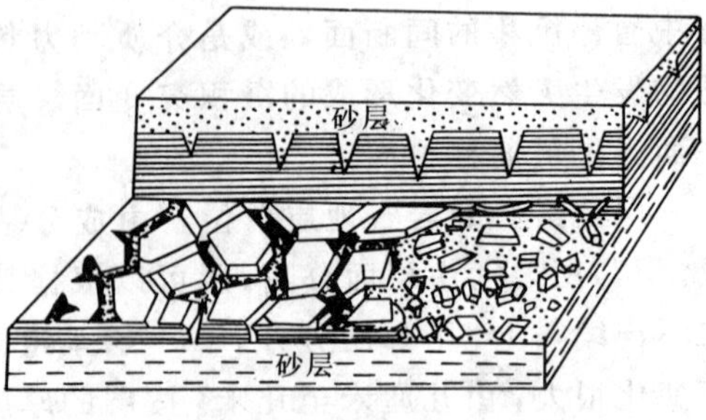

图 7-4　泥裂及其形成示意图

（据 Shrock，1948）

2. 泥裂　未固结的沉积物露出水面，受曝晒而干涸时，发生收缩所产生的裂缝（图 7-4）。泥裂常见于粘土岩和碳酸盐岩中。泥裂在平面上发育成不规则的多边形，把岩石切割成多角形。泥裂在横剖面上，其形态常为“V”型，但有时也呈“U”型。泥裂的规模不一，裂缝上部宽度通常小于 2～3cm，深度几厘米到几十厘米。泥裂通常是潮坪或漫滩沉积物露出水面时形成的，对指示沉积环境具有重要的意义。泥裂的尖端总是指向底面的，据此可以指示地层的顶底面。

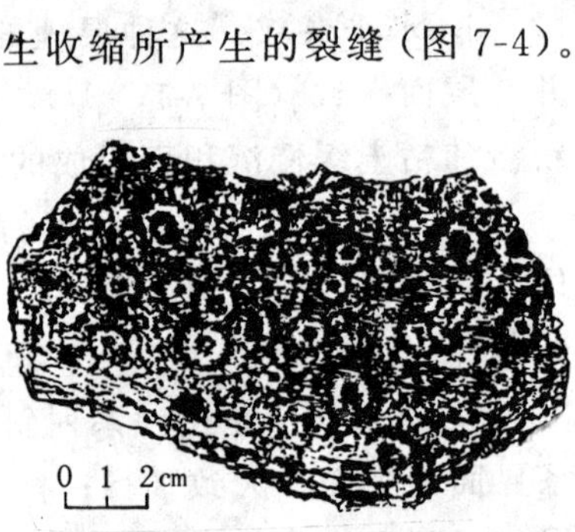

图 7-5　雨痕

（据李尚宽，1982）

3. 雨痕及雹痕　由于雨滴或冰雹落到松软的泥质或沙质沉积物表面上所形成的圆形或椭圆形凹穴（图 7-5）。凹穴边缘略微高起。雹痕较雨痕宽而深，形状也较不规则，边缘更粗糙些。雨痕或雹痕也代表沉积物露出水面的特征，常与泥裂共生在一起。

4. 晶痕　当粘土、碳酸盐等沉积物含有石盐、石膏、黄铁矿等晶体时，在成岩过程中，沉积物被压实和脱水，由于粘土等沉积物体积的收缩远比晶体显著，因而造成晶体突出于岩层表面的现象，并可嵌入到上覆岩层中，称为晶痕。如果晶体被其他物质所交代，则称为晶体假象。晶痕的存在指示沉积物沉积时为干燥炎热的气候环境。

四、沉积岩的颜色

沉积岩的颜色分为原生色和次生色。原生色又可分为继承色和自生色。继承色是碎屑岩中碎屑物的本色，如长石砂岩由于含大量钾长石碎屑而呈肉红色。自生色是化学岩、粘土岩中由自生矿物及原生混入物的颜色形成的。次生色主要是岩石受到风化作用而转变成的颜色。大部分自生色和次生色都由色素造成。常见的色素物质为铁质和有机碳。含Fe^{2+}者呈绿色，含Fe^{3+}者呈红色，含有机碳少的呈灰色，多的呈黑色。

沉积岩的原生色一般反映了岩石的特有组分和沉积环境。例如，由方解石组成的石灰岩本应呈白色，但因含有机质，有时含分散状的硫化铁，而多呈深灰色至灰黑色，它是还原环境中沉积形成的。呈红、褐红、黄棕色的沉积岩，一般含Fe^{3+}的氧化物或氢氧化物，反映岩石在氧化条件下生成，是炎热气候环境中的产物。绿色岩石与含Fe^{2+}的硅酸盐矿物（海绿石、鲕绿泥石）有关，代表弱氧化或弱还原的环境条件。

五、常见的沉积岩

根据沉积物的来源、岩石的成因、成分和结构特点，将沉积岩划分为他生沉积岩和自生沉积岩两大类和若干种岩石类型（表7-2）。在地表常见的沉积岩有砾岩、砂岩、粉砂岩、泥岩、页岩、石灰岩、白云岩、硅质岩、集块岩、火山角砾岩、凝灰岩等。

表7-2 沉积岩分类表

他生沉积岩		自生沉积岩		
陆源碎屑岩	火山碎屑岩	碎屑-生物-化学岩	化学岩	有机岩
砾岩（粒径＞2mm） 砂岩 （粒径2～0.05mm） 粉砂岩 （粒径0.05～0.005mm） 泥质岩 （粒径＜0.005mm）	集块岩（粒径＞64mm） 火山角砾岩 （粒径64～2mm） 凝灰岩 （粒径＜2mm）	碳酸盐岩 磷质岩 铝质岩 铁质岩	蒸发岩 锰质岩	煤 油页岩

（据何镜宇等，1986，略有修改）

1. *砾岩*　由粒径大于2mm的陆源碎屑组成且其含量＞50％的沉积岩称为砾岩。岩石具有砾状结构，砾石成分一般为化学性质稳定且坚硬的矿物或岩屑，如脉石英、石英岩等。胶结物成分有钙质、硅质、铁质等。若砾石多数为棱角状，则称角砾岩。砾岩和角砾岩一般不显层理。

2. *砂岩*　由粒径为2～0.05mm的陆源碎屑组成且其含量＞50％的沉积岩称为砂岩。岩石具有砂状结构，碎屑的成分主要为石英，其次是长石、岩屑，以及白云母和重矿物等。胶结物成分有钙质、硅质和铁质。按砂岩中主体砂粒的大小可以划分为粗砂岩（粒径2～0.5mm）、中砂岩（0.5～0.25mm）、细砂岩（0.25～0.05mm）。砂岩常显示出斜层理、粒序层理或块状层理。

3. *粉砂岩* 由粒径为0.05～0.005mm的陆源碎屑组成且其含量＞50％的沉积岩称为粉砂岩。岩石具有粉砂状结构，碎屑成分以石英为主，含有白云母及少量的长石和岩屑。胶结物成分以钙质、泥质为主，当泥质含量较多时，泥成为填隙物。粉砂岩中常见薄的水平层理和波状层理。

4. *泥岩和页岩* 由粒径小于0.005mm的陆源碎屑物和粘土矿物组成的岩石。常见的粘土矿物有高岭石、蒙脱石和水云母（伊利石）。陆源碎屑矿物主要是石英、白云母。岩石具有泥质结构。当岩石具有薄片状的页理构造时，称为页岩。页理构造是泥质沉积物在成岩作用中片状的水云母定向排列而形成的，高岭石和蒙脱石在较高静压力下可向水云母转化。无页理的块状岩石，称为泥岩或粘土岩。根据混入物的化学成分不同，又可分为：钙质泥岩和页岩、铁质泥岩和页岩、硅质泥岩和页岩、油页岩等。油页岩是一种具有经济价值的矿产资源，通过裂解等方法，从中可提取石油气和焦油。

5. *石灰岩* 是一种主要由方解石矿物组成的碳酸盐岩。质纯者一般为灰白色，含有机质及杂质时，色较深，呈浅红色、灰黑色以至黑色。石灰岩有多种成因，因此具有不同的结构类型，如鲕状结构、竹叶状结构、晶粒结构和生物结构等。当石灰岩中泥质成分含量增至25％～50％时，则称为泥灰岩，是石灰岩与泥岩之间的过渡型岩石。石灰岩可用于烧制石灰、水泥等。

6. *白云岩* 是一种主要由白云石矿物组成的碳酸盐岩。岩石常为灰白色，具晶粒结构或鲕状结构，遇稀盐酸不剧烈起泡，表面常具刀砍纹。白云岩形成于高盐环境（咸化泻湖或内陆盐湖）中，常与蒸发岩、石灰岩互层。质纯的白云岩是一种有用的冶金熔剂及化工原料。

7. *硅质岩* 是一种富含SiO_2的沉积岩，其SiO_2含量一般为70％～90％。硅质岩多为隐晶质结构，部分为鲕状结构和骨屑结构。矿物成分为石英、蛋白石和玉髓，因而硅质岩一般为致密坚硬的岩石，常呈层状、条带状和结核状产出。

8. *集块岩* 由直径大于64mm的火山弹及熔岩碎块堆积而成的岩石，其含量大于50％。岩石具有棱角状，常分布在火山通道附近，具集块结构。

9. *火山角砾岩* 由直径为64～2mm的火山碎屑物及熔岩角砾，经火山灰填隙并压实固结而成的岩石，其角砾含量大于50％。火山角砾岩分选差，不具层理，多分布在火山口附近及集块岩的外围，具火山角砾结构。

10. *凝灰岩* 由直径小于2mm的火山碎屑物堆积而成的岩石。凝灰岩分布范围较大，强烈的火山喷发可在周围几百平方公里地面上堆积几米至几十米厚的凝灰岩层。由于火山碎屑物经过空中飘移产生分异，造成碎屑物具有一定的分选性，近火山口者粗，远火山口者细，具凝灰结构。

小　结

发生于地表环境中的各种外动力地质作用均遵循破坏、搬运、沉积这个地质作用序列，地质作用不同形成的产物特点也不相同。各种外动力地质作用的速度和强度除与营力本身特点有关外，还受气候、地形、地表岩性及地壳运动等因素影响。各种外动力地质作用形成的松散沉积物，通过压实、胶结、重结晶三种方式最终固结形成沉积岩。常见的沉积岩有砾岩、砂岩、粉砂岩、泥岩、页岩、石灰岩、白云岩、硅质岩及火山碎屑岩类。沉积岩的层理及层面构造是区别于岩浆岩和变质岩的特征性构造，可以用于推断沉积介质的运动特征及分析古地理环境。

复习思考题

1. 名词解释：成岩作用、压实作用、胶结作用、重结晶作用、层理。
2. 影响地表地质作用的因素。
3. 沉积岩的物质组成及结构类型。
4. 沉积岩的构造类型及其特点。

第三篇　岩石圈动力地质作用

本篇着重介绍发生在岩石圈中的主要由内生能源引起的各种地质作用，包括构造运动、岩浆作用和变质作用；并概略介绍全球板块构造学说、造山带和盆地的基本知识。

第八章　构造运动与地质构造

第一节　岩层产状

具有层状构造的岩石统称为岩层（stratum）。层状构造有原生与次生两类。原生层状构造又称层理（bedding），常见于沉积岩及火山岩中。它包括层面及由岩层内部的成分、粒度、结构、胶结物和颜色等特征在剖面上的突变或渐变所显现出来的一种成层性。这种层状构造是在岩石形成过程中产生的。次生层状构造常见于变质岩中，它是由变形变质作用所形成的，如片理、片麻理等。层状构造是反映构造变形的最基本的标志，是确定褶皱和断层等构造的前提。

沉积岩层的原始产状多呈水平或近水平，只有在沉积盆地边缘、岛屿周围、水下隆起或火山锥附近等局部地区，才会出现原始倾斜。因此，在认识和分析岩层产状时，常以水平面作为参考面与岩层面进行对照确定。原始水平的岩层，可以因为后来的地壳运动改变其水平状态而倾斜、直立、倒转乃致破裂，从而形成各种构造形态。因此，岩层产状的几何定量确定是描述地质构造几何形态的基础。

一、岩层的产状要素

地壳中任何面状构造（包括层理、节理、断层及一些具有几何意义的结构面，如褶皱轴面等）的空间位态即产状。它是以其空间的延伸方位及其倾斜程度来确定的，即以走向、倾向和倾角的数据来表示。下面以岩层面为例论述产状要素。

走向　倾斜的层面与水平的交线叫走向线（图 8-1 中 AOB），走向线两端延伸的方向即为层面的走向（strike）。走向线两端的方位相差 180°。

倾向　倾斜的层面上与走向线相垂直的线叫倾斜线（图 8-1 中 OD）。倾斜线在水平面上的投影所指的沿平面向下倾斜的方位即倾向（dip）（图 8-1 中 OD’）。

倾角　指层面上的倾斜线与其在水平面上的投影线之间的夹角（图 8-1 中 α 角）。它表示在垂直岩层面走向的直立剖面上该层面与水平面间的夹角。当测量剖面与岩层的走向斜交时，岩层面与该剖面交迹线叫视倾斜线。视倾斜线与其在水平面上的投影线间的夹角称视倾角。视倾角总是小于倾角（dip angle）（图 8-2）。

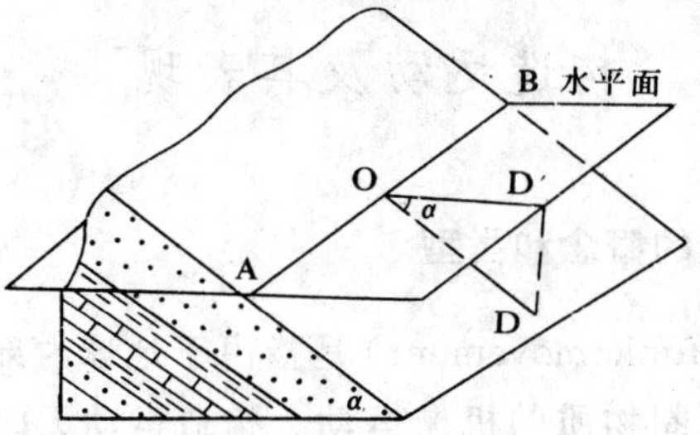

图 8-1　平面的产状要素示意图

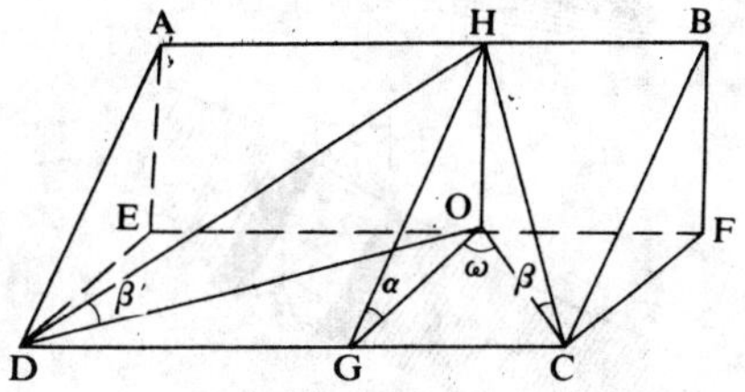

图 8-2　真倾角与视倾角的关系

α. 真倾角；β、β′. 视倾角；ω. 真倾向与视倾向间的夹角

二、岩层的产状类型

岩层在空间上的产状不外三种基本类型，即水平的、倾斜的和直立的。这三种产状的岩层分别称为水平岩层、倾斜岩层和直立岩层。

（一）水平岩层

水平岩层（horizontal stratum）是同一层面上各点的标高相同或基本相同的岩层。变形极其微弱的地台盖层和大型盆地中的沉积盖层，往往为水平岩层。如鄂尔多斯盆地中部某些地区的侏罗系和白垩系地层，基本上近水平产出。

水平岩层具有如下特征：

（1）在地形地质图上，岩层的地质界线与地形等高线平行或重合；

（2）一套水平岩层，老岩层在下，新岩层在上；

（3）水平岩层的厚度（即岩层顶、底面之间的垂直距离）为其顶、底面的标高差；

（4）水平岩层的地表出露宽度（即其顶、底面出露线间的水平距离）取决于岩层厚度和地面坡度。当岩层厚度一定，坡度大出露宽度小，坡度小出露宽度大。当坡度一定，厚度大出露宽度大，厚度小则出露宽度小。

（二）倾斜岩层

构造运动改变了岩层的原始水平产状，形成倾斜岩层（inclined stratum）。倾斜岩层是指岩层面与水平面有一定交角（倾角大于 0°，小于 90°）的一套岩层。倾斜岩层分布广，是一种基本的构造类型。但常常是某种构造的一个组成部分，如大褶皱的一翼或断裂的一盘。

倾斜岩层具有如下特征：

（1）在地形地质图上，岩层的地质界线与地形等高线相交。穿越沟谷和山脊的地质界线均呈“V”字形态，这种规律叫“V”字形法则；

（2）一套倾斜岩层，当岩层顺序正常时，沿着倾向岩层的时代由老到新；

（3）倾斜岩层的地表出露宽度变化情况较为复杂，它取决于岩层的倾角、地面坡角、岩层厚度及地面与岩层面的关系。当地面与岩层面倾向相同，倾角越接近，地表出露宽度越大。当两者倾向相反，彼此愈接近垂直时，出露宽度越小（图 8-3）。当地面水平时，岩层厚度一定，岩层出露宽度与岩层倾角成反比，即倾角大时出露宽度小，倾角小时出露宽度大。

（三）直立岩层

岩层面与水平面相垂直时的一套岩层为直立岩层（vertical stratum）。直立岩层是强烈的

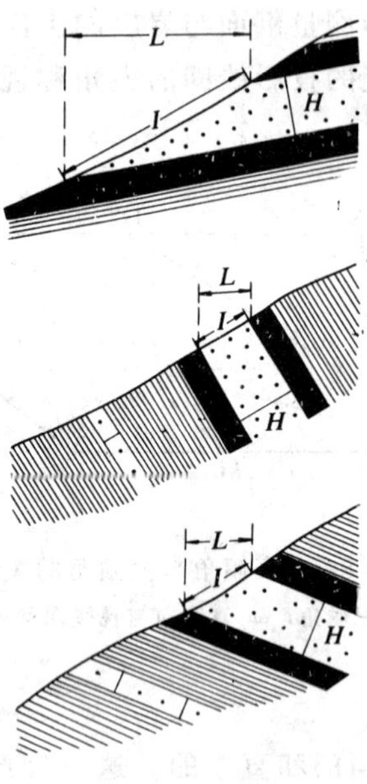

图 8-3　倾斜岩层的露头宽度的变化
H. 岩层厚度；*I*. 岩层的地面出露宽度；
L. 岩层的露头宽度

构造变形的结果。直立岩层在地形地质图上，其地质界线不受地形的影响，沿岩层的走向呈直线延伸。它的地表出露宽度与岩层厚度相等。

第二节　构造运动及其表现

一、构造运动的概念和类型

构造运动（tectonic movement）是指由于地球内部动力引起的组成岩石圈物质的机械运动。构造运动无时无刻不在发生，它使得岩石圈或是上升、或是下降、或是遭受挤压、或是受到拉伸。构造运动按其运动方向分为两类，即升降运动（vertical movement）和水平运动（horizontal movement）。升降运动是指垂直于地表（即沿地球半径方向）的运动，表现为岩石圈的上升和下降。水平运动指沿平行于地表（即沿地球切线方向）的运动，表现为岩石圈物质水平位移和旋转。一般认为，岩石圈中以水平运动为主导，而垂直运动往往是由于水平运动而导致的。随着地质科学研究的不断深入，人们也逐渐认识到垂直运动的重要性。如由于深部地幔物质垂向运动而导致裂陷盆地的形成。构造运动按其活动时间可分为古构造运动（paleotectonism）、新构造运动（neotectonism）和现代构造运动（recent tectonism）。把发生在老第三纪及其以前的地质历史时期内的构造运动称古构造运动；把发生在新第三纪及第四纪的构造运动称为新构造运动；把发生在人类历史时期的构造运动称现代构造运动。

二、现代及新构造运动的表现

现代及新构造运动的方式和方向既有快速剧烈的，也有缓慢平静的；既有水平运动，也有升降运动。其主要表现可归纳为：

（一）岩石圈的快速颤动—地震

地震是构造运动的一种特殊表现形式，也是现代一种常见的地质现象。据统计，全世界平均每年发生地震约 500 万次，但绝大多数是人们不可能直接感觉到的，只有借助灵敏的地震仪才能观测到。七级以上的破坏性地震，平均每年仅约 20 次，而且通常只发生在构造活动的地区。有关地震方面的基本知识详见第四篇。

（二）岩石圈的水平运动

岩石圈的水平移动已通过地质、地球物理方法及仪器测量证实。大陆在漂移，海底在扩张，全球板块间在相互作用已成为地球科学中的事实。多方面资料证实印度次大陆是从南半球漂移而来的。以孟买为标准点，它是从侏罗纪时的南纬 40°移到今天的北纬 19°的地方，大约以每年几厘米的速度向北移动了 7 000km。通过洋中脊两侧磁异常条带宽度测量，探知大西洋洋中脊海底扩张速度东侧是 13.4mm/a，西侧是 7.0mm/a；太平洋洋中脊的扩张速度在赤道附近测得是 50mm/a。估算北美西海岸圣・安德烈斯断层的水平运动速度，自第三纪以来平均为10mm/a。通过大地测量证明非洲同阿拉伯之间的红海和亚丁湾在不断加宽，已使非洲远离阿拉伯200km，给本来连在一起的古陆撕开一个长形裂口。岩石圈的水平运动不仅是直线的相对移动，而且还发生水平扭转现象。日本藤原和迁村等根据1884—1899年和1924—1925年两次测量结果，确认了以相模海湾为中心地壳发生顺时针方向的旋转现象（图8-4）。

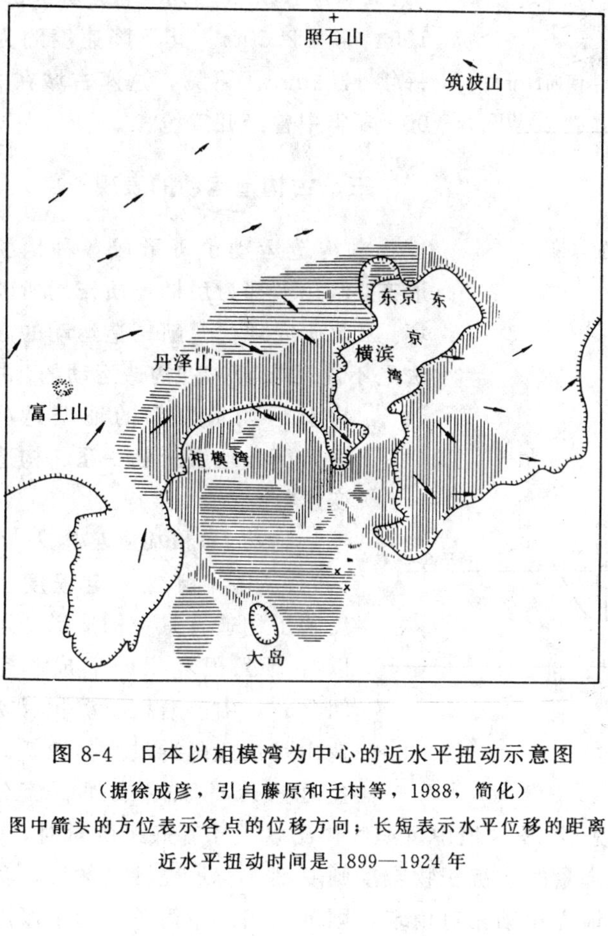

图8-4　日本以相模湾为中心的近水平扭动示意图
（据徐成彦，引自藤原和迁村等，1988，简化）
图中箭头的方位表示各点的位移方向；长短表示水平位移的距离；
近水平扭动时间是1899—1924年

（三）岩石圈的升降运动

不同类型的地貌分布往往受构造运动的控制，它们是内、外动力地质作用的共同产物。在岩石圈上升运动的地区，则以剥蚀地貌为主。反之，在岩石圈下降运动的地区，则以堆积地貌为主。高山深谷、多级河谷阶地、多层溶洞的出现均为新构造上升的标志。而埋藏阶地、冲积平原的出现等则作为下降的标志。如河北省抚宁县石门寨地区大石河河谷分布有三级河流阶地，说明该区曾发生过三次新构造上升运动。

在沿海地区，利用海岸线变迁的遗迹也可确定构造运动存在。高出现代海平面的海蚀阶地、海蚀凹槽、海蚀沟、向内陆伸展很远的海滨平原和成排的古贝壳堤、高出现代海面的珊瑚礁等地形的出现，是新构造或现代构造上升运动的标志。如广西的防城、合浦，广东省的茂名、台山、中山、潮阳等县的沿海地带，都存在狭长平坦的海滨平原，伸展很远，并向海缓缓倾斜，平原上的沉积物中含有海生介壳。广州附近的七星岗，在高出现在海水面的地方，保存古海蚀凹槽和古波切台（图8-5)。这些均为构造上升运动的证据。而发育于海面以下的海岸地形、陆地河谷和沼泽泥炭等，则说明地壳曾发生过下降运动。

现代及新构造运动也可形成巨型山脉和沉积盆地。由于印度板块与欧亚板块在第三纪沿雅鲁藏布江缝合线对接碰撞之后，在强大的压力作用下，我国西藏、云南高原发生强烈上升运动。近年来的观察结果表明，青藏高原每年隆起速率约为0.1cm。喜马拉雅山地区从海底升起，已成为世界上最高山脉。由于地幔隆起及岩石圈伸展作用，我国华北地区在新生代发生裂陷沉降形成了一系列呈北北东向排列的地堑式沉积盆地。

著名的现代升降运动实例是意大利那不勒斯湾的塞拉比斯城镇的遗迹。这个城建于公元前105年罗马帝国时代，后被火山灰埋盖。发掘出的一座古建筑废墟只保留有3根高约12m的大理石柱。柱子下部3.6m一段被火山灰掩埋，柱面光滑。其上2.7m一段因淹没于海水中，被海生动物钻蚀了许多小孔。柱子上段5.7m一直未被海水淹没，但遭受风化，不甚光滑（图

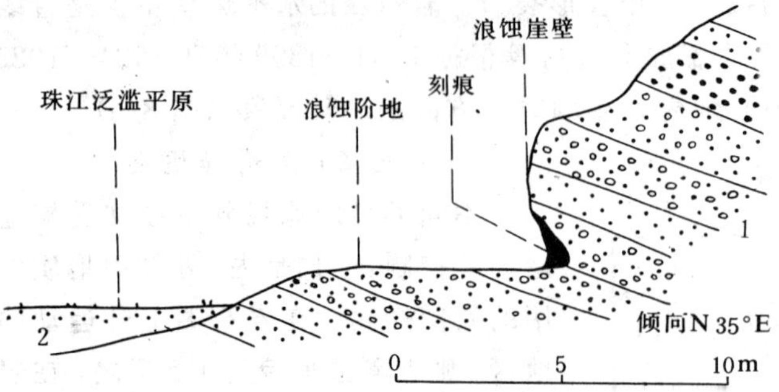

图 8-5　广州七星岗海岸上升遗迹

（据徐成彦，引自陈国达，1988）

1. 红色岩层-砂岩及砾岩（第三纪初期）；

2. 珠江泛滥平原冲积物（现代）

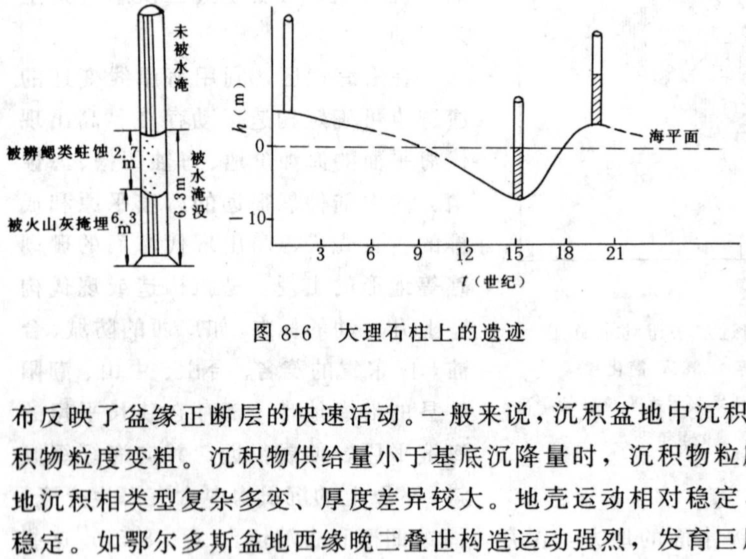

图 8-6　大理石柱上的遗迹

8-6)。据历史材料记载，证实这些石柱在公元 1500 年下沉到海面以下 6.3m，公元 1600 年开始上升，1800 年石柱处于最高位置。1826 年柱基反被淹没 0.3m；1878 年为 0.65m；1913 年为 1.53m；1933 年是 2.05m；1954 年为 2.50m。其下降速度约为每年 17.2mm。可见，这座古城在 2 000 多年中曾经几度沧桑。

三、古构造运动的表现

古构造运动也可形成各种地貌形态，但几乎都为后期地质作用所破坏。因此研究现代及新构造运动的方法是不能用来研究古构造运动的。古构造运动最可靠的证据是沉积特征、地层接触关系、构造变形等。

（一）岩相及地层厚度

沉积岩相在一定程度上反映了构造背景。构造活动可以控制沉积岩相的形成和空间分布。山前磨拉石沉积反映造山带快速隆升过程。地堑式盆地边缘冲积扇或泥石流分布反映了盆缘正断层的快速活动。一般来说，沉积盆地中沉积物供给量大于基底沉降量时，沉积物粒度变粗。沉积物供给量小于基底沉降量时，沉积物粒度则变细。若地壳活动频繁，盆地沉积相类型复杂多变、厚度差异较大。地壳运动相对稳定，则沉积相分布简单，地层厚度稳定。如鄂尔多斯盆地西缘晚三叠世构造运动强烈，发育巨厚层的砾岩和砂岩沉积，总厚度达 3 000m。而盆地中部仅 700～1 000m 左右，显示了明显差异。中侏罗世早期构造运动相对微弱，全盆地具厚度稳定、仅 200～300m 左右的煤系地层沉积。可见，沉积产物可明显反映构造活动的特征。

地层厚度是地壳下降幅度的标志。在地壳稳定的情况下，一定环境下形成的沉积物的厚度有一极大值。如浅海中沉积厚度的极大值不超过 200m（平均值）。但是，许多地区发现厚度达几百米或上千米的浅海沉积页岩，超过了浅海深度范围，说明这里的地壳下降幅度大，其下降速度与沉积物充填速度一致。反之，如果，该区的岩层厚度较邻区同一岩层薄，甚至缺失，说明该区相对上升的幅度很大，甚至曾露出地表。

（二）地层接触关系

地层间的沉积接触关系，是构造运动和地质发展历史的记录，基本上可分为整合接触关系和不整合接触关系两大类型。

1. 整合接触关系（conformity） 是指上、下两套地层之间产状基本平行、地质年代连续的接触关系。它反映了一个地区长期处于构造运动相对稳定的条件下。即沉积盆地缓慢下降，或虽上升但未越过沉积基准面以上，未发生明显的大陆剥蚀作用，或地壳升降与沉积处于相对平衡状态，沉积物一层层地连续堆积而没有地层缺失。

2. 不整合接触关系（unconformity） 是指上下两套地层时代不连续，存在明显的地层缺失的地层接触关系。包括两种类型：①平行不整合（或假整合）；②角度不整合。

(1) 平行不整合（disconformity） 主要表现为不整合面上下两套地层之间的产状彼此平行，其形成过程如图 8-7A 所示。它反映某地区沉积了一套地层（如奥陶系和志留系）之后，因地壳上升运动，使原来沉积区整体上升为陆上剥蚀区，于是沉积作用转化为侵蚀作用，这时不但没有新的物质继续沉积，而且原有的沉积物反被剥蚀。缺失地层（如泥盆系和志留系上部），形成风化剥蚀面（即不整合面）。经过一定时间的沉积间断之后，地壳下降至沉积基准面（如海平面）之下继续接受沉积（如石炭系）。上下两套地层之间呈平行关系。

(2) 角度不整合（angular unconformity） 表现为不整合面上下两套地层之间的产状彼此斜交，其形成过程如图 8-7（B）所示。它反映某地区沉积了一套地层（如奥陶系和志留系）之后，沉积区不但上升成为大陆剥蚀区，而且地层发生了褶皱或断裂变形。待再次下降接受新的沉积（如石炭系）时，上、下两套地层（志留系与石炭系）之间不但存在风化剥蚀面，而且岩层产状呈现角度相交关系。

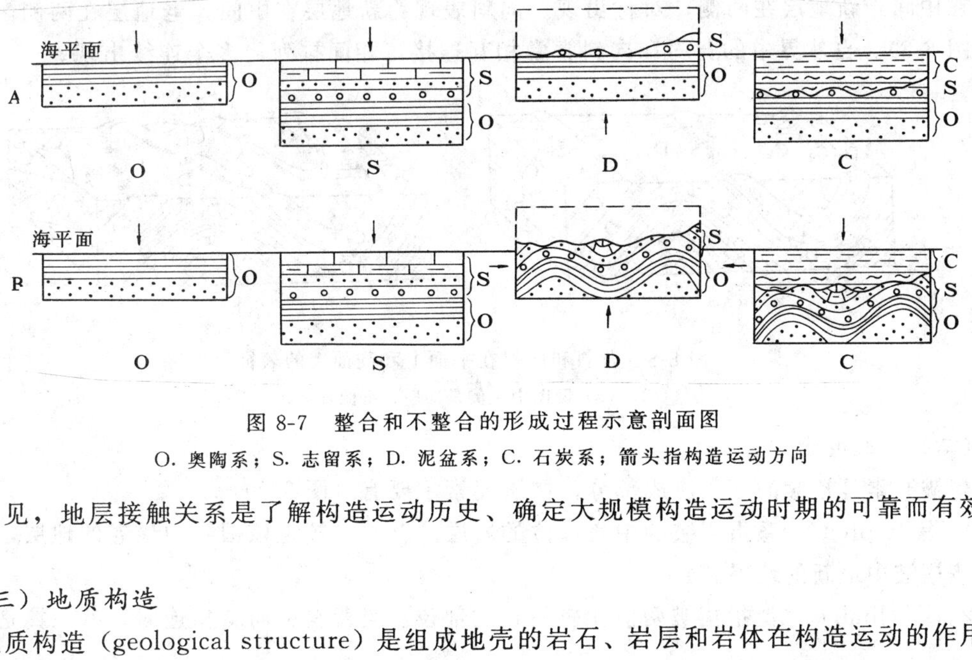

图 8-7　整合和不整合的形成过程示意剖面图

O. 奥陶系；S. 志留系；D. 泥盆系；C. 石炭系；箭头指构造运动方向

可见，地层接触关系是了解构造运动历史、确定大规模构造运动时期的可靠而有效的标志。

（三）地质构造

地质构造（geological structure）是组成地壳的岩石、岩层和岩体在构造运动的作用下发生的变形或变位的形迹。地质构造的两种基本类型为：褶皱构造和断裂构造。它们是研究古构造运动的可靠证据。根据褶皱、断裂的几何形态、性质及其组合规律，可恢复产生这些构造变形时期的构造运动状况（如变形过程和途径等）和动力学机制（如作用力方向、大小及作用力来源等）。一般来说，大型平缓的隆起、坳陷和穹隆、断陷盆地构造等及一些高角度倾向滑移断层是发生区域性升降运动的证据，而线形褶皱和大规模逆冲推覆断层及一些走向滑动断层等是发生水平运动的记录。

第三节　地质构造

本节重点介绍地质构造的两种基本类型：褶皱构造和断裂构造。

一、褶皱构造

褶皱（fold）是地壳上最基本的构造型式。它是由岩石中的各种面（如层面、面理等）的弯曲而显示的变形。

褶皱千姿百态、复杂多样。褶皱的规模差别极大，小至手标本或显微镜下的显微褶皱，大至卫星像片上的区域性褶皱。褶皱构造的研究有助于揭示一个地区地质构造的形成和发展。褶皱与生产实践的关系极为密切。褶皱对许多矿产的形成及其产状、分布起控制作用。因此，研究褶皱构造具有重要的理论意义和实际意义。

（一）褶皱的基本类型

褶皱的基本类型有两种，即背斜（anticline）和向斜（syncline）。背斜是核部由老地层、翼部由新地层组成的，岩层凸向地层变新方向弯曲的褶皱（图 8-8）。向斜是核部由新地层、翼部由老地层组成的，岩层凸向地层变老方向弯曲的褶皱（图 8-8）。一般情况下，在剖面上，背斜表现为地层向上拱起的弯曲，两翼地层自核部向两侧倾斜，而向斜为地层向下坳的弯曲，两翼地层自两侧向核部倾斜。在平面上，经地表风化、剥蚀后露出地面的地层，背斜表现为老地层在中间，新地层在两侧，对称出现。向斜表现为新地层在中间，老地层在两侧，对称出现（图 8-8）。自然界中的背斜和向斜常常相互连接，相间排列，多个连续出现。

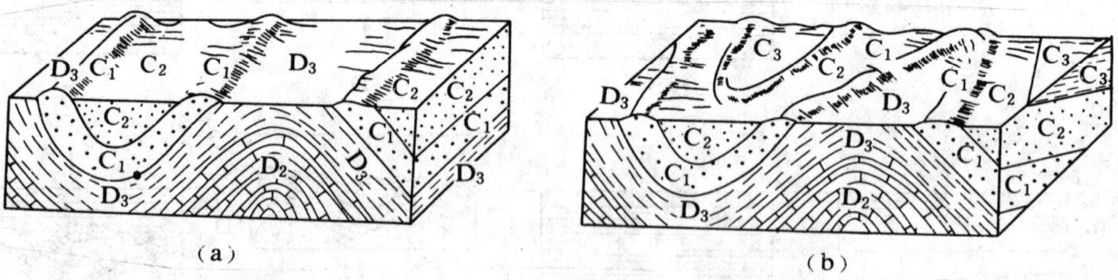

图 8-8　背斜和向斜在平面上和剖面上的表征

(a)、(b) 两图中左侧是向斜；右侧是背斜

（二）褶皱要素

褶皱要素是褶皱的基本组成部分，褶皱要素主要有（图 8-9）：

1. 核（core）　系指褶皱的中心部位的岩层。背斜的核是该褶皱中最老的地层，向斜的核是该褶皱中最新的地层。

2. 翼（limb）　泛指褶皱两侧比较平直的部位。当背斜和向斜相连时，有一翼是两者共用的。

3. 转折端（hinge zone of fold）　指褶皱面（如岩层面）从一翼过渡到另一翼的弯曲部分。转折端的形态有圆弧状、尖棱状、箱状和膝状等，据此分别将褶皱描述为圆弧褶皱、尖棱褶皱、箱状褶皱和挠曲等（图 8-10）

4. 枢纽（hinge of fold）　指单一褶皱面（如岩层面）上最大弯曲点的连线。枢纽可以是直线，也可以是曲线或折线。枢纽的空间产状可以是水平的、倾斜的或直立的。

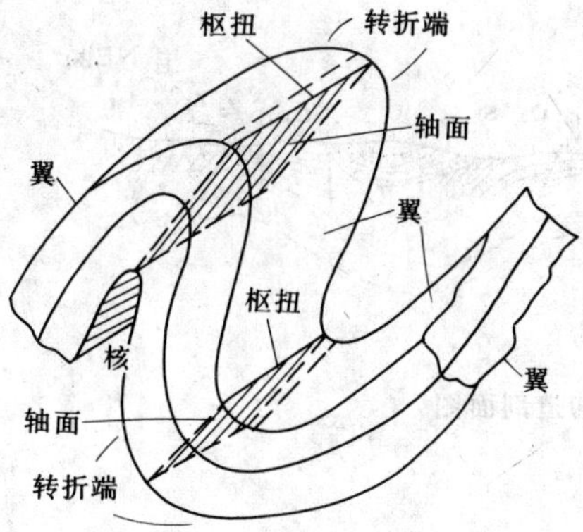

图 8-9　褶皱要素示意图

5. 轴面（axial plane）　各相邻褶皱面（如岩层面）的枢纽连成的面称为轴面（图 8-9）。轴面是一个设想的标志面，它可以是平直面，也可以是曲面。轴面与地面或其他任何面的交线称轴迹。

（三）褶皱的组合型式

在地壳一定范围或一定大地构造单元里，不同形态、不同规模和不同级次的褶皱常以一定的组合型式展布。它们往往是在同一构造运动时期和同一构造应力作用下形成的，并且具有成因联系，按一定的几何规律组合在一起，其褶皱总体样式，称为褶皱的组合型式。这里主要介绍两种基本类型：

1. 复背斜和复向斜　是一个两翼被一系列次级褶皱所复杂化的大型褶皱构造。在平面上，如其中央部位的次级褶皱的组成地层老于两侧次级褶皱的地层，则为复背斜（anticlinorium）（图 8-11）。反之，如其中央部位的次级褶皱组成的地层新于两侧次级褶皱组成的地层，则为复向斜（synclinorium）（图 8-12）。复背斜和复向斜是受垂直褶皱轴方向强烈挤压的结果，是造山带中主要的构造样式。如我国天山褶皱带中的构造主要为该类褶皱。

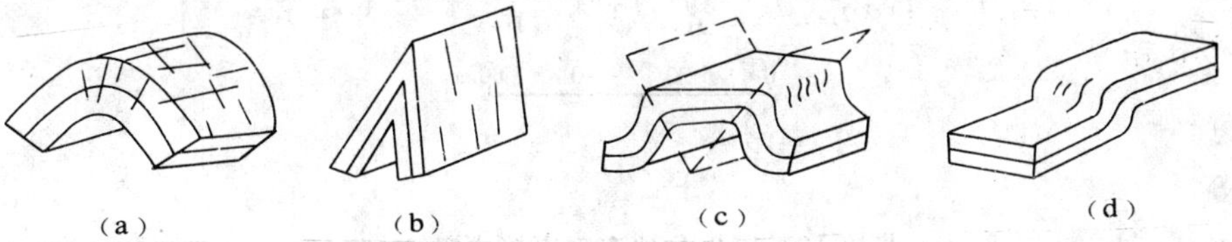

图 8-10　转折端形态不同的几种褶皱

(a) 圆弧褶皱；(b) 尖棱褶皱；(c) 箱状褶皱；(d) 挠曲

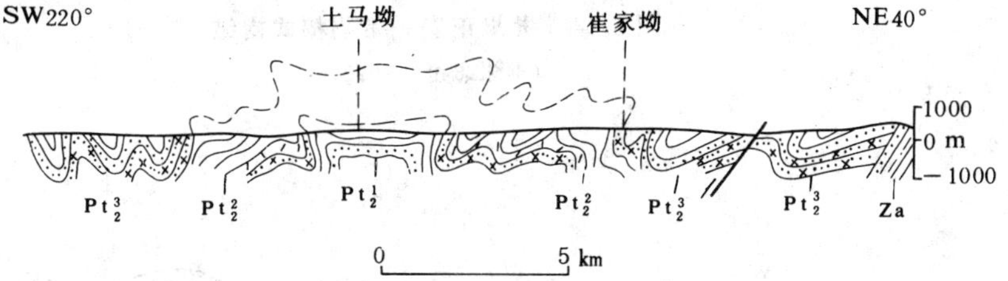

图 8-11　复背斜构造剖面图

（据朱志澄，《构造地质学》，1990）

2. 隔挡式褶皱和隔槽式褶皱　隔挡式褶皱（separated block-type fold）由一系列平行褶皱组成，其特征是背斜紧闭，发育完整，而两个背斜之间的向斜平缓开阔。如四川东部北北东向排列的褶皱最为曲型（图 8-13）。隔槽式褶皱（separated trough-type fold）与前者相反，其特征是向斜紧闭且发育完整，而两个向斜之间的背斜平缓开阔，常呈箱状。黔北—湘西一带发育较典型的隔槽式褶皱（图 8-14）。

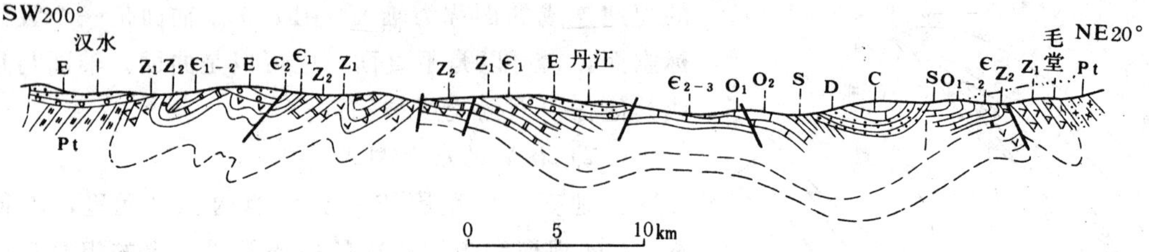

图 8-12　湖北丹江地区复向斜构造剖面图

（据朱志澄，1990）

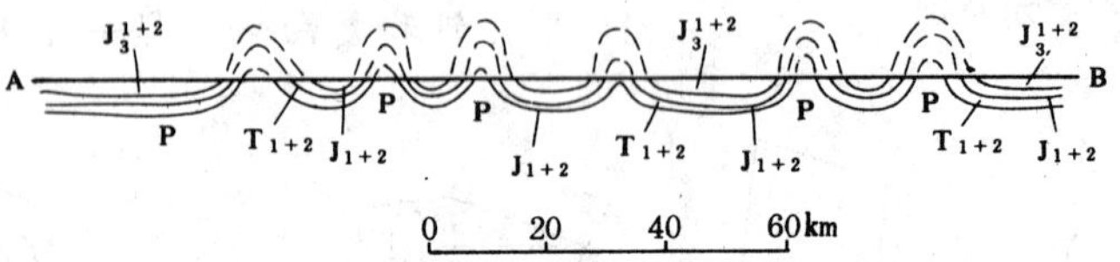

图 8-13　四川盆地东部隔挡式褶皱

（据朱志澄，1990）

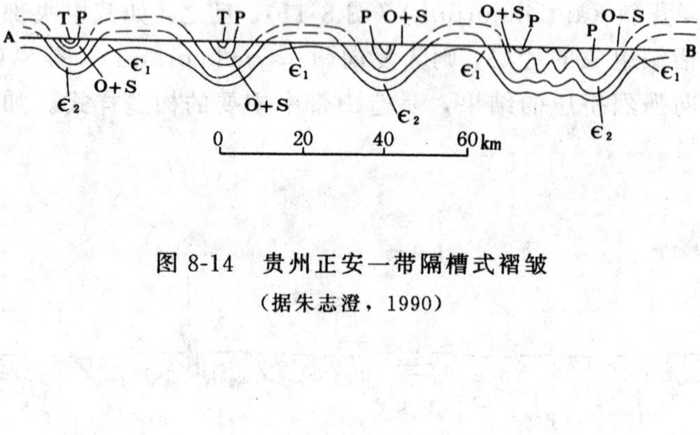

图 8-14　贵州正安一带隔槽式褶皱

（据朱志澄，1990）

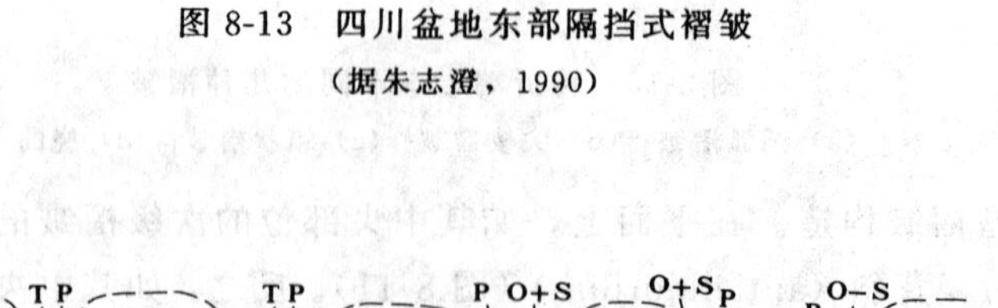

图 8-15　侏罗山构造剖面

（据朱志澄，引自 A. Buxcorf，1990）

隔挡式褶皱和隔槽式褶皱由于在欧洲侏罗山发育完美，故统称侏罗山式褶皱（Jura-type fold）（图 8-15）。其成因，普遍认为是沉积盖层沿刚性基底上软弱层滑脱变形的结果，是一种薄皮构造。这类构造一般产出于造山带的前陆地区。

二、断裂构造

（一）断裂的基本类型

岩石受力作用后，当应力超过岩石的强度极限时，岩石破裂，即形成断裂构造。常见的断裂构造有节理和断层两类。

1. 节理（joint） 节理是岩石中的裂隙，是没有明显位移的断裂。它是地壳上部岩石中发育最广泛的一种构造。根据节理形成时所处的应力状态可分为：

（1）剪节理（shear joint） 剪节理是由剪应力产生的破裂面。剪节理产状较稳定，沿走向和倾向延伸较远。剪节理较平直光滑，在砾岩中通过时，能平整地穿切砾石。节理面上常常留下擦痕。典型的剪节理常常组成共轭 X 型节理系。X 节理发育良好时，则将岩石切成菱形、棋盘格式或成柱状；

（2）张节理（tension joint） 是由张应力产生的破裂面。张节理产状不稳定，延伸不远。单条节理短而弯曲，节理常侧列产出。节理面粗糙不平，无擦痕。张节理有时成不规则的树枝状，各种网络状和追踪 X 型节理形成锯齿状等。

2. 断层（fault） 断层是岩层顺破裂面发生明显位移的断裂构造。断层发育广泛，是地壳中重要地质构造之一。断层形态多样，规模有大有小。大断层可延伸数十、数百、数千公里，如郯-庐（郯城-庐江）断裂贯穿我国东部长江以北地区。小断层可在手标本上或露头范围内观察。下面重点介绍断层的基本特征。

（二）断层的几何要素

断层的几何要素包括断层的基本组成部分，即断层面及被它分隔的两个断块（图 8-16）。

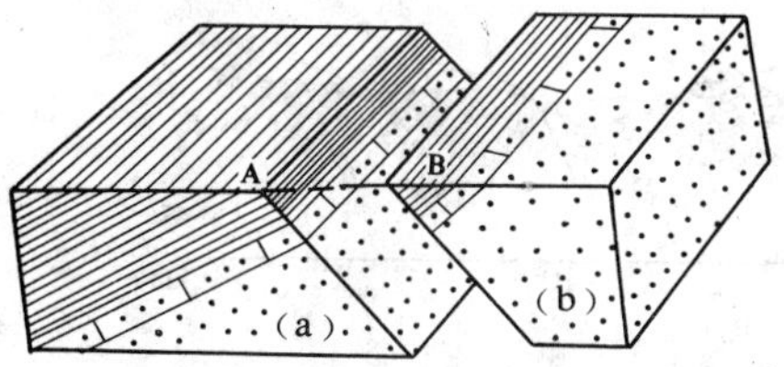

图 8-16 断层要素（正断层）
(a) 下盘，上升盘；(b) 上盘，下降盘

断层面是一个将岩块或岩层断开成两部分的破裂面，两部分岩块沿该破裂面发生位移。断层面的产状可以是水平的、倾斜的或直立的。其空间位置由走向、倾向和倾角确定。断层面可以是产状稳定的平直面，也可以是顺走向或倾向发生产状变化的曲面。

大的断层一般不是一个简单的面，而是由一系列破裂面或次级断层组成的带，即断层（裂）带。断裂带中还夹杂有搓碎的岩块、岩片以及各种断层岩。断层规模越大，断裂带越宽越复杂。大断裂带还常常具有分带性。断层面与地面的交线，即断层在地面的出露线为断层线。

断盘是断层两侧沿断层面发生位移的岩块。如果断层面是倾斜的，位于断层面上侧的一盘为上盘，位于断层面下侧的一盘为下盘。如果断层面直立，则按断盘相对于断层走向的方位描述，如东盘、西盘或南盘、北盘。根据两盘的相对运动，相对上升的一盘叫上升盘，相对下降的一盘叫下降盘。

（三）断层的基本类型

按断层两盘相对运动，可将断层分为以下几类（图 8-17）。

1. 正断层（normal fault） 是断层上盘相对下盘沿断层面向下滑动的断层。正断层产状一般较陡，大多数在 45°以上。近年来的研究发现，一些正断层的倾角很缓，尤其一些大型正断层，往往向地下深处变缓，剖面形态呈铲状。

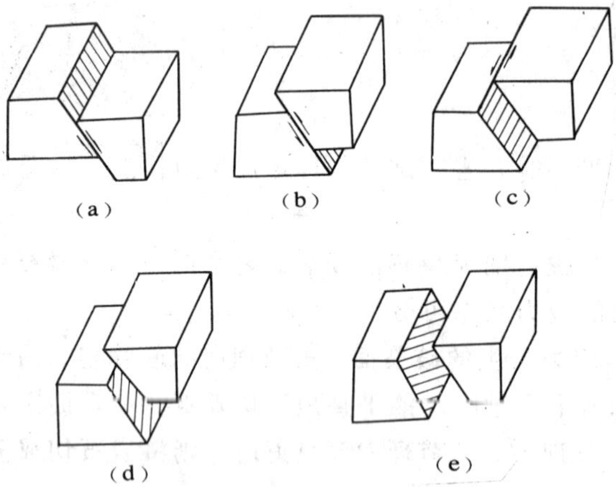

图 8-17　按断层两盘相对运动划分的断层和组合性断层

(a) 正断层；(b) 逆断层；(c) 平移断层；(d) 逆-平移断层；(e) 正-平移断层

2. *逆断层*(reverse fault)　是断层的上盘相对下盘沿断层面向上滑动的断层。根据断层面倾角大小分为高角度逆断层和低角度逆断层。高角度逆断层倾角大于 45°，而倾角小于 45°的逆断层则称为低角度逆断层。逆冲断层是位移量很大的低角度逆断层，倾角一般在 30°左右或更小，位移量一般在数公里（通常指 5km）以上（图 8-18）。

大的逆冲断层的上盘从远处推移而来的岩块称外来岩块（体），下盘相对未动而称为原地岩块（体）。推覆体即为一种外来岩块（体）。逆冲断层与推覆体共同构成逆冲推覆构造或推覆构造。

3. *平移断层*(strike—slip fault)　是断层两盘顺断层面走向相对移动的断层，即走向滑动断层。根据断层两盘的相对滑动方向，进一步分为右行平移断层和左行平移断层。所谓右行或左行是指垂直断层走向观察断层时，对盘向右滑动还是向左滑动，前者为右行，后者为左行。平移断层一般断层面陡峻，甚至直立。

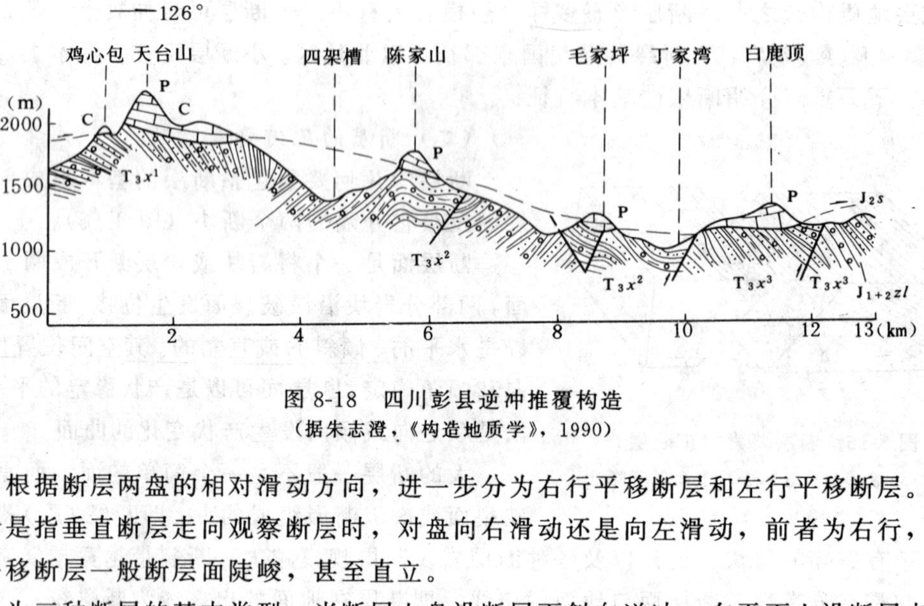

图 8-18　四川彭县逆冲推覆构造

（据朱志澄，《构造地质学》，1990）

以上为三种断层的基本类型。当断层上盘沿断层面斜向逆冲，在平面上沿断层走向有位移，称逆-平移断层（reverse-strike-slip fault）。当断层上盘沿断层面斜向下滑，在平面上沿断层走向有位移，称正-平移 断层（normal-strike-slip fault）（图 8-17）。

（四）断层的组合类型

断层很少单独出现，常由多条成带状组合在一起，形成断层带，并常常同褶皱带相伴生。逆断层可组合成叠瓦式，正断层可组合成阶梯状、地堑和地垒（图 8-19）。

1. *叠瓦式逆冲断层*　指一套倾向一致产状相近并向一个方向逆冲的若干条逆冲断层组成的叠瓦式构造。它常同剧烈褶皱伴生，断层走向与褶皱枢纽平行。其底部往往具有倾角很小的底板逆冲断层。叠瓦式逆冲断层是垂直断层走向强烈挤压作用的结果，在造山带或造山带前陆地区极为发育。

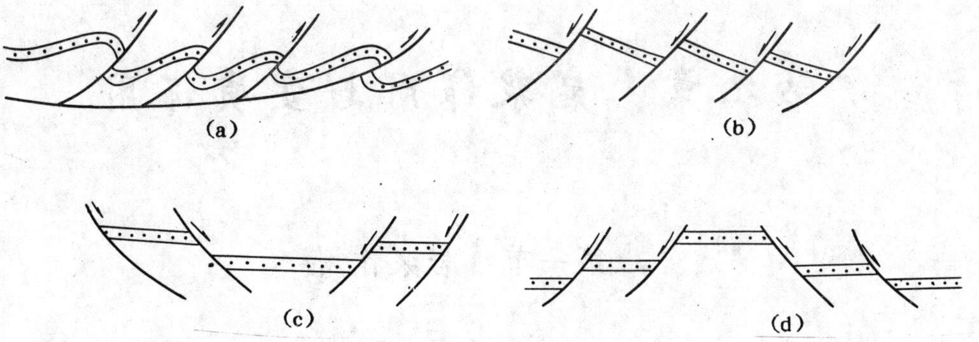

图 8-19 几种断层的组合类型

(a) 叠瓦式逆冲断层；(b) 阶梯状正断层；(c) 地堑；(d) 地垒

2. 阶梯状正断层　由若干条产状基本一致的正断层组成，各条断层的上盘依次向一方向断落，构成阶梯式。阶梯状断层中各条断层可以是平面状的，也可以是弧形的。

3. 地堑和地垒　地堑主要由两条走向基本一致的相向倾斜的正断层构成。两条正断层之间是一个共同的下降盘。巨型地堑系应属裂谷。地垒主要由两条走向基本一致的反向倾斜的正断层构成。两条正断层之间是一个共同的上升盘。

在伸展区，阶梯状正断层、地堑、地垒等共同产出，形成纵列的山岭及其间宽广盆地组合成的构造-地貌单元，称盆岭构造。我国南方长江中游的湖北和相邻的湘赣地区的晚白垩世构造具有盆岭式构造的特色。

小　结

地壳中层状岩石或各种面状构造主要根据走向、倾向和倾角三要素确定其空间产出状态。岩层根据产状不同可划分为水平岩层、倾斜岩层和直立岩层三类。岩石圈中无时无刻不在发生构造运动。根据其运动方向分水平运动和垂直运动；根据其发生的地质年代分古构造运动、新构造运动和现代构造运动。古构造运动的主要表现为沉积岩相、地层厚度、地层接触关系及各种地质构造。现代及新构造运动的主要表现为地震活动、板块活动及各种地形、地物、断裂的水平错动、旋转和垂直升降。在构造运动作用下可形成各种地质构造，主要分褶皱构造和断裂构造。褶皱构造基本类型为背斜和向斜，其内部主要有核、翼、转折端、枢纽和轴面等要素。断裂构造包括节理和断层两种类型。断层主要分正断层、逆断层和平移断层，断层要素包括断层面和断盘。

复习思考题

1. 名词解释：构造运动、平行不整合、角度不整合、地质构造、褶皱、背斜、向斜、断层、正断层、逆断层、走向滑动断层。

2. 古构造运动及其表现。

3. 现代及新构造运动和它们的表现。

4. 岩层走向与倾向之间的相互关系，倾角与倾向之间的联系。

5. 岩层产状的三种基本类型及它们在地质图上的地质界线与地形等高线的关系。

6. 褶皱的基本类型和要素。

7. 断层的几何要素和基本类型。

8. 褶皱和断层的基本组合类型。

第九章　岩浆作用与变质作用

第一节　岩浆作用

一、概述

岩浆（magma）是由上地幔和地壳深处形成的，以硅酸盐为主要成分的，炽热、粘稠、富含挥发分的熔融体。岩浆的温度一般为800～1 200℃，压力为$n10^8$Pa。岩浆的成分主要是由O、Si、Al、Fe、Ca、Na、K、Mg、Ti等元素与H_2O、CO_2、HF、HCl、H_2S等挥发分按不同比例组合而成的硅酸盐和少量氧化物、金属硫化物等组成。根据其中SiO_2的含量多少，可将岩浆分为4种基本类型：酸性岩浆（$SiO_2>66\%$）、中性岩浆（$SiO_2$53%～66%）、基性岩浆（$SiO_2$45%～53%）、超基性岩浆（$SiO_2<45\%$）。岩浆的粘度则与岩浆中氧化物（尤其是SiO_2）和挥发分的多少及温度和压力大小有关。一般SiO_2含量越大、挥发分越少、温度越低、压力越大的岩浆，其粘度就越大；反之就越小。

地下深处的岩浆，在其挥发分及地质应力的作用下，常沿构造脆弱带上升到地壳上部或地表。岩浆在上升、运移过程中，由于物理化学条件的改变，会不断地改变自己的成分及物理性质，最终冷凝固结成岩浆岩。人们将岩浆从其形成、活动直至冷凝为岩浆岩的整个复杂过程称为岩浆作用（magmatism），并按其活动特点分为喷出作用（extrusion）和侵入作用（intrusion）。

二、岩浆喷出作用

（一）火山作用及其喷发类型

1.火山作用　火山作用（volcanism）又称喷出作用。是指岩浆喷出地表，冷凝成岩浆岩的活动过程。火山一词源于罗马神话中火神所居住的一座冒烟的山，名为Volcano。吴振臣在《宁古塔纪略》一书中，记录了1719年我国黑龙江省德都县五大莲池的火山喷发现象：“……康熙五十九年六七月间，忽烟火冲天，其声如雷，昼夜不绝，声闻五六十里，其飞出者皆黑，为硫磺之类，经年不断……热气逼人三十余里。”从其描述足可见火山活动的猛烈程度，因而也常给人类带来深重灾难。1902年5月8日，西印度群岛中马丁尼克岛的培雷火山爆发，使位于火山脚下的美丽海滨城市圣佩尔毁于一旦，近万人丧生。1980年5月18日，美国西北部圣海伦斯火山在休眠了123年后突然爆发，释放的能量相当于500颗原子弹的能量，造成了生命和财产的巨大损失。类似实例数不胜数。但是在带来灾难的同时火山作用也为人类带来益处。如火山灰经风化后常形成肥沃的土壤，使得古巴和印尼盛产甘蔗，中美洲盛产香蕉。火山喷出物中的硫、氯化钠、氯化钾常形成矿产，天然金刚石则主要产于某些火山通道中。火山活动地区的地下热能常形成各种温泉、矿泉，被广泛用于发电、医疗和取暖。由此可见，火山作用既给人类带来灾难又带来福音，它是自然界最壮观而又最令人生畏的自然景象之一，因此研究火山作用意义重大。

根据火山活动的时间，可将火山分为三类：①死火山，人类历史以来不再活动的火山；②休眠火山，人类历史上曾有过活动而近百年来停止活动的火山；③活火山，现代经常性或周期性喷发的火山。但是，上述划分的时限是相对的，休眠几百年的火山有时会再度活动而变为活火山。全世界现代火山活动区主要分布于环太平洋带、阿尔卑斯-喜玛拉雅带及洋中脊和大陆裂谷地区。我国的现代火山活动区主要分布在云南腾冲、台湾、新疆和东北等地。

2. 火山喷发类型　按火山通道的形状，将火山喷发类型分为熔透式、裂隙式及中心式三种：

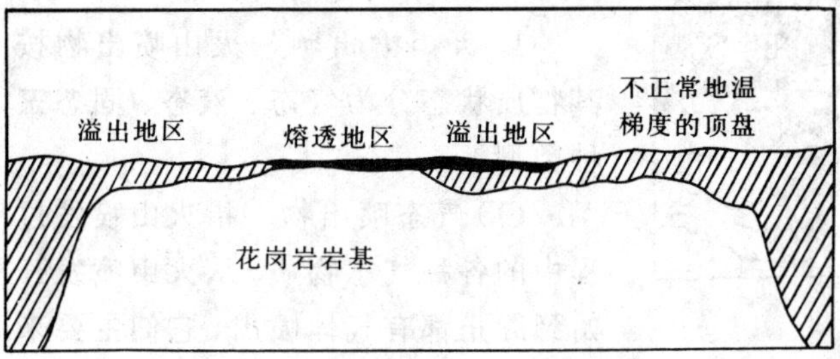

图 9-1　熔透式喷发

（据徐成彦，引自R. A. Daly，1988）

1）熔透式喷发　是火山通道不太规则、口径很大的一种火山喷发类型（图 9-1）。通常是在地壳发育初期，很薄的地壳在地下岩浆的热力作用下被大面积熔透，造成岩浆大面积溢流，故而又称区域喷发（area eruption）。

2）裂隙式喷发　是岩浆沿一条大断裂（裂隙）或断裂带上升喷出地表。火山口通常不呈圆形，而呈长达数十公里以上的带状，或沿断裂带呈串珠状排列，但地下则互相连通为墙状通道。裂隙式喷发的岩浆通常是粘度小、流动性大的基性岩浆，流动面积可达几十万平方公里，常形成熔岩被、熔岩台地、熔岩高原等地形，如印度德干高原等。裂隙式喷发被认为是古生代、中生代及第三纪时期火山喷发的主要类型。因为那时的地壳厚度增大，脆性增加导致裂隙发育。现代裂隙式火山喷发主要局限于大洋中脊及大陆裂谷带上。如冰岛基拉火山 1783 年的一次喷发，喷发裂隙长达 25km，喷出 $12km^3$ 以上的熔岩及 $3km^3$ 左右的火山碎屑物，覆盖面积达 $565km^2$（图 9-2），故而又将裂隙式喷发称为冰岛式喷发。

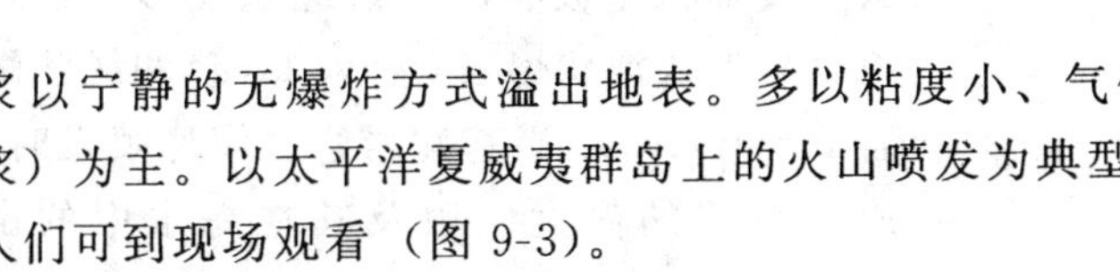

图 9-2　由冰岛基拉火山裂隙喷出而成的熔岩被

（据许至平，引自G. W. Tyrrell，1990）

3）中心式喷发　是指岩浆沿颈状管道喷出地表。喷发通道在平面上常为点状，故又称点状喷发。近代大多数火山喷发属此类型。其最大特点是常在地表形成下缓上陡的火山锥。按爆烈程度又可分为宁静式、爆烈式及递变式三种：

（1）宁静式　又称夏威夷式，岩浆以宁静的无爆炸方式溢出地表。多以粘度小、气体少且流速高的基性岩浆（如玄武质岩浆）为主。以太平洋夏威夷群岛上的火山喷发为典型实例。该地的熔浆溢出如此宁静，以至人们可到现场观看（图 9-3）。

（2）爆烈式　又称培雷式，岩浆以突然的、猛烈爆炸的形式喷出地表。多以中酸性岩浆为主，由于其粘度大、流速低、冷凝快且气体多，常在火山口或喉管中凝固堵塞，象“塞子”一样阻挡后续岩浆的喷出，但随着后续岩浆压力的增大，堵塞一旦被冲破即发生猛烈爆炸。1902 年 5 月 8 日，西印度群岛的培雷火山突然爆发，高温的气体和火山灰喷出后形成高达 4 000m 的烟云，灼热的喷出物流经山脚下的圣皮尔城到达海中，使海水沸腾，城中 28 000 名居民除 2 人外全部丧生。

(3) 递变式　以猛烈式和宁静式喷发有规律地交替出现为特征。大多数火山喷发属此类。如著名的意大利维苏威火山，其喷发具明显的周期性；我国第四纪火山喷发绝大多数也属此类。

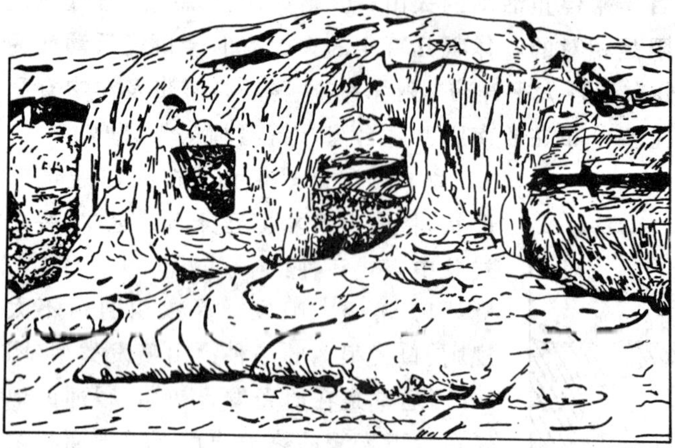

图 9-3　夏威夷群岛基拉韦亚的熔岩瀑布

(据 A. Holmes，1949)

(二) 喷出作用的产物

1. 火山喷出物　火山喷出物按其物质状态分为气态、液态、固态三种类型：

(1) 气态喷出物　指火山喷发过程中的各种气态物质。从火山喷发开始到终止都有气体喷出，它们主要来源于岩浆中的各种挥发分。气态喷出物的成分以水蒸汽为主，含量可达70%以上。此外有CO_2、SO_2、N_2、H_2S及少量的CO、H_2、HCl、NH_3、NH_4Cl、HF 等。人们可根据喷气孔的喷气状况来大致预测火山活动的动向。例如，大规模火山喷发前，气孔中喷气量会逐渐增多、温度升高且硫质成分越来越多。若气体喷出量渐少、CO_2 成分增多、硫质减少且温度降低，则表明火山活动将逐渐减弱。此外，火山喷出的气态物质常有相当一部分直接由气体凝固成升华物，堆积在喷气孔附近，常见的有硫磺、氯化铵、氯化钾、硫化钾等，大量堆积时可形成矿产。

图 9-4　甘肃阿克赛县后塘北山下古生界基性熔岩枕状构造

(2) 液态喷出物　也称为熔浆。它与岩浆的区别是挥发分较少。熔浆冷凝后形成的岩石称熔岩 (lava)。熔浆按其中的 SiO_2 含量多少分为酸性、中性、基性和超基性四大类。不同类型熔浆其粘度不同，流动性不同，冷凝后则形成不同类型的熔岩。一般基性熔浆（如玄武质熔浆）粘度小、流速高、冷却慢，当熔浆表面冷凝结成薄壳后，由于薄壳下面熔浆的持续流动，使其表层薄壳因拖曳而产生波状起伏或绳状变形，最终冷凝后形成波状熔岩 (wave lava) 和绳状熔岩 (ropy lava)。当基性岩浆在海底喷发时，灼热熔浆的淬火作用及其在海水中的翻滚，使其变形成椭球状，冷却后形成枕状熔岩（图 9-4）；酸性熔浆则因其粘度大、挥发分多而流速低、冷却快，当熔浆表面冷凝结成薄壳后，由于冷却迅速而引起表面强烈收缩，致使薄壳破裂。破碎的薄壳随下伏熔浆的持续流动而翻滚、粘结。重新凝结的薄壳同样遭受类似的破碎、翻滚和粘结，反复多次后熔浆最终冷却，形成渣状熔岩或块状熔岩 (block lava)。除此之外，一些熔浆在冷凝固结过程中，如果成分均匀，地形平坦且冷缩缓慢，其质点就会围绕一些大致呈等间距排列的凝结中心收缩，从而形成垂直于冷凝面的柱状节理，将岩石分割成多边形柱状体。最常见的有玄武岩六边形柱状节理。

(3) 固态喷出物　指火山喷发过程中，因爆炸而形成的各种岩石碎块及凝固的熔浆团块，常见的有火山弹、火山角砾、火山灰等，统称为火山碎屑物。火山碎屑物据其大小可分为火山集块（粒径 $\varphi>64$mm）、火山角砾（φ为 64～2mm）、火山灰（$\varphi<2$mm）三种类型，它们固结后分别形成集块岩、火山角砾岩和凝灰岩。通常，各种火山碎屑物的堆积位置具一定规律性，粗大的固态喷出物堆积在火山口附近，远离火山口则逐渐变细，更细小的火山灰和火山尘等可以随风漂移到更远的地方。因此，可据火山碎屑物的分布规律，恢复古火山机构。

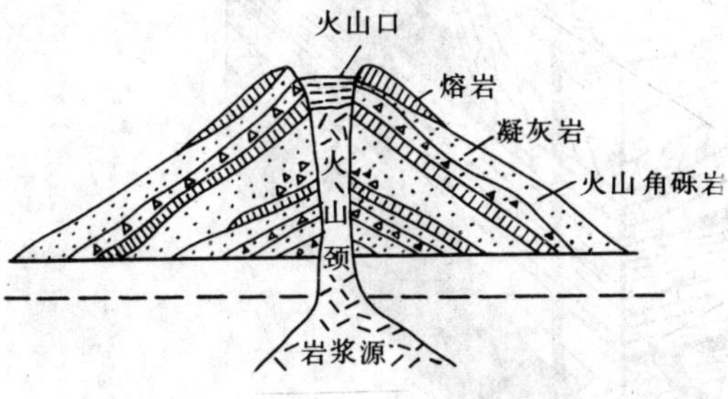

图 9-5　火山锥纵剖面示意图

（据李石、王彤，1981）

2. 火山地形　火山作用所形成的地形称为火山地形，常见的有熔岩台地、熔岩高原、火山锥、熔岩流、熔岩穹等。其中最具特征和直观的地形就是火山锥，它是由中心式火山喷发形成的锥状地形（图 9-5）。根据组成火山锥的火山喷出物特征，可将火山锥进一步分为碎屑锥、熔岩锥和复合锥三种类型。

(1) 碎屑锥　组成锥的物质以固态喷发产物为主，火山碎屑量占 95%以上，原始坡度 30°左右，顶部平坦，火山口呈漏斗状。多次喷发的火山锥中火山碎屑呈层状产出。

(2) 熔岩锥　火山锥全部或几乎全部由熔岩组成，最常见的是由玄武岩组成的熔岩锥，其火山碎屑物含量小于 10%，原始坡度 2°～10°，形如盾牌，又称盾火山。火山口低平壁陡。

(3) 复合锥　也称混合锥或层火山，由熔岩与火山碎屑物质互层组成。为爆发与溢流交替喷出的产物。火山碎屑量占 10%～95%，坡度小于 35°。复合锥往往是多孔道的火山锥，在侧翼上常有寄生火山锥。复合锥的顶部火山口常呈漏斗状，底部常堆积松散物质，使火山口呈平碗底状。

必须指出，上述各类锥体的火山口常遭受期后的地面流水侵蚀、新的火山活动再次爆发及重力塌陷等破坏作用，使其成为火山洼地。通常将经过破坏的火山口及其周围的洼陷称为破火山口。

三、岩浆侵入作用

岩浆侵入作用是指岩浆上升运移到地壳内岩石中冷凝成岩浆岩的活动过程。形成的岩浆岩称为侵入岩。岩浆侵入作用不像火山喷发作用那样直观，但地史时期形成的各种侵入岩常受构造运动影响而被抬升，再经过外力剥蚀作用而露出地表，因此，人们可通过出露于地表的各种侵入岩来研究侵入作用的特征。侵入岩周围的岩石称为围岩。侵入岩与围岩之间的接触关系可分为协调接触和不协调接触两种类型。协调接触是指侵入岩与围岩的接触面基本与围岩的层理面或片理面平行；不协调接触则指侵入岩与围岩的接触面与围岩的层理面或片理面呈穿插交切关系。根据侵入深度不同，可将侵入岩分为深成侵入岩（深度＞3km）和浅成侵入岩（深度＜3km）两类，并按其规模和接触关系进一步分为多种类型（图 9-6）。

（一）深成侵入体

1. 岩基 (batholith)　是出露面积大于 $100km^2$ 的深成侵入体，是规模最大的侵入体，与围岩呈不协调接触，平面上常呈椭圆形。主要分布于构造运动强烈地区的褶皱核部隆起带，通

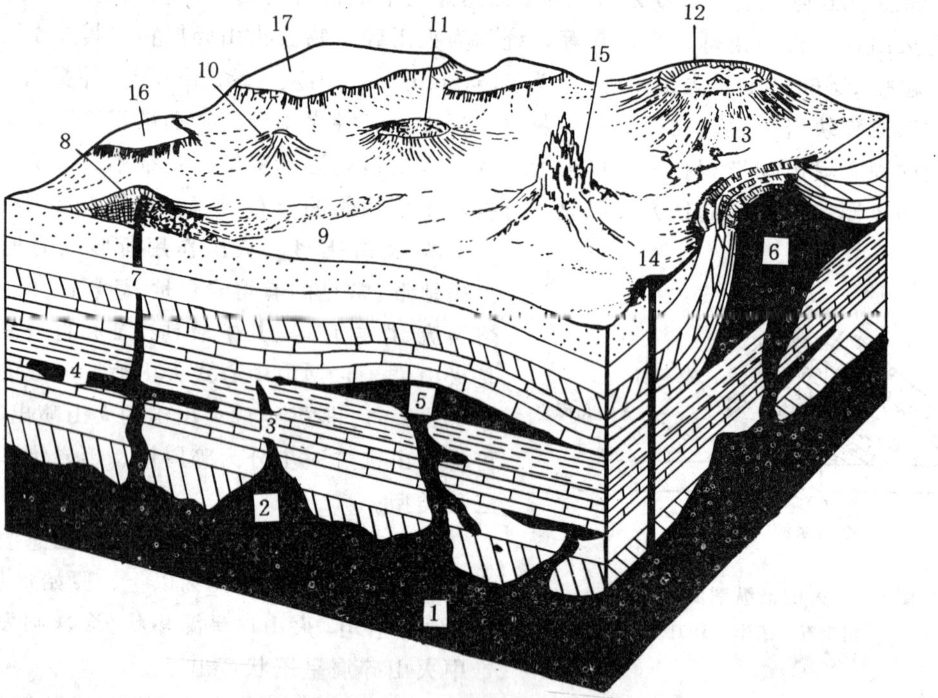

图 9-6　喷出岩与侵入岩的产状综合示意图

（据夏邦栋，1984；徐成彦，1988，修编）

1. 岩基；2. 岩株；3. 岩墙；4. 岩床；5. 岩盖；6. 被侵蚀露出的岩盖；7. 火山颈；8. 复式火山；9. 熔岩流；10. 熔渣锥；11. 小型破火山口；12. 大型破火山口；13. 火山碎屑流；14. 小火山；15. 具有放射状岩墙的火山颈；16. 熔岩台地；17. 熔岩高原

常由花岗岩类岩石组成。近年地球物理资料表明，岩基是有底界的，最大深度可达10～30km，许多岩基向下逐渐变小，甚至超覆于围岩之上。

2. 岩株（stock）　是出露面积小于100km^{2}的深成侵入体。平面上呈近圆形或不规则状，与围岩呈不协调接触。岩株可独立产出，但其下部常与岩基相连，构成岩基的顶部突起部分。岩株的接触带上常形成铁、铜、金、银等金属矿产。

（二）浅成侵入体

1. 岩床（sill）　又称岩席，指厚度较均匀的与围岩层理面或顶底板近于平行的层状侵入体。与围岩呈协调接触，接触面平坦，厚度从几厘米至数米，最厚达上千米。面积最大者达数万或数十万平方公里，岩性多为基性岩。

2. 岩墙（dike）　指厚度较稳定，形状较规则、切穿围岩层理或片理的板状侵入体。与围岩呈不协调接触，厚几十厘米至数十米，长达数十米至数千米。岩墙常成群出现，相互平行或呈放射状、环状产出。

3. 岩盆（lopolith）　指侵入于层理之间、中央部位微向下凹的盆状侵入体。与围岩呈协调接触，从边缘到中央厚度渐大，平面为圆形或椭圆形，面积可达几千平方公里，厚达上千米，岩性多由基性或碱性岩组成。

4. 岩盖（lacolith）　又称岩盘，指侵入于层理之间、上凸下平状侵入体。与围岩呈协调接触，从边缘到中央厚度由小变大，最厚处可达1km，平面上呈圆形或椭圆形，岩性多为中酸性岩。

5. 岩脉（vein） 指规模小、形状不规则、厚度变化大且呈分叉复合现象的脉络状侵入体。与围岩常呈不协调接触，常为岩浆演化晚期的产物。

四、岩浆岩类型和主要特征

（一）岩浆岩分类

如前所述，岩浆岩是岩浆作用形成的岩石，是组成岩石圈物质的最主要岩石类型。尤其地下深处的岩石基本上由岩浆岩构成。根据岩浆岩中的SiO_2含量多少，可以将岩浆岩概略地分为超基性岩、基性岩、中性岩和酸性岩四大类（表9-1）。

表9-1 岩浆岩分类简表

岩浆岩大类	化学成分（SiO_2%）	矿物成分 \ 岩石名称 \ 产状	深成岩	喷出岩	浅成岩			
		构造	块状构造	具气孔、流纹构造	块状或气孔构造	块状构造		
		结构	全晶质中—粗粒结构	斑状、玻璃质、隐晶质结构	细粒、斑状结构	细晶结构	伟晶结构	煌斑结构
超基性岩	<45	橄榄石 辉石	橄榄岩 辉岩	金伯利岩 苦橄岩	苦橄玢岩	×	×	×
基性岩	45～53	斜长石 辉石 （角闪石）	辉长岩	玄武岩	辉绿岩	细晶岩	伟晶岩	煌斑岩
中性岩	53～66	斜长石 角闪石 （黑云母、辉石）	闪长岩	安山岩	闪长玢岩			
		钾长石 角闪石 （辉石） （黑云母）	正长岩	粗面岩	正长斑岩			
酸性岩	>66	钾长石 斜长石 石英 黑云母	花岗闪长岩 花岗岩	英安岩 流纹岩	花岗闪长斑岩 花岗斑岩			

（二）岩浆岩成分和结构构造

1. 岩浆岩的成分 岩浆岩的成分包括化学成分和矿物成分两方面。岩浆岩的化学成分是指主要元素在岩浆岩中的含量（表9-2）。从表9-2可知地壳中丰度最高的前几种元素在岩浆岩中的含量与该元素的克拉克值十分接近，因此这些元素又称为造岩元素。在研究岩浆岩的化学成分时通常用元素的氧化物的质量百分数表示。从表中可见前8种氧化物占岩浆岩总重量的96.84%，其中SiO_2占岩浆岩总质量的一半。因此人们习惯上按SiO_2含量多少来划分岩浆及岩浆岩类型。

表 9-2 岩浆岩平均化学成分

元　素	岩浆岩中质量(w_B%)	地壳中质量(w_B%)	氧化物	质量(w_B%)
O	46.59	49.25	SiO_2	59.12
Si	27.72	25.75	Al_2O_3	15.30
Al	8.13	7.51	CaO	5.08
Fe	5.01	4.70	Na_2O	3.84
Ca	3.63	3.39	FeO	3.80
Na	2.85	2.64	MgO	3.49
K	2.60	2.40	K_2O	3.13
Mg	2.09	1.94	Fe_2O_3	3.08
Ti	0.63	0.58	H_2O^+	1.15
P	0.15	0.12	TiO_2	1.05
H	0.13	0.088	P_2O_5	0.30
Mn	0.10	0.08	MnO	0.12
总和	99.63	98.488	总和	99.46

(据 F. W. 克拉通和 H. S. 华盛顿，1924)

岩浆岩的矿物成分是指最常见矿物在岩浆岩中的含量。组成岩浆岩的常见矿物共十几种(表 9-3)，它们是石英、钾长石、斜长石、黑云母、角闪石、辉石、橄榄石等。这些矿物又称为造岩矿物。在不同岩类中这些矿物含量不同，存在主次之分。由于石英、钾长石、斜长石的 SiO_2、Al_2O_3 含量高、颜色浅，又称为浅色矿物；橄榄石、辉石、角闪石和黑云母等矿物的 FeO、MgO 含量高，SiO_2 含量低，多显黑色或暗绿色，故又称为暗色矿物。人们将铁镁矿物在岩浆岩中的百分含量称为色率，并以此作为肉眼鉴别岩浆岩的重要指标。

表 9-3 岩浆岩主要岩类平均矿物成分(体积百分数)

岩类 / 矿物(V%) / 矿物种类	花岗岩	花岗闪长岩	正长岩	闪长岩	辉长岩	辉绿岩	橄榄辉绿岩	纯橄榄岩
石　英	25	21		2				
钾长石	40	15	72	3				
斜长石	26	46	12	64	65	62	63	
黑云母	5	3	2	5	1	1		
角闪石	1	13	7	12	3	1		
辉　石			4	11	20	29	21	2
橄榄石					7	3	12	95
色　率	9	18	16	30	35	38	37	100

(据 Larsen(1964)简化和叶俊林，1996)

2. *岩浆岩的结构、构造*　岩浆岩的结构是指其组成物质(矿物和玻璃质)的结晶程度、颗粒大小、自形程度及其相互关系。岩浆岩的构造是指岩石中不同矿物集合体之间的排列方式和充填方式。

1) 岩浆岩结构　岩浆岩的结构受岩石形成时的温度、压力、粘度、冷却速率等因素控制。据岩石中矿物的结晶程度、矿物颗粒绝对大小、矿物颗粒相对大小、矿物颗粒的相互排列关系划分为下列结构：

岩浆岩常见结构

- 结晶程度
  - 全晶质结构
  - 半晶质结构
  - 玻璃质结构
- 矿物颗粒大小
  - 绝对大小
    - 伟晶结构　$\varphi>10$mm
    - 粗粒结构　$\varphi 10\sim5$mm
    - 中粒结构　$\varphi 5\sim2$mm
    - 细粒结构　$\varphi 2\sim0.1$mm
    - 隐晶质结构　$\varphi<0.1$mm
    - 玻璃质结构
  - 相对大小
    - 等粒结构
    - 不等粒结构
    - 斑状及似斑状结构
- 矿物颗粒相互关系
  - 文象结构
  - 条纹结构

(1) 全晶质结构　岩石全部由结晶的矿物组成。在中深成侵入岩中常见。

(2) 半晶质结构　岩石由结晶矿物和玻璃质两部分组成。在熔岩和一些浅成侵入岩中常见。

(3) 玻璃质结构　岩石全部由玻璃质组成,只在少数喷出岩中常见。

(4) 伟晶结构　凭肉眼或普遍放大镜可辨认矿物颗粒(上述特征被称为显晶质结构),且矿物呈直径大于 10mm 的粗大晶粒。

(5) 粗粒结构　晶显质结构,且矿物颗粒直径为 10～5mm。

(6) 中粒结构　显晶质结构,且矿物颗粒直径为 5～2mm。

(7) 细粒结构　显晶质结构,且矿物颗粒直径为 2～0.1mm。

(8) 隐晶质结构　矿物颗粒细少,用放大镜也不能分辨,但显微镜下可分辨矿物颗粒。岩石外貌呈致密状,但略具粗糙感。

(9) 等粒结构　岩石中的同种主要矿物颗粒的大小大致相等。

(10) 不等粒结构　岩石中的同种主要矿物颗粒大小不等,但分不出大小悬殊的两群。

(11) 斑状及似斑状结构　岩石中的矿物颗粒存在大小悬殊的两群,将粗大的一群矿物称为斑晶,细小的另一群矿物称为基质。当基质为隐晶质结构或玻璃质结构时,整个岩石结构就呈斑状结构;当基质为显晶质结构时,岩石结构呈似斑状结构。斑状结构常见于喷出岩或浅成岩中;似斑状结构常见于浅成岩和中深成岩中。

(12) 文象结构　指石英呈楔形镶嵌在钾长石中,形似希伯莱文字,为伟晶岩特有。

(13) 条纹结构　指钾长石和斜长石呈有规律地共生构成条纹状。此结构的长石又称条纹长石。

2) 岩浆岩构造　岩浆岩的构造受岩石形成时的温度、压力、粘度、冷却速率、构造运动、岩浆流动状况等因素控制。最常见的构造有块状构造、斑杂构造、条带构造、流纹构造、气孔构造和杏仁构造、晶洞构造及枕状构造等。

(1) 块状构造　矿物分布均匀,无一定排列方向,岩石无空洞,矿物紧密结合,又称致密块状构造。常见于侵入岩中。

(2) 斑杂构造　岩石中不同部位的矿物组合或颜色上存在很大差异,杂乱无章。

(3) 条带构造　由不同结构或不同矿物成分的条带相间平行排列而成的构造。

(4) 流纹构造　由不同颜色的条纹或拉长的气孔定向排列而成的构造，常见于酸性喷出岩中。

(5) 气孔构造和杏仁构造　常见于喷出岩中，指由于熔岩冷却时，尚未逸出的气体残留在岩石中而形成的大小不等的空洞，称为气孔构造。当气孔被后期物质（常见钙质、硅质、绿泥石）充填后而形似杏仁，被称为杏仁构造。

(6) 晶洞构造　常见于伟晶岩等浅成岩中，指侵入岩中的存在大小不等的空洞，且洞壁常见生长良好的晶体。优质水晶常产于晶洞中。

(7) 枕状构造　指岩石由一些大小不等的枕状体构成，是水底喷发岩中特有的构造，常见于熔岩层顶部。

（三）常见岩浆岩的特征

1. *橄榄岩*　是一类超基性深成侵入岩，黑色、暗绿色，中—粗粒结构，块状构造或条带状构造。其中主要矿物为橄榄石（90%～40%）、辉石（5%～50%），次要矿物为角闪石、斜长石、黑云母。副矿物有磁铁矿、钛铁矿、铬铁矿、磷灰石等。橄榄石含量超过90%者为纯橄岩。

2. *辉长岩*　是一类基性深成侵入岩，灰黑色，中、粗粒粒状结构，块状构造或条带状构造。主要矿物为辉石、斜长石，次要矿物可见橄榄石、角闪石等。暗色和浅色矿物含量大致相等。

3. *辉绿岩*　是一类基性浅成侵入岩，暗绿至绿黑色，辉绿结构（长条状斜长石微晶杂乱交织，其间空隙被他形辉石微晶充填）或斑状结构（斑晶为斜长石），块状构造。矿物成分与辉长岩相似，但粒度很细。具斑状结构者称为辉绿玢岩。

4. *玄武岩*　是一类基性喷出岩，黑色、灰绿色至暗紫色，隐晶质结构或斑状结构，气孔、杏仁构造，海底喷发者形成枕状构造。矿物成分与辉长岩相似，斑晶常见为斜长石、橄榄石（蚀变后为伊丁石、蛇纹石）或辉石，而角闪石、黑云母少见。玄武岩常具柱状节理。

5. *闪长岩*　是一种中性深成侵入岩，灰色、绿灰色，中、细粒粒状结构，块状构造或斑杂构造。主要矿物成分为斜长石、角闪石，次要矿物成分为辉石、黑云母、石英。

6. *闪长玢岩*　是一种中性浅成侵入岩，灰绿色，斑状或似斑状结构，斜长石和角闪石构成斑晶，基质由微晶—隐晶斜长石、角闪石组成。块状构造。

7. *安山岩*　是一种中性喷出岩，灰色，风化后为灰褐、灰绿、红褐色，多数为斑状结构，少量为隐晶质结构或玻璃质结构，常见块状构造、气孔构造和杏仁构造。斑晶多为环带状斜长石及角闪石。

8. *花岗岩*　是一种酸性深成侵入岩，肉红色、浅灰色，粗—细粒结构、似斑状结构，块状构造。主要矿物成分为钾长石（40%）、斜长石（20%）、石英（30%）；次要矿物为黑云母、角闪石；副矿物为磁铁矿、榍石、锆石、磷灰石等。似斑状结构的花岗岩称为斑状花岗岩。

9. *花岗斑岩*　是一种酸性浅成侵入岩，肉红色、浅灰色，斑状结构，块状构造。斑晶为钾长石和石英，基质为隐晶质长石和石英。

10. *流纹岩*　是一类酸性喷出岩，浅灰、灰红色，少数呈深灰或砖红色；斑状结构、隐晶质结构，斑晶为透长石和石英，基质为隐晶质和玻璃质。流纹构造、气孔构造和杏仁构造。

11. *煌斑岩*　是暗色矿物含量占主导地位的脉岩，黑色、暗绿色、深灰色，全晶质细粒—微粒结构，块状构造。暗色矿物主要有辉石、角闪石、黑云母，浅色矿物为斜长石、钾长石。

12. *细晶岩*　是具细晶结构的脉岩，灰白—浅肉红色，块状构造。浅色矿物主要为钾长石、斜长石和石英，暗色矿物有黑云母、角闪石和辉石。

13. *伟晶岩*　是具伟晶结构的脉岩，晶粒一般大于10mm，块状构造、晶洞构造。主要矿物有钾长石、斜长石、石英、云母、角闪石、辉石等，次要矿物有电气石、黄玉、绿柱石、萤石等。

五、岩浆岩的成因和侵入机制

（一）岩浆岩成因

岩浆岩的成因相当复杂，各种学术观点长期争论不休，本书仅对岩浆岩大类的成因观点作一概述。

1. 超基性和基性岩浆岩类的成因　该类岩浆岩的成因通常认为是由软流圈中的部分熔融物质熔离作用而成。即软流圈中的部分熔融物质沿构造软弱带上侵到岩石圈下部，形成原生岩浆房。原生岩浆经熔离作用产生残留的难熔组分和原生玄武质岩浆。其中的难熔组分受构造挤压而呈底辟上升到地壳内形成小型超基性岩体；原生玄武质岩浆沿洋中脊喷出形成拉斑玄武岩，沿大陆内部深断裂涌出形成碱性玄武岩，而在汇聚板块边界的岛弧带上形成高铝玄武岩。玄武岩浆如果未喷出地表而在地下冷凝结晶则形成辉长岩和辉绿岩。

2. 中性岩浆岩类的成因　不同构造单元中的中性岩浆岩成因不同。在洋-陆板块俯冲边界上的安山岩是由于洋壳俯冲到陆壳之下经局部熔融而形成的安山岩浆上侵喷出而成。大陆内部的中性岩则可能是由于酸性岩浆同化了较基性的围岩，或者是玄武质岩浆同化了较酸性的围岩混染而成。现代的实验岩石学已经证实这种同化混染成因的岩浆岩可以形成。

3. 酸性岩浆岩类的成因　该类岩浆岩的成因通常认为是富 Si、Al 的岩石经融熔或混合岩化而成，它们一般构成造山带核部巨大的花岗岩岩基，其中的残留围岩碎块的构造线方向与围岩构造线方向一致，且岩体边缘的成分、结构构造常与围岩呈渐变关系。一些小型酸性岩体一般认为是深处形成的酸性岩浆沿断裂带上侵或喷出地表而成，而酸性岩浆可由中性岩浆分异而来。

（二）岩浆侵位机制

岩浆侵位机制包括岩浆侵位方式、侵位深度、侵位通道与侵位中心、侵位动力和动力学行为等多方面内容。本文仅对岩浆侵位方式作简单阐述。

1. 主动侵位方式　主动侵位是指岩浆借助自身的动力强行挤压围岩而开辟空间以达到侵位目的一种侵入方式。其特点是岩浆具足够的挤压动力，并对围岩产生明显的挤压。常见的主动侵位方式有穹隆作用、底辟作用和气球膨胀作用。

穹隆作用是指岩浆上涌过程中顶托上覆水平岩层而形成穹隆状构造的一种主动侵位方式。底辟作用是指岩浆上侵刺穿上覆围岩而形成“上浮”岩体的一种侵入方式。气球膨胀作用是指把岩体的增大形象地比喻成一个不断膨胀的气球，后期岩浆呈脉动式向球心补充，每次脉冲式补充都使先期固态外壳产生向外的辐射状挤压而使岩体不断增大的一种侵入方式。

迪克森(Dixon，1975)的数值模拟实验和布尔纳(Berner，1972)的油层底辟模拟实验都表明，穹隆、底辟和气球膨胀三种主动侵入方式是岩浆主动侵位方式中的三种不同机制（图 9-7），从早到晚分别为穹隆阶段、底辟阶段和气球膨胀阶段。其时间-幅度曲线总是呈“S”型，说明底辟阶段发育时间快，穹隆和气球膨胀阶段发育慢，因此，底辟阶段是一种不稳定的状态，在自然界中底辟构造也少见，常见的是穹隆和气球膨胀构造。

2. 被动侵位方式　被动侵位方式是指岩浆不借助自身挤压力占据空间，而是被动地灌入先存空间就位的一种侵入方式。被动侵位不对围岩造成明显的挤压构造，常见的被动侵位方式有岩墙扩展作用、顶蚀作用等。

岩墙扩展作用是指岩浆沿断裂从深处向浅处运移，占据并拓宽断裂空间而侵入定位的一

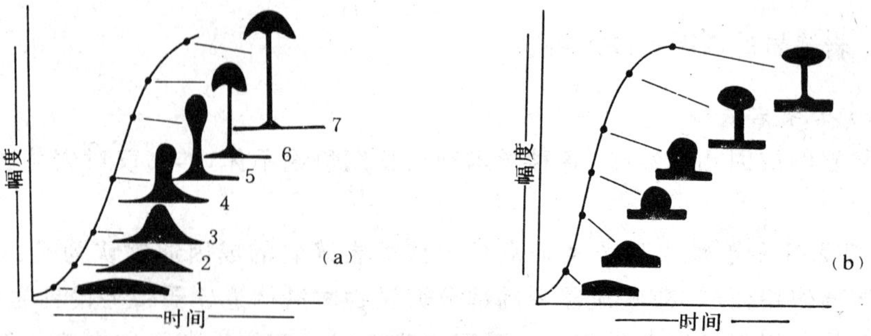

图 9-7　主动侵位的模拟图解

(Berner,1972)

(a) 数值模拟(Dixon,1975),1、2. 穹隆发育阶段,3、4. 底辟发育阶段;5、6、7. 气球膨胀发育阶段;(b) 油层底辟模拟

种被动侵位方式。定位后的岩浆岩常常体积大,表现为岩株或岩基。顶蚀作用是指岩浆借助灼热的热量熔蚀上覆围岩,造成顶部岩层被熔蚀或炸裂成碎块沉入岩浆内而扩大岩浆占据空间的一种被动侵位方式。

被动侵位方式形成的岩浆岩与围岩之间常呈不协调侵入接触关系。

第二节　变质作用

变质作用(metamorphism)是指原已存在的各种岩石,由于受构造运动、岩浆作用及地热流变化等内力地质作用的影响,使其所处的地质环境及物理化学条件发生改变,为了适应这种变化,在基本保持固态的情况下,岩石的结构、构造、成分等发生了一系列变化,进而形成新的岩石的地质过程。变质作用所形成的新岩石称为变质岩。

变质岩主要分布于构造运动剧烈的地带或岩浆岩体的周围。组成地壳最古老的岩石,通常是变质岩。对它们的研究将有助于揭示地球早期的演变史,也对寻找变质矿产有重大意义。根据原岩不同,变质岩可分为正变质岩和副变质岩;由岩浆岩经变质作用而成的变质岩称正变质岩;由沉积岩经变质作用而成的变质岩称副变质岩。通常变质岩以其所含特有的变质矿物和变质构造与其他岩类相区别。

一、变质作用的因素和方式

(一) 引起变质作用的因素

引起变质作用的主要因素是温度、压力和化学活动性流体,它们在变质作用过程中通常是相互联系、共同作用的。

1. 温度　温度是地内热状态的直接标志。温度的改变意味着地内热状态的改变。是导致变质作用发生的最重要因素之一。变质作用的温度范围大致由 150～200℃至 650～1 100℃之间,低于 150～200℃时就向成岩作用过渡,高于 650～1 100℃时就向岩浆作用过渡(图 9-8)。

温度升高可增强岩石中矿物晶格中的原子、离子或分子的活动性,促使一系列化学反应和结晶作用得以进行。温度升高还可使矿物的溶解度加大,增强流体的渗透性、扩散性及化学活动性,促使变质作用的进行。温度升高还可使岩石的塑性增强,致使岩石易于塑性变形。

引起地内温度改变的原因主要有:

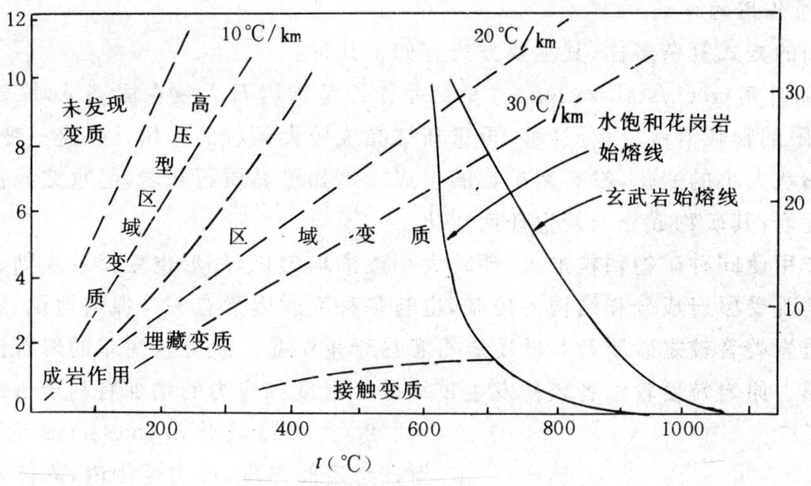

图 9-8 变质作用的温压范围图解

(据 Ehlers 和 Blatt,1980,改编)

(1) 地热增温率 岩石由于所处位置受构造运动等影响,使其在地壳中的埋藏深度发生改变,导致温度变化。

(2) 上地幔热流的运动 因地幔中尤其是上地幔中热状态的不均匀而存在的地幔热运动,使地壳的热状态发生变化。这种变化被认为是造成大规模高级变质作用的主要原因之一。

(3) 放射性元素衰变释放热能的积累。

(4) 岩浆活动带来的热能。

(5) 应力作用下摩擦作用产生的热能。

一般认为,前三种热源是大规模区域性的热源,后两种热源是局部的热源。

2. *压力* 变质作用通常是在一定外界压力状态下进行的,这种压力根据其物理性质可分为两大类:

(1) 静压力 又称围压,是由上覆岩石的重量引起的压力。静压力具有均向性,随深度的增加而增大,其增加速率约为 25～30MPa/km。静压力可促使岩石或矿物的体积变小,密度加大,形成密度更大的新矿物。也可以增加岩石的可塑性,使岩石易于塑性变形。

(2) 动压力 又称应力,是由构造运动所产生的定向压力。动压力具有一定方向,导致受力岩石在不同方向上存在压力差,其差值为 10～200MPa。动压力对变质作用影响重大,可引起矿物的压溶和重结晶,导致矿物在垂直于动压力的平面上定向排列。也可以使岩石发生脆性破裂变形。从而使原岩的结构、构造发生改变,形成一系列动力变质岩。

3. *化学活动性流体* 化学活动性流体是指在变质作用过程中存在于岩石空隙中的一种具有很大挥发性和活动性的流体。主要成分是 H_2O 和 CO_2。除此尚有多种易挥发及易溶物质。化学活动性流体可使矿物组分溶解和迁移,产生各种化学交代反应,引起原岩物质成分的变化,形成新的矿物和岩石。化学活动性流体也对变质作用过程中发生的化学反应起媒介和催化剂作用,可大大降低岩石的重溶温度,使变质作用的高温界限降低。化学活动性流体的来源包括岩石中的孔隙水、变质反应中析出的 H_2O 和 CO_2、岩浆分异作用产生的挥发分及地下深处分异上升的深部热液等。

必须指出,在不同地质条件下起主要作用的变质因素有所不同,但上述各种变质作用因素的影响通常是同时存在、相互配合而又相互制约的。

（二）变质作用的方式

变质作用的方式复杂多样，其主要方式有如下几种：

1. 重结晶作用(recrystallization)　重结晶作用是指岩石大致在固态下，原先存在的同种矿物，经过有限的颗粒溶解、组分迁移，再重新结晶成较大颗粒的作用。在这一变化过程中，只有矿物颗粒形状大小的变化，没有新矿物的生成。例如隐晶质石灰岩，经重结晶作用后变成颗粒粗大的大理岩，其矿物成分未发生任何变化。

重结晶作用使同种矿物颗粒加大，颗粒大小逐渐均匀化，外形也变得较规则。重结晶作用的强度和速度既受原岩成分和结构的控制，也与各种变质因素有关。概略地说，原岩成分是碳酸盐类和硅质岩类者较之砂质及粉砂质岩石者易于重结晶。组分较简单的岩石比组分复杂的岩石易重结晶。原岩粒度较细者较易发生重结晶。温度和应力的增加有利于重结晶进行。

2. 变质结晶作用(metacrystaclization)　是指在特定的温度、压力范围内，固体岩石内部的不同化学组分重新组合，结晶形成新矿物的过程。变质结晶作用发生前后，岩石的总体化学成分不变，无物质成分的带入或带出，作用过程是在一个封闭的系统中进行的，只是岩石内各化学组分进行重新组合，故变质结晶作用又称为重组合作用。

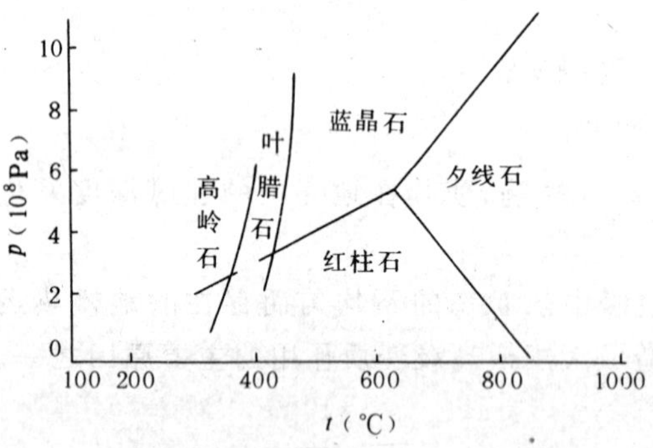

图 9-9　某些铝硅酸盐反应的温度、压力界限和泥质岩石脱水反应曲线

（据 A. B. Thompson 等，1970，综合简化）

变质结晶作用通常是经过特定的化学反应来实现的。例如，红柱石、蓝晶石、夕线石之间的同质多相转变(图 9-9)。红柱石为低温低压条件下的稳定矿物，在低温和较高压力条件下可转变为蓝晶石。如果温度升高，红柱石、蓝晶石均可转变为夕线石。

3. 交代作用(metasomatism)　是指在变质过程中，化学活动性流体与周围岩石之间发生物质交换的作用。交代作用的结果不仅有新矿物的形成及旧矿物的消失，而且同时使岩石总体化学成分发生改变(H_2O、CO_2 变化一般不加以考虑)。例如，含 Na^+ 的流体与钾长石发生交代作用而置换出 K^+，形成新矿物钠长石：

$$\underset{\text{(钾长石)}}{KAlSi_3O_8} + \underset{\text{(带入)}}{Na^+} \longrightarrow \underset{\text{(钠长石)}}{NaAlSi_3O_8} + \underset{\text{(带出)}}{K^+}$$

交代作用的进行一般是岩石处于固态相，但其中流体相的存在是个十分重要的因素。流体相起着物质搬运、迁移的媒介和催化剂的双重作用。通常认为，交代作用是在开放系统中进行的。在岩石发生交代变质作用的前后，其化学成分发生明显的变化。

4. 变质分异作用(metamorphic differentiation)　变质分异作用是指成分均匀的原岩，在岩石总体化学成分不变的前提下，经变质作用后造成矿物组分不均匀的一种变质作用。它以组分在空间上有一定范围的迁移而不同于一般重结晶作用。又以没有组分从体系中带出或从外部带入而不同于交代作用。

变质分异作用在改造原岩构造面貌中起重要作用。它可以造成一些同种或同类矿物局部聚集，出现条带状、面状或线状等分布特征，从而形成条带状、片状、片麻状等典型变质岩构造。

5. *变形及碎裂*（deformation and crush） 变形和碎裂是变质过程中的一种重要作用方式。岩石在应力作用下，应力超过岩石塑性屈服强度时，会出现塑性变形现象（岩块没有总体破裂）。当应力超过其弹性极限时，则岩石总体发生破裂，出现脆性变形现象。变形与碎裂既与岩石及其矿物组分的力学性质有关，又与变形岩石所处的深度、应力的大小及方向等因素有关。目前研究认为，糜棱岩类构造岩的形成通常是塑性变形的结果。碎裂岩类构造岩的形成是脆性变形的结果。

二、变质作用的类型

变质作用类型的划分因考虑的角度不同有不同的分法。最常见的分类是按地质产状划分，其主要类型有：

1. *接触变质作用* 接触变质作用是指岩浆侵入活动过程中，由于岩浆带来的热量及挥发性流体的影响，引起侵入体与围岩之间的接触带产生变质作用。变质因素主要是温度和化学活动性流体，据此可进一步分为两种：

(1) 接触热变质作用 是指由于岩浆侵入时带来的热能导致接触带发生变质作用。变质作用的主要方式为重结晶作用和变质结晶作用。变质作用前、后岩石的总体化学成分无显著改变。常见的接触热变质岩石有角岩（如红柱石角岩）、大理岩、石英岩等。

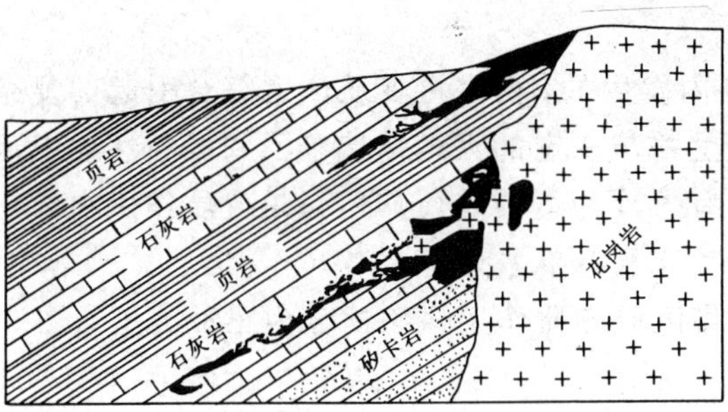

图 9-10 矽卡岩产状示意图

(2) 接触交代变质作用 是指由于岩浆侵入带来的挥发性流体对接触带两侧岩石产生交代反应导致的一种变质作用。变质作用前、后岩石的总体化学成分有显著变化，同时伴有大量新矿物的产生。常见的接触交代变质岩石有矽卡岩（skarn）等。矽卡岩是在花岗闪长岩等中酸性侵入岩与石灰岩等碳酸盐类岩石相接触的条件下形成的。在接触交代过程中，对碳酸盐围岩来说。带出的是 CO_2 及 CaO，带入的是 FeO、SiO_2、Al_2O_3 等；对中酸性岩体来说，带出的是碱金属及 SiO_2，带入的是 CaO。结果形成以钙镁质辉石、石榴石为主要矿物的矽卡岩，并常伴有磁铁矿及有色金属矿物的沉淀，形成矽卡岩型矿床（图 9-10）。

需要指出的是上述两种接触变质作用类型都是伴随岩浆侵入过程而同时发生的。接触交代变质作用只发生在特定的地质环境中。

2. *动力变质作用* 动力变质作用是指在构造运动产生的构造应力作用下，岩石发生破裂、变形及与其伴随的重结晶作用。这种变质作用主要发生在构造变动强烈的断裂带附近。故而，动力变质岩又称为构造岩或断层岩。这类岩石在平面上和剖面上均呈线状分布。

根据动力变质作用发生的地质环境及变质方式，可分出两种情况（图 9-11）：

(1) 地壳浅部的动力变质作用 深度一般小于 10～15km，温度小于 250～300℃，静压力小，岩石以脆性破裂为主，原岩被破碎成不同粒级的碎屑，固结后形成碎裂岩类变质岩，如构造角砾岩、碎裂岩等。

(2) 地壳深部的动力变质作用 深度一般大于 10～15km，温度大于 250～300℃，静压力较大，岩石变形以塑性（或韧性）为主。在构造应力作用下，岩石会发生较大的延展或塑性变形，但其外形总体不发生破裂而仍保持其连续性。岩石内部组分则已发生强烈塑性流变，而且这种流变常集中发育于某些薄弱层或接触面上，形成强烈变形带或变形域。这类变形带常被称为韧性剪切带，产生的变质岩属糜棱岩类岩石，如糜棱岩、千糜岩、构造片岩等。

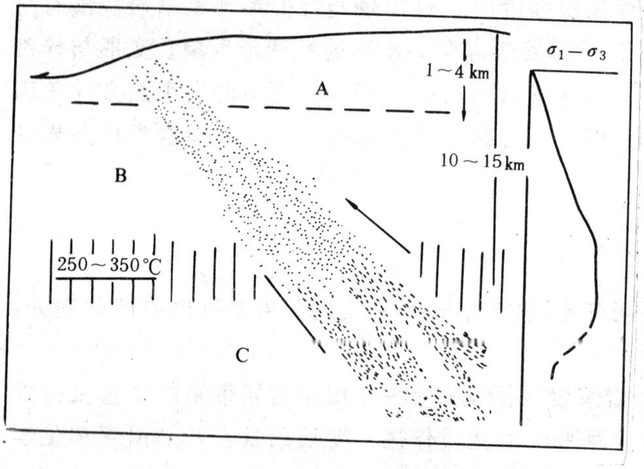

图 9-11　断层带动力变质岩的剖面结构

（据 Sibson，1977）

A、B. 碎裂岩类发育区；C. 糜棱岩类发育区；图中短竖线为脆-韧性过渡带；$\sigma_1-\sigma_3$ 为差应力

3. 气-液变质作用　气-液变质作用是指热的气体及溶液（气水热液）作用于已形成的岩石，使其矿物成分、化学成分及结构构造发生变化，形成新的岩石的过程。其主要变质方式是交代作用。气-液变质作用通常沿构造破碎带及矿脉两侧发育，故而又称围岩蚀变，气-液变质岩又称为蚀变岩。常见的有云英岩、青磐岩、蛇纹岩等。产于侵入岩与围岩接触带的气-液变质作用实质上就是接触交代变质作用，其典型产物有矽卡岩等。

4. 区域变质作用　区域变质作用是在大范围内发生的，由多种变质因素综合引起的复杂的变质作用。这种变质作用常在构造活动带中发生并与一定的大地构造单元和区域性地壳运动密切相关，在前寒武纪及造山带中更为常见，有人称为造山变质作用，是变质作用中最主要的类型。其典型产物有板岩、千枚岩、片岩、片麻岩、麻粒岩等。

按所处变质环境的压力（围压）和温度，可将区域变质作用概略地分为三种类型（图 9-12）：

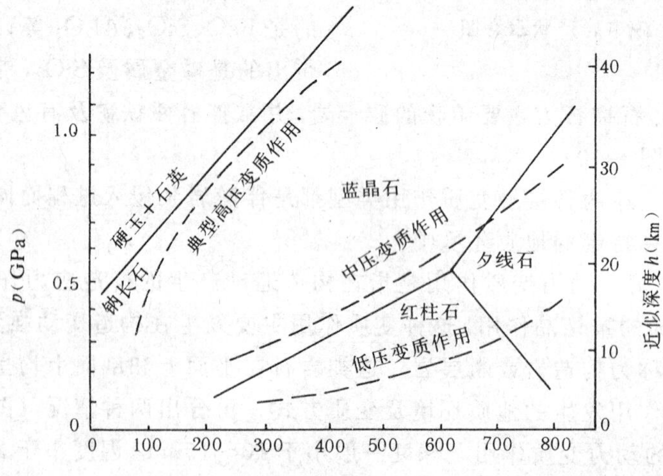

图 9-12　区域变质作用的三种压力类型

（据都城秋穗，1972）

(1) 低压区域变质作用　深度一般较浅，通常小于10km，压力一般为200～400MPa，但温度通常较高，可达800℃以上，地热梯度约为25～60℃/km。低压区域变质作用以出现特征性低压矿物为标志，如泥质变质岩中的红柱石、堇青石等矿物。

(2) 中压区域变质作用　深度一般大于10km，压力一般为300～800MPa，地热梯度一般为16～25℃/km。中压区域变质作用与低压区域变质作用之间并没有严格界限，二者是过渡的，以泥质变质岩中低温时出现蓝晶石和高温时出现夕线石为特征。

(3) 高压区域变质作用　深度一般大于15km，压力300～1 000MPa，甚至更高，并且伴有强烈的构造应力作用，但温度较低，一般只有200～400℃，地热梯度仅为7～16℃/km，平均10℃/km。这种区域变质作用往往与构造运动将地表或浅部岩石快速卷入地下深处造成原岩的低温高压变质环境有关。例如板块俯冲带靠洋一侧的低温高压变质带（蓝片岩带）。高压区域变质作用以出现蓝闪石、硬玉、文石等高压低温型变质矿物为特征。

5. *混合岩化作用*　是变质作用向岩浆作用过渡的一种超变质作用。混合岩化作用通常是在地热流增高条件下区域变质作用进一步发展的结果。即随着区域变质程度的逐渐加深，变质温度逐渐升高，变质岩中长石、石英等熔点较低的矿物开始发生部分重熔和分异，形成长英质脉体，与残留的变质岩基体一起形成各种混合岩。强烈的混合岩化作用，可使变质岩几乎全部重熔而被改造成混合花岗岩。

混合岩由原变质岩基体与长英质脉体两部分组成。基体通常由暗色矿物组成，颜色较深。脉体是由重熔而产生的长石、石英等浅色矿物组成，颜色较浅。随着混合岩化程度的增强，基体含量将逐渐减少，脉体含量将逐渐增多。根据基体与脉体的含量比例，可将混合岩分为混合岩类、混合片麻岩类及混合花岗岩类，进而可根据岩石构造和矿物成分再细分，如角砾状混合岩、眼球状混合岩、云雾状黑云母混合花岗岩等等。

三、变质岩类型和主要特征

（一）变质岩类型

根据变质作用类型可将变质岩划分为接触变质岩、动力变质岩、气-液变质岩、区域变质岩和混合岩五种。每类变质岩有其各自典型的岩石类型（表9-4）。

表9-4　变质岩类型和常见岩石类型简表

变质岩类型	常见岩石类型
接触变质岩	角岩、大理岩、石英岩、矽卡岩
动力变质岩	构造角砾岩、碎裂岩、糜棱岩、构造片岩
气-液变质岩	云英岩、青磐岩、蛇纹岩、矽卡岩
区域变质岩	板岩、千枚岩、片岩、片麻岩、斜长角闪岩、变粒岩、石英岩、大理岩
混合岩	眼球状混合岩、条带状混合岩、混合片麻岩、混合花岗岩

（二）变质岩的成分和结构构造

1. 变质岩的成分　包括化学成分和矿物成分。变质岩的化学成分与原岩化学成分密切相关，同时受变质作用过程中交代作用强弱影响，因此变质岩的化学成分较为复杂。但总的来看变质岩的化学成分仍以下列氧化物为主：SiO_2、Al_2O_3、Fe_2O_3、FeO、MgO、CaO、Na_2O、K_2O、MnO、H_2O、CO_2、TiO_2、P_2O_5等。

变质岩的矿物成分受原岩化学成分、变质作用类型及程度影响，因此也非常复杂（表 9-5）。

表 9-5　变质岩中常见矿物简表

变质岩、岩浆岩、沉积岩中均可出现的矿物	主要在变质岩中出现的矿物
石英、斜长石、钾长石、白云母、黑云母、金云母、角闪石、辉石、橄榄石、磁铁矿、赤铁矿、磷灰石、碳酸盐矿物、金红石、锆石、部分石榴石、榍石	红柱石、蓝晶石、夕线石、石墨、刚玉、硬绿泥石、透闪石、阳起石、硅灰石、方柱石、符山石、帘石类、钠云母、堇青石、十字石、滑石、软玉、硬玉、石榴石类、蛇纹石

（据叶俊林，1996）

从表 9-5 中可以看出，变质岩具有一些特征性的变质矿物，最典型的有红柱石、蓝晶石、夕线石、石墨、石榴石和蛇纹石等。

2. 变质岩的结构　是指变质岩中矿物颗粒的大小、形状及其相互关系。常见的结构有变余结构、变晶结构、变形结构、交代结构四大类：

变质岩结构
- 变余结构
- 变晶结构
  - 晶粒绝对大小分类
    - 粗粒变晶结构　$\varphi>3$mm
    - 中粒变晶结构　$\varphi 3\sim1$mm
    - 细粒变晶结构　$\varphi 1\sim0.1$mm
    - 显微变晶结构　$\varphi<0.1$mm
  - 晶粒相对大小及形态分类
    - 等粒粒状变晶结构
    - 角岩结构
    - 斑状变晶结构
    - 鳞片变晶结构
    - 鳞片粒状变晶结构
    - 纤维状变晶结构
- 变形结构
  - 角砾状结构
  - 碎裂结构
  - 碎斑结构
  - 糜棱结构
- 交代结构

（1）变余结构　由于变质作用较浅，原岩的结构特征被基本保留下来而形成的变质岩结构，称为变余结构。其命名原则是在原岩结构之前冠以“变余”二字，如变余砾（砂、泥）状结构、变余斑状结构等。

（2）变晶结构　由于变质作用较强，通过重结晶作用或重组合作用而产生全新面貌的晶质结构。原岩结构被彻底改造，矿物多呈定向排列。按照矿物结晶粒度大小进一步分为粗粒变晶结构（主要矿物粒径 $\varphi>3$mm）、中粒变晶结构（φ 为 3～1mm）、细粒变晶结构（φ 为 1～0.1mm）、显微变晶结构（$\varphi<0.1$mm）。按照变晶晶粒的相对大小及形态可进一步分类如下：

a. 粒状变晶结构　按颗粒粒径绝对大小分为粗晶、中粒、细粒、显微变晶结构，按颗粒粒径相对大小分为等粒、不等粒、斑状变晶结构。

b. 角岩结构　泥质岩受接触热变质作用而成的显微粒状变晶结构。色暗，质地致密坚硬，如牛角质。

c. 斑状变晶结构　类似于岩浆岩中的斑状结构，只不过斑晶和基质均为变质过程中形成。斑晶称为变斑晶，晶形好，如石榴石、红柱石、蓝晶石、堇青石等。

d. 鳞片变晶结构　由片状矿物如云母、绿泥石、滑石等呈定向排列而显示的结构。片岩、千枚岩中常见。

e. 鳞片粒状变晶结构　由粒状矿物（如石英、长石等，量多）和片状矿物（如云母、绿泥石等，量少）相间排列构成的结构。

f. 纤维状变晶结构　由纤维状或柱状矿物（如阳起石、透闪石、夕线石等）组成的结构。当与粒状矿物组合时，称为纤维粒状变晶结构。

(3) 变形结构　指动力变质作用过程中，岩石受应力挤压而使矿物颗粒破裂、错动、塑性流变等变形而形成的结构。常见如下几种结构：

a. 角砾状结构　肉眼可辨认出岩石碎块和矿物碎屑，多见于脆性断裂中，构造层次较浅。

b. 碎裂和碎斑结构　碎裂结构的特征为岩石破碎强烈，碎块较细小。当破碎了的细小碎块（碎基）间还残存部分较大未被粉碎的岩石碎块（碎斑）时，被称为碎斑结构。显微镜下各种碎块可具波状消光、撕裂边缘等特征，但不出现明显的塑性变形迹象，它们多见于强变形的脆性断裂内，浅构造层次为主。

c. 糜棱结构　是岩石基本处在塑性状态下，以显微碎裂颗粒化、蠕变、位错、粒内滑动和重结晶作用等塑性流变方式遭受变形而形成的结构。显微镜下可见明显的波状消光、亚颗粒和动态重结晶现象。

(4) 交代结构　是交代作用形成的一种变质岩结构，常见于气-液变质岩中。其特点是：新矿物的产生伴随旧矿物被交代溶解，各种矿物颗粒边界常不规则或呈港湾状，交代蚕蚀和假象普遍。

3. 变质岩构造　是指变质岩中各矿物集合体的空间分布特点和排列状况。常见的变质岩构造有变余构造、变成构造和混合岩构造，并可进一步划分为若干种类：

变质岩构造
- 变余构造
- 变成构造
  - 斑点状构造
  - 板状构造
  - 千枚状构造
  - 片状构造
  - 片麻状构造
  - 块状构造
- 混合岩构造

(1) 变余构造　指变质作用后仍能保留下来的原岩构造，反映变质过程中对原岩构造改造不彻底。常见有变余层理构造、变余气孔（杏仁）构造、变余流纹构造。

(2) 变成构造　指在变质作用过程中所形成的特征性构造，与原岩构造绝然不同，常见如下几种：

a. 斑点状构造　是接触热变质初期形成的一种构造，特点是岩石中分布一些大小不等的斑状物，其成分为堇青石、铁质或炭质等雏晶集合体。

b. 板状构造　是泥质岩经低级区域变质作用后形成的一组平行破裂面，形如板状，裂面光滑平整，有些可见绢云母、绿泥石微晶在板理面上呈弱丝绢光泽。

c. 千枚状构造　变质程度略高于板状构造的一组平行破裂面，裂面上分布微细云母、绿泥石等片状重结晶矿物，呈现强烈丝绢光泽。

d. 片状构造　指岩石经强烈的变质作用使岩石组分发生全部重结晶而形成显晶且定向排列的面理。变晶矿物为片状或柱状矿物，它们密集而平行排列构成片理面。片理面呈平直或波状弯曲，易被剥离开。

e. 片麻状构造　指经强烈变质后岩石各组分已全部重结晶成显晶质的粒状、片状矿物，但以粒状矿物为主，之间被少量片状或柱状矿物断续间隔，且定向排列的一种构造。

f. 块状构造　岩石经变质作用后各种矿物无定向排列，均匀分布的一种构造。常见于石英岩、大理岩中。

(3) 混合岩构造　是混合岩化变质作用中形成的特有构造，根据脉体和基体形态及之间的相互关系可进一步分为眼球状构造、条带状构造、肠状构造等（图 9-13）。

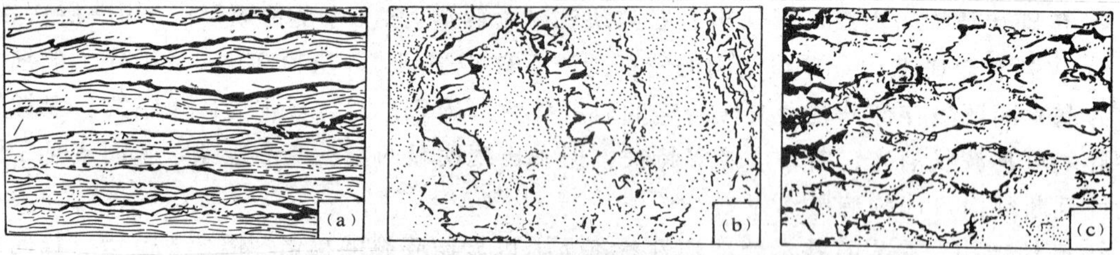

图 9-13　常见混合岩构造

(a) 条带状构造；(b) 脉状构造；(c) 眼球状构造

（三）常见变质岩的特征

1. *大理岩*　碳酸盐岩经变质作用形成。白色，粒状变晶结构，块状或条带状构造，矿物成分主要为方解石、白云石，其次为透闪石、硅灰石、蛇纹石等。

2. *石英岩*　石英砂岩等硅质岩经变质作用形成，白色、灰色，粒状变晶结构，块状构造，岩石坚硬，石英含量大于 70%，其次为长石、云母、绿泥石等。

3. *角岩*　主要为泥质岩石经接触热变质作用形成的岩石。黑色、暗灰色，角岩结构（致密隐晶质）或斑状结构；斑晶常为红柱石、堇青石等，基质具角岩结构；块状构造。

4. *矽卡岩*　接触交代变质作用或气-液变质作用形成，主要产于中酸性侵入岩与碳酸盐岩围岩之间的接触带中。褐色、暗绿色、灰色等，不等粒粒状变晶结构、斑状变晶结构，块状构造、斑杂构造。常见矿物有晶形良好的石榴石、透辉石、绿帘石、透闪石、符山石、金云母、尖晶石、方解石等。

5. *云英岩*　酸性侵入岩受气-液变质作用形成。浅色、中粗粒鳞片粒状变晶结构，块状构造。主要矿物成分有石英、云母、黄玉、电气石、萤石等，次要矿物有绿柱石、石榴石、金红石、锡石、黑钨矿、辉钼矿、黄铁矿等。

6. *青磐岩*　中基性火山岩及火山碎屑岩受气-液变质作用形成，灰绿—黑绿色，变余斑状结构或变余火山碎屑结构，块状构造、斑杂状构造或角砾状构造。矿物成分有阳起石、绿帘石、绿泥石、钠长石、方解石及铜、铅、锌硫化物等。

7. *构造角砾岩*　断裂带中因断裂活动而使围岩破碎后再胶结而成的岩石，是断层存在的重要标志。颜色多变，压碎角砾结构，块状构造，角砾大小大于 2mm，成分与围岩一致。

8. *碎裂岩* 成因同构造角砾岩，但碎块粒径为0.1～2mm，具碎裂结构和碎斑结构，常有绢云母、绿泥石、绿帘石、方解石等新生矿物。碎裂岩一般分布在断裂带中央或主断裂带中。

9. *糜棱岩* 指具糜棱结构的动力变质岩。外观致密坚硬，细条纹状外表。组成矿物具明显的塑性流变特征，是地下较深处（>10km）断裂活动产物。显微镜下可见矿物颗粒被拉长和波状消光，位错构造明显，周围被细片状绢云母、绿泥石等裹绕且呈定向排列。糜棱岩大多发育在长英质岩石中。碳酸盐岩中发育的糜棱岩可在地下较浅的环境中形成。

10. *板岩* 为具有板状构造的区域变质岩，变质程度很低，原岩的成分和结构、构造基本保留。外表为致密隐晶质，黑色、灰色、黄绿色，变余泥质结构，变余粉砂质结构、变余凝灰质结构等，板状构造。沿板理面可劈开成石板，可做建筑材料使用。

11. *千枚岩* 为具有千枚状构造的区域变质岩，变质程度略高于板岩，原岩成分基本上全部重结晶，矿物成分主要由微小（<0.1mm）的绢云母、绿泥石、石英、钠长石等新生矿物组成。微细鳞片变晶结构，表面具强烈丝绢光泽，且常呈小皱纹状。千枚状构造。

12. *片岩* 是具有片状构造的区域变质岩，变质程度高于千枚岩，原岩的成分和结构构造已完全改造，鳞片（粒状）变晶结构，或斑状变晶结构，基质为鳞片变晶结构。片状矿物有云母、绿泥石、滑石等，柱状矿物有阳起石、透闪石、角闪石等，粒状矿物有长石、石英等。片状构造。片岩是区域变质岩中分布最广的岩石之一。

13. *片麻岩* 具片麻状构造的区域变质岩，变质程度通常高于片岩。中—粗粒鳞片粒状变晶结构，矿物成分主要为长石、石英、云母、角闪石、辉石等，其次可含夕线石、蓝晶石、石榴石等。片麻状构造。片麻岩是区域变质岩中分布最广的岩石之一。

14. *混合岩* 是混合岩化作用形成的一类变质岩。变质程度高于片麻岩。其基本组成单元为残留的变质基体和新生的长英质脉体。基体色深，变晶结构，岩性常为斜长角闪岩、片麻岩、变粒岩等。脉体色浅，由长石、石英、云母等矿物组成。根据基体与脉体含量不同及排列方式，可进一步划分出眼球状混合岩、条带状混合岩、混合片麻岩。混合岩化作用极强时，基体与脉体难以辨认，岩石形似花岗岩，此类岩石称为混合花岗岩。

小　　结

岩浆作用与变质作用是发生在岩石圈内的重要地质作用。岩浆作用分为喷出作用和侵入作用。喷发类型分为熔透式喷发、裂隙式喷发和中心式喷发。喷出物有固态、液态和气态，它们堆积后形成火山锥等地形；侵入作用按侵入深度分为深成侵入和浅成侵入，并相应形成岩基、岩株、岩床、岩墙、岩盆、岩盖、岩脉等侵入岩。岩浆在其自身的演化和围岩的相互作用过程中可形成大量的内生矿产。

变质作用是在较高温、压条件下使原岩面貌彻底改变进而形成新岩石的地质过程。引起变质作用的因素主要是温度、压力和化学活动性流体。变质作用的方式主要有重结晶作用、变质结晶作用、交代作用、变质分异作用和变形及碎裂作用。变质作用类型分为接触变质作用、动力变质作用、气-液变质作用、区域变质作用和混合岩化作用。研究变质作用对于探索地壳早期演化历史具有重要意义。

复习思考题

1. 名词解释：岩浆、岩浆作用、岩基、岩株、岩床、岩墙、岩脉、变质作用、结构、构造、混合岩化作用、粒状结构、粒状变晶结构、片状构造。

2. 试述火山喷发类型及主要特征。

3. 试述岩浆侵入作用及其主要侵入体类型。

4. 影响变质作用的因素和变质作用方式。

5. 变质作用类型及常见岩石类型。

6. 岩浆岩的酸度分类及常见岩石类型。

第十章 全球板块构造

本世纪 60 年代后期提出的板块构造（plate tectonics）学说掀起了地球科学的一场革命，现已成为最受欢迎的大地构造理论。板块构造学说建立的基础则是大陆漂移学说与海底扩张学说。

第一节 大陆漂移学说

大陆漂移（continental drift）学说是由德国气象学家和地球物理学家魏格纳（Alfrad Lether Wegener）于 1912 年提出的，后来又在 1915 年出版的《海陆的起源》一书中系统地作了阐述。魏格纳认为：大陆由较轻的刚性硅铝质组成，它漂浮在较重的粘性的硅镁质之上。全世界的大陆在古生代晚期（约 3 亿年前）曾连接成一整体，称为联合古大陆或泛大陆(pangea)，围绕联合古陆的广阔海洋称为泛大洋。可能由于某种作用力的影响，这个泛大陆自中生代开始逐渐破裂、分离、漂移，最终形成现代海陆分布的基本格局（图 10-1)。

魏格枘的大陆漂移学说的提出最初是从大西洋两岸的非洲的海岸线弯曲形状的相似性中得到启发的。早在 1910 年他就说过："大陆移动的想法最初是这样的……，当我研究世界地图时，大西洋两岸的相似使我得到很深的印象，但当时我并不以为然，认为如果原先它们是连在一起而后才分开的，那是不太可能的。1911 年秋，由于偶然的机会，我搜集到一些参考资料，开始熟识一些关于巴西和非洲之间以前曾存在过大陆连接的古生物证据，这促使我对地质学和古生物学方面的研究成果迫不及待地进行分析和研究，并由此得出重要的肯定结论，使我深信我的想法是正确的。"

大陆漂移学说的证据可归纳如下：

一、大陆形状相似性

大西洋两岸的非洲和南美洲的海岸似可吻合。粗略地看，大西洋略呈"S"形，北美的新斯科舍半岛可以和比斯开湾对应，西撒哈拉可以嵌入墨西哥湾，巴西的布兰科角与几内亚湾对应。这种相似性，似乎预示着大西洋两岸曾是连在一起的。现今曾有人用计算机将两侧大陆进行拼合，发现在大陆坡的水下 915m 等深线处进行拼合效果最佳。

二、古生物证据

生物学关于物种起源的单祖论观点认为，相同的生物种是不可能在相隔遥远的两个地区分别独立形成的，它们必定起源于某一地区，然后直接或间接地传播到另一地区去。目前研究发现，在远隔大西洋的两岸及世界其他地区都有许多相同种类的生物。如非洲和南美洲均发现有石炭纪—二叠纪时的陆生动物水龙兽化石，它们与在印度、澳大利亚及南极洲发现的二叠纪和三叠纪的爬行动物群极为相似。现在热带生长的舌羊齿植物过去曾在伦敦、巴黎、北极圈的格陵兰岛生长过。有一种庭园蜗牛既发现于德国、英国等地，也发现于大西洋对岸的北美洲等。种种古生物证据都说明，大西洋两岸的大陆过去曾是相连在一起的，从而可使两

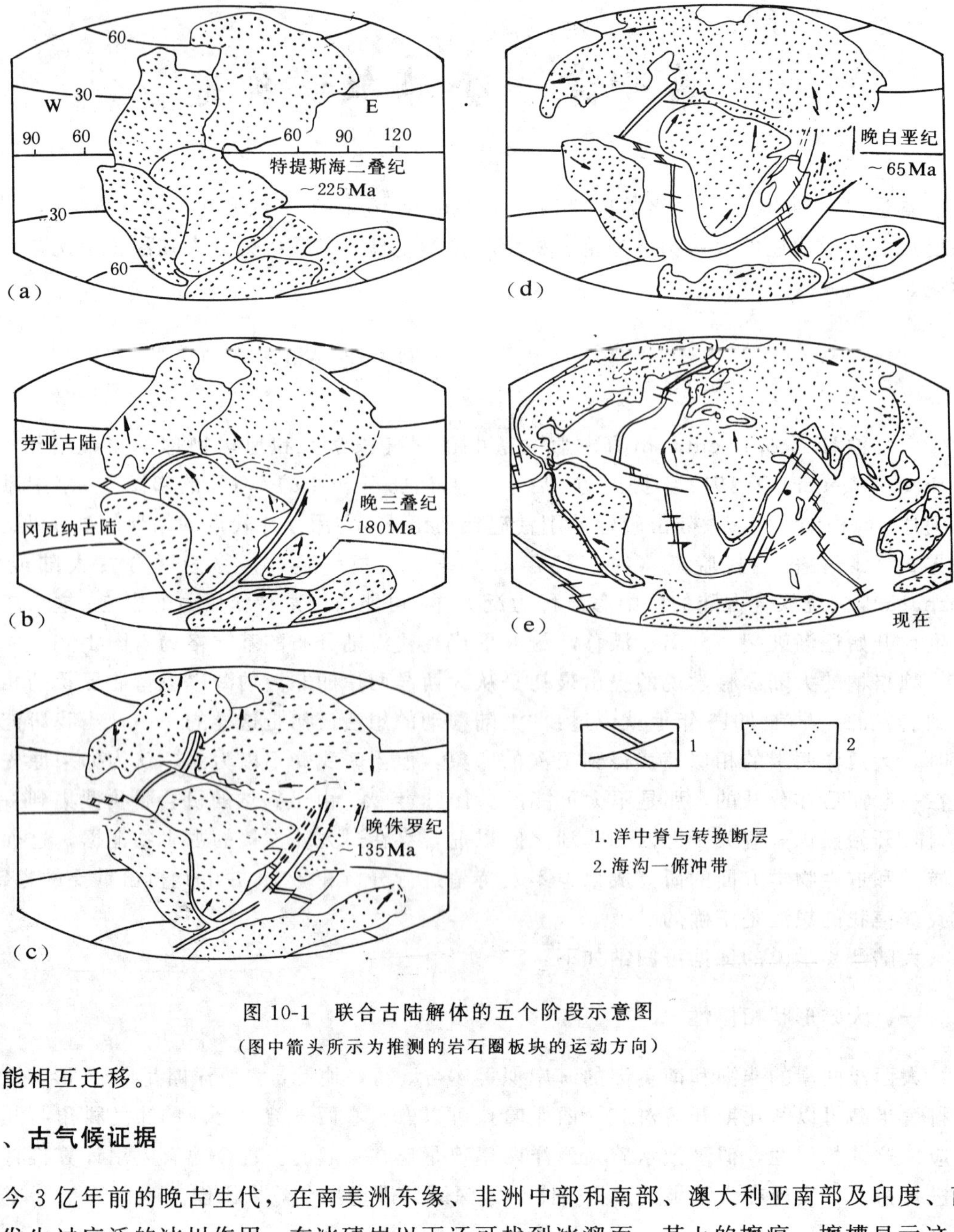

图 10-1　联合古陆解体的五个阶段示意图

（图中箭头所示为推测的岩石圈板块的运动方向）

岸生物能相互迁移。

三、古气候证据

距今 3 亿年前的晚古生代，在南美洲东缘、非洲中部和南部、澳大利亚南部及印度、南极洲曾发生过广泛的冰川作用。在冰碛岩以下还可找到冰溜面，其上的擦痕、擦槽显示这是一次规模很大的大陆冰川，但据此恢复的方向竟是从海洋往陆地流动（图 10-2）。对于这种反常现象，只有把这些陆地拼合起来才能得到冰川冰从陆地中心向外侧海洋流动的满意解释（图 10-3）。

除古冰川遗迹之外，岩盐、石膏等蒸发岩、红层、珊瑚礁是另一些古气候标志。若把石炭系中的蒸发岩等标在重建起来的泛大陆上则呈两大条带状分布。夹于条带之间的是盛产石炭纪煤层的北美阿帕拉契亚、欧洲的顿巴斯、鲁尔、比利时、英国及亚洲的中国。若将这个盛产煤炭的条带置于赤道上，则蒸发岩、红层等恰好分布在副热带高压区，而非洲南部正处于南极圈内，是当时冰川活动的中心（图 10-4）。

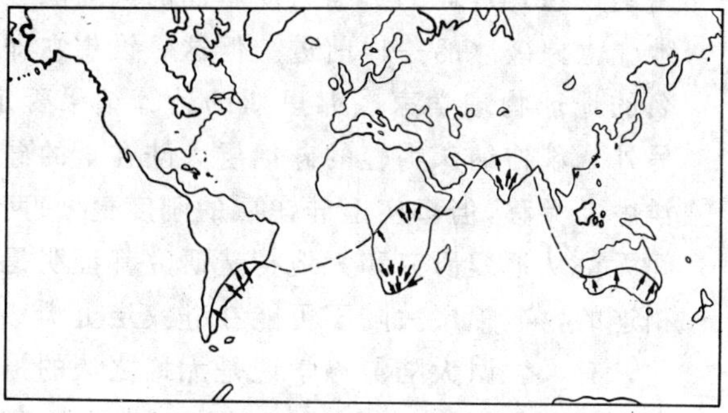

图 10-2　晚古生代南半球的冰川堆积物示意图

（据 W. K. Hamblin，1975）

（箭头指冰川移动的方向）

图 10-3　大陆未漂移前，晚古生代冰川分布的位置示意图

（据 W. K. Hamblin，1975）

（箭头指冰川移动的方向）

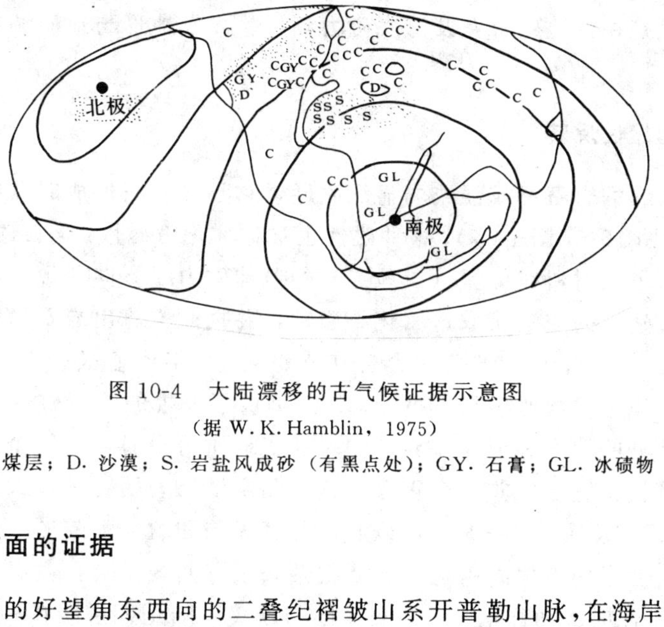

图 10-4　大陆漂移的古气候证据示意图

（据 W. K. Hamblin，1975）

C. 煤层；D. 沙漠；S. 岩盐风成砂（有黑点处）；GY. 石膏；GL. 冰碛物

四、地质构造方面的证据

位于非洲最南端的好望角东西向的二叠纪褶皱山系开普勒山脉，在海岸线附近突然中断，但却可与南美布宜诺斯艾利斯附近的山脉在地层和构造上彼此衔接。横亘美国东部的阿帕拉契亚褶皱山脉，以北东走向延伸到纽芬兰，中止于大西洋，但又重新出现于对岸爱尔兰和英国。巨大的非洲片麻岩高原和巴西的片麻岩高原遥相对应等。此外，非洲和印度、澳大利亚等大陆的中生代以前的地层和构造也可有类似的联系性。对此，魏格纳将其比喻成两片撕碎了的报纸，不仅其参差不齐的边缘可以拼合，而且其上的每行字迹（喻为地质构造）也可相互连通，也就不得不使人承认这两片碎报纸是由一张大报纸撕开的（图 10-5）。

图 10-5 大陆的拼合示意图
（据 W. K. Hamblin，1975）
大陆好象撕碎的报纸，其外形和文字都可以拼合

大陆漂移学说的证据虽然很多，但仍存在许多问题，曾受到固定论者的强烈反对。主要问题是未解决漂移机制。是什么力量驱使大陆漂移呢？魏格纳设想是月球的引潮力使坚固的大陆能在海洋地壳上象破冰船一样前进。但这一设想立即被著名的地球物理学家杰弗里斯的计算结果否定了。另外，魏格纳认为轻的硅铝层大陆在重的硅镁层洋底上漂移，但事实上硅镁层的刚度更大，两者之间无论从地震研究和大地构造研究都证明是紧密相连的，硅铝层大陆不可能在硅镁层上漂移。因此，有人讥讽大陆漂移学说是无稽之谈的神话故事，是不科学的大胆假想。时至 20 世纪 30 年代后大陆漂移学说就逐渐衰落下来，暂时"搁浅"了。但是，它象是在传统固定论的死水潭中投入的一块巨石，激起了翻腾的波涛。它并不是一首"狂想曲"，而是地球科学革命的前奏曲。

第二节　海底扩张学说

海底扩张学说是在古地磁研究及海底磁力测量、海底地形与地质调查等基础上发展起来的。

一、古地磁和极性反转

众所周知，所有的岩石都或强或弱显示磁性，它是在岩石形成时获得的，其极性与当时的地球磁场一致（图 10-6，图 10-7），这种磁性也被称为化石磁性。化石磁性具较大的稳定性，其磁化方向与岩石形成时所在位置（或地点）的地球磁力线方向一致。在当今科学技术条件下，人们可以通过适当的方法获取这一化石磁性，并据此推算出岩石形成时的古地磁纬度和古地磁极的位置。这一古地磁研究内容曾在本世纪 50 年代盛极一时。英国著名物理学家 P. M. S. 布莱克特和地球物理学家 S. K. 朗肯等测量了大批的岩石磁性。发现测得的古纬度往往与目前岩石所处的纬度有很大差异。同时证实地质历史时期，某个地质年代内古地磁极的平均位置与地理极位置也确非完全重合。这一测定结果表明，一些大陆曾发生过大规模的漂移运动（图 10-8）。从图（10-8）中可以看出北美大陆和欧亚大陆的极移路线在现代相交于一点，但随着时代变老两者偏离越远。若要把两条极移曲线重合，就必须将北美大陆向东退回 30 个纬度左右，此时大西洋消失，北美大陆与欧美大陆正好拼贴在一起。这一现象恰恰印证了魏格纳大陆漂移学说中所提出的联合古陆假设。与此同时，全球其他各大陆的古地磁研究也证实了上述联合古陆的存在。因此，古地磁资料再次令人信服地证实了大陆漂移学说。这个学说在本世纪 50～60 年代再度复兴。

50 年代以来的古地磁研究成果同时也表明地磁极存在周期性的倒转。其原因尚未研究清楚，但这却是事实。磁性反转顺序被制成图表，并测定其绝对年龄，建立了近 4Ma 的磁性反转年表（图 10-9），推测出距今 76Ma 以来至少有 171 次反转。

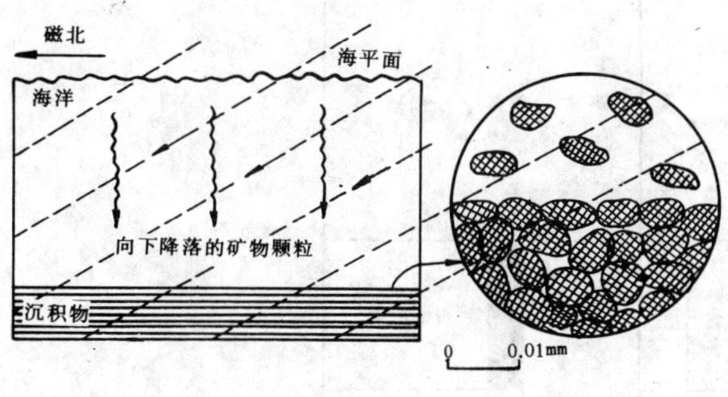

图 10-6 沉积岩形成过程中获得磁化示意图

（据 P. J. Wyllie，1975）

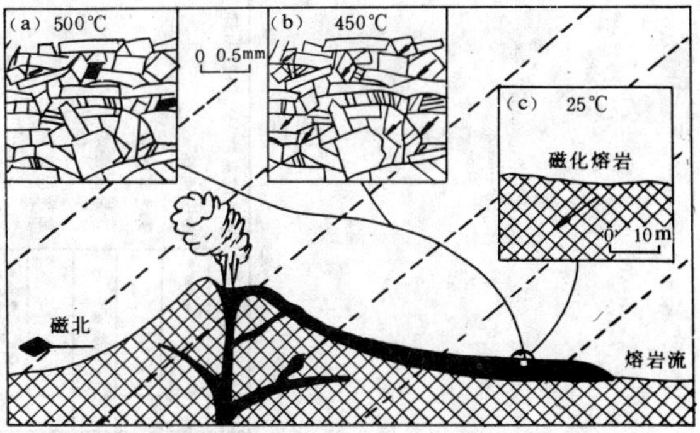

图 10-7 岩浆岩形成过程中获得磁化示意图

（据 P. J. Wyllie，1975）

(a) 熔岩凝固后，仍保持炽热状态，矿物未发生磁化；

(b) 岩石冷却至 450℃矿物按地球磁场方向磁化；

(c) 岩石总体发生磁化

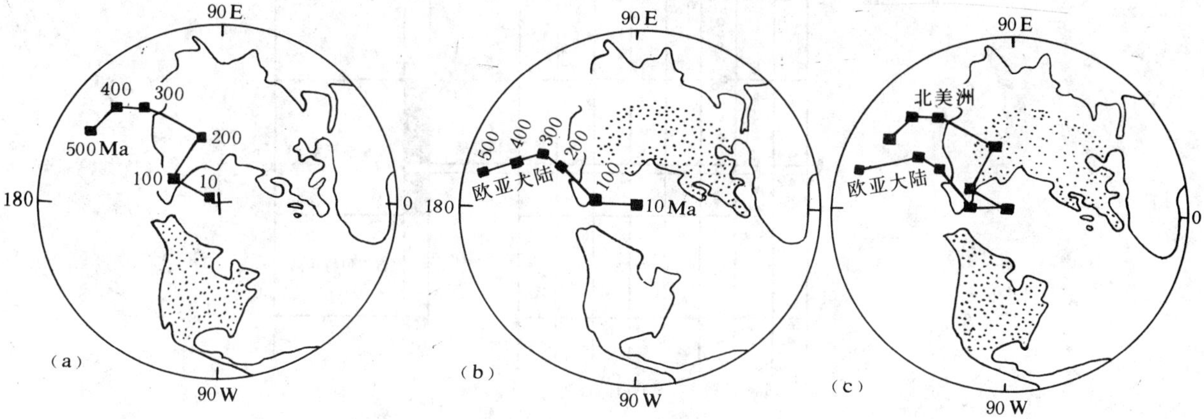

图 10-8 古地磁极漂移路线示意图

（据赵懿英等，1990 修编）

(a) 北美大陆的极移路线；(b) 欧亚大陆的极移路线；(c) 北美和欧亚大陆极移路线的对比

二、海底扩张学说

海底扩张（sea floor spreading）学说是由 H. H. 赫斯(Hess)和 R. S. 迪茨（Deitz）在本世纪 60 年代初首次提出的。认为地幔对流物质从洋中脊或大陆裂谷上涌，向两侧溢流并推开旧有的洋底物质形成新的洋底。大陆地壳与大洋底是粘合在一起的，并随着地壳与大洋底的扩张一起运动。当洋底运动行到海沟处时，便向下俯冲插入地幔重新被熔融，形成一个巨大的循环运动（图 10-10）。上述观点因在当时尚缺乏某些资料而当作“假说”发表在赫斯 1960 年的“海洋盆地历史”一文中，被称作“地质史诗”。但就在海底扩张学说提出后的短短几年里，新的研究成果纷纷涌现，进一步证实了海底扩张说。其中最有意义的是海底磁异常条带研究、深海钻探成果及转换断层的发现，它们被称为验证海底扩张说的三大证据。

1. 海底磁异常条带　1958 年，人们首次发现在太平洋东部存在着明显的，但又极其微弱的磁异常条带。其后，在世界其他地区也发现了类似的磁异常条带。这些磁异常条带大致平行洋中脊轴线延伸，正、反向异常相间排列并对称分布于大洋中脊两侧。单个磁异常条带宽约数公里至数十公里，纵向延伸数百公里以上而不受地形影响，在遇到海底断裂带时被整体

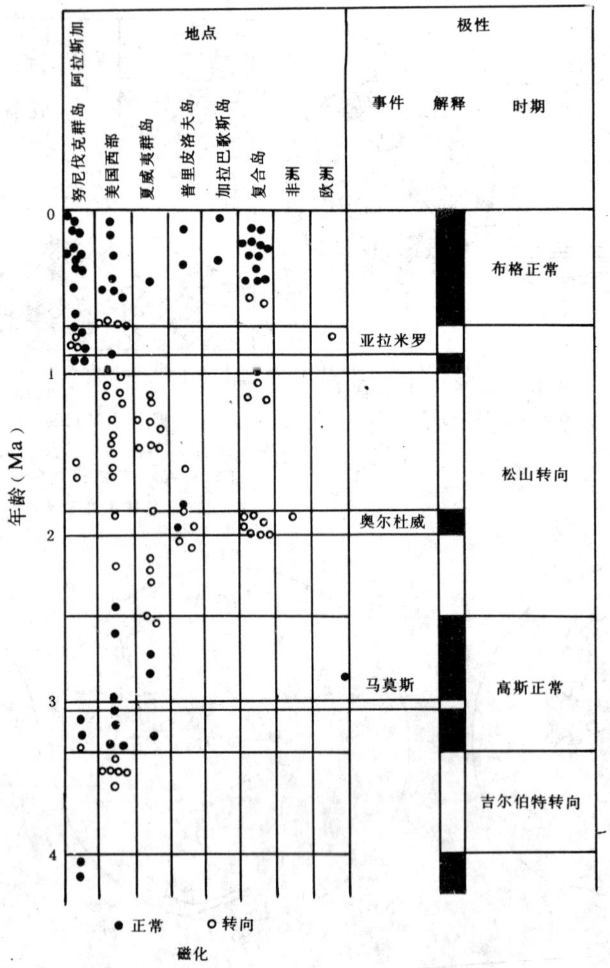

图 10-9　不同大陆上熔岩磁化的年龄和方向及相应的极性时期和事件

（据 Opadec 等，1967）

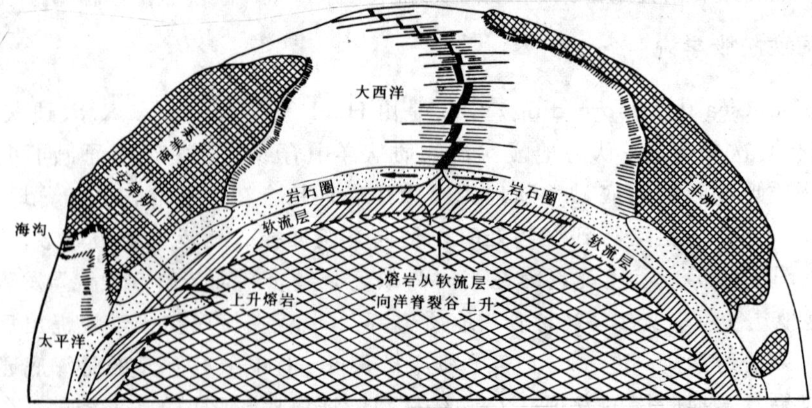

图 10-10　海底扩张及板块构造

（据 P. J. Wyllie，1975）

错开。1963 年英国剑桥大学研究生（F. J. Vine）和他的导师（D. H. Matthews）在《自然》杂志上发表了一篇 3 页长的论文，对磁异常条带的成因作了成功的解释。认为海底磁异常条带

是在地磁场倒转的背景下洋底不断新生和扩张的结果（图 10-11）：高温的地幔物质不断沿大

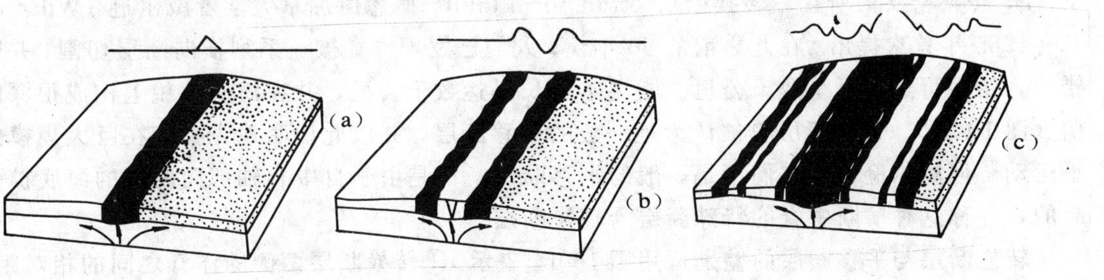

图 10-11　海底磁异常条带形成示意图
（据 W.K.Hamblin，1975）
黑色代表正向磁化；白色代表反向磁化

洋中脊轴部上涌冷凝形成新的洋底。当其冷却至居里温度时，新生的洋底岩石便会沿当时的地磁场方向被磁化；随着地幔物质不断上涌冷凝，先形成的洋底被向两侧推移，使得在洋中脊顶部连续不断地形成新的洋底；如果某个时候地磁场发生转向，则这时形成的洋底喷出岩便在相反方向上被磁化；如果地磁场反复转向，洋底又不断地新生和扩张，就必然会形成一条条正向磁化与反向磁化相间排列且平行洋脊对称分布的磁化条带。扩张着的洋底实际上象录音磁带那样记录了地磁场转向的历史。

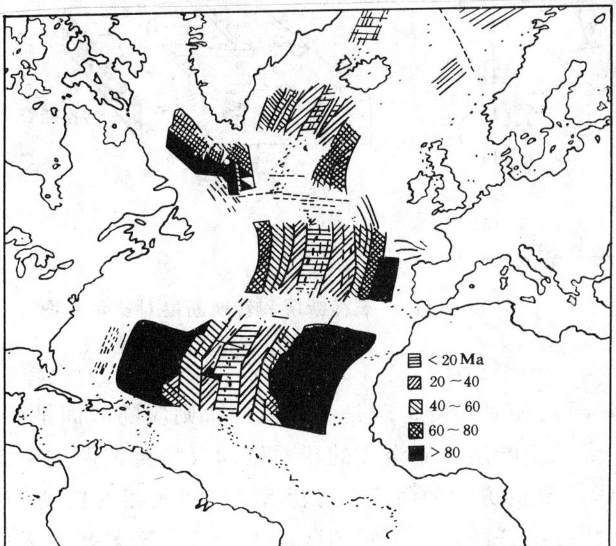

图 10-12　大西洋底岩石的磁性条带及其年龄示意图
（据 W.K.Hamblin，1975）
黑色小点为大西洋中脊峰部的地震震中

上述推断不仅合理地解释了海底磁异常条带的成因，而且也与当时对大陆岩石的古地磁研究及深海沉积物的古地磁研究成果相吻合。这三种相对独立的磁性测量资料都证实了它们是在地磁场频繁倒转的统一背景下形成的（有人称之为“三位一体”）。这不仅说明上述海底磁异常条带成因解释的正确性，而且也为海底扩张理论提供了决定性的证据。

2. 深海钻探成果　深海钻探计划始于 1968 年一艘名叫“格洛玛·挑战者”号的美国考察船，它分别对太平洋、大西洋、印度洋等海区进行了广泛的钻探和取样。结果证实：深海沉积物由洋脊向两侧，其数量从无到有，厚度逐渐增大，最老的年龄都位于大洋的两侧，年龄最大值不超过 1.6 亿年（相当于晚侏罗世），而且沉积物年龄分布特征与海底磁异常条带所测定的年龄特征十分吻合，并显示出海底扩张具较恒定的 2cm/a 的扩张速度（图 10-12）。与此同时，大洋中分布的火山岛链年龄的规律分布也证明海底存在扩张。因此，上述深海钻探成果再次令人信服地证实了海底扩张理论。

3. 转换断层的研究　转换断层（transform fault）概念由加拿大学者威尔逊（Wilson，J. T.）1965 年首次提出。在此之前的 50 年代，人们已发现洋脊被一系列横向断层切割，并明显错位，错距可达数百至数千公里。断层本身长可达数千公里，并在海底地貌上构成很深的沟槽（图 10-13）。这些断层曾被认为是一般的平移断层，并以此证明地壳中存在巨大规模的水平运动。但威尔逊认为它们不是一般的平移断层，而是由于自中脊轴部向两侧的海底扩张引起的，并称这种横断中脊的特殊断层为转换断层。

转换断层与平移断层的差别可用图 10-14 表示。①转换断层两侧的洋脊之间的相对距离，

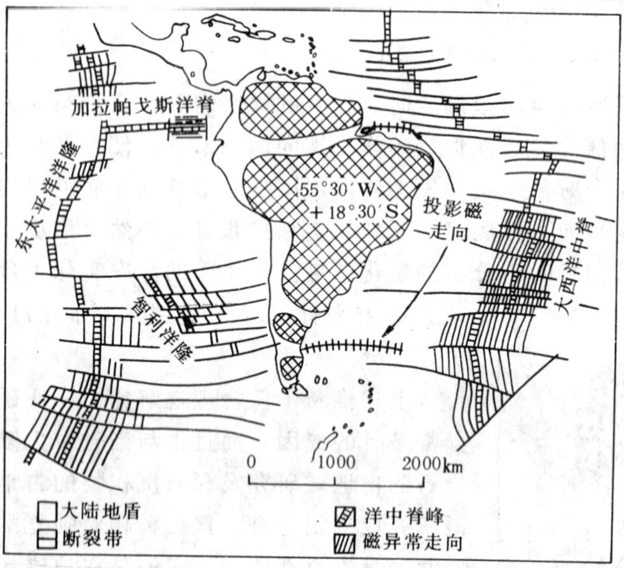

图 10-13　南美洲东部洋脊和转换底层

（据 A. A. Maisholle 等，1972）

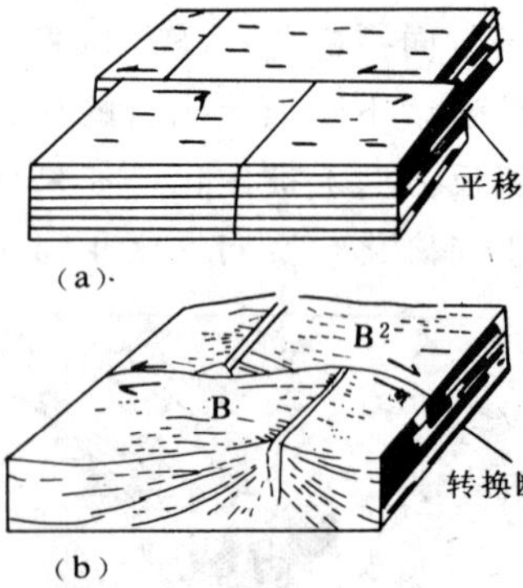

图 10-14　平移断层和转换断层对比示意图

(a) 平移断层；(b) 转换断层

尽管存在中脊轴两侧海底的不断扩张，但其距离相对不变；若是平移断层，则应随时间推移，断层两侧洋脊间的相对距离应越离越远。②转换断层两侧洋底的相对错动仅发生在两侧中脊轴之间的区段上。该区段之外的断层两侧洋底具同方向的海底扩张速率，其间无相对错动。对海底地震的研究发现，地震活动几乎集中在被错开的洋脊之间的区段上，其余区段基本无地震发生。若是平移断层，则其错位应沿整条断层带发生，整个断层带均有可能发生地震。因此，有人称转换断层是在连接处活动性质和方向突然改变的断层。由此可见。转换断层是的确存在的，它的发现又为海底扩张说提供了有力的证据。

海底扩张说的建立，为大陆漂移找到了原因，也为板块构造说的提出奠定了基础。

第三节　岩石圈板块构造学说

板块构造（plate tectonics）学说是在继大陆漂移学说、海底扩张说之后应运而生的又一大地构造学理论，被誉为地球科学上的一场革命。板块构造学说归纳了大陆漂移学说和海底扩张学说所取得的成果，并吸取了当时对地球内部岩石圈和软流圈所获得的新认识，从全球

的统一角度阐明了岩石圈活动和演化的许多重大问题。

板块构造学说的基本思想是：

（1）固体地球表层在垂向上可分为物理性质显著不同的上覆刚性岩石圈和下垫塑性软流圈；

（2）刚性的岩石圈在侧向上可划分为若干大小不一的板块，它们漂浮在塑性较强的软流圈上作大规模的运动，其驱动力来自地幔物质对流；

（3）板块内部是相对稳定的，板块的边缘则由于相邻板块的相互作用而成为构造活动强烈的地带，是发生构造运动、地震、岩浆活动及变质作用的主要场所，同时也从根本上控制着各种地质作用的过程；

（4）板块运动以水平运动为主，位移可达几千公里。运动过程中各板块间或分散裂开或碰撞焊合或平移相错，由此决定了全球岩石圈运动和演化的基本格局。

一、板块的边界类型及板块的划分

1. 板块的边界类型　依据板块之间的相对运动方向及其物质的生长消减特征，将板块边界划分为三种类型（图 10-15）：

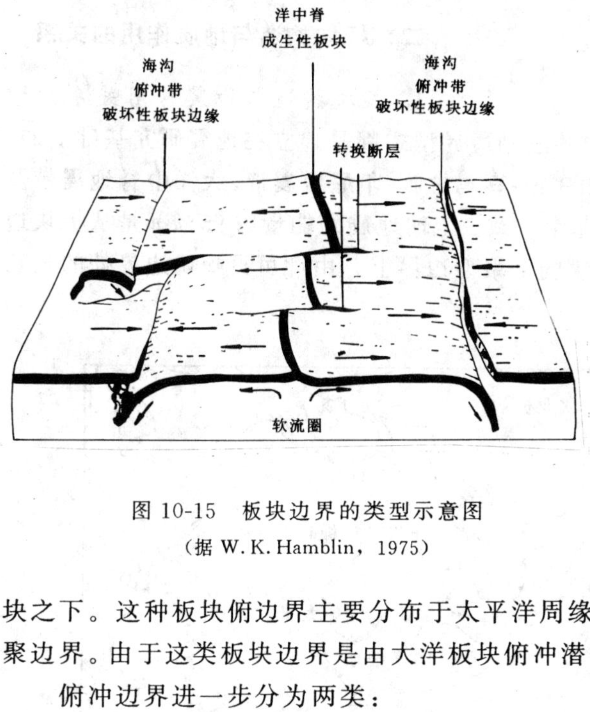

图 10-15　板块边界的类型示意图
（据 W.K.Hamblin，1975）

1）分离型板块边界（divergent plate boundary）　或称成生性边界、建设性边界。即两个板块沿边界相背运动，地幔对流物质不断沿边界涌出并添加到两侧板块边缘上，形成新的洋壳，故而也是板块生长的边界。大洋中脊和大陆裂谷系统属于这类边界；

2）汇聚型板块边界（convergent plate boundary）　或称破坏性边界。即边界两侧的板块作相对运动，发生挤压、对冲或碰撞。进一步可分为两亚类：

（1）俯冲边界　相邻的大洋与大陆板块发生叠覆，由于大洋板块厚度小、密度大、位置低，大陆板块厚度大、密度小、位置高，因而一般是大洋板块俯冲于大陆板块之下。这种板块俯边界主要分布于太平洋周缘及印度洋东北缘，也有人称其为太平洋型汇聚边界。由于这类板块边界是由大洋板块俯冲潜没消减于地幔之中，因而也称为消亡型边界。

俯冲边界进一步分为两类：

a. 岛弧-海沟型　指大洋板块沿海沟俯冲于以海盆相隔的岛弧和大陆之下。主要见于西、北太平洋边缘，如日本、琉球群岛等，故而又称为西太平洋型大陆边缘或沟（海沟）-弧（岛弧）-盆（海盆）体系；

b. 山弧-海沟型　指大洋板块沿陆缘海沟俯冲于山弧之下。主要见于太平洋东南部的南美大陆边缘，故而又称安第斯型大陆边缘；

（2）碰撞边界　又称地缝合线，指 2 个大陆板块互相碰撞，使大洋闭合，陆壳彼此受挤压形成高耸的山脉并伴随强烈的构造变形、岩浆活动及变质作用。如阿尔卑斯-喜玛拉雅山构造带，是印度板块和欧亚板块的碰撞边界，形成印度河-雅鲁藏布江地缝合线。

3）平错（剪切）型板块边界（shear plate boundary） 即两个板块沿边界互相水平错动，两侧板块不发生褶皱、增生或消亡，即相当于转换断层，主要分布于大洋内，也可在大陆上出现，例如美国西部的圣安德烈斯断裂就是一条著名的从大陆上通过的转换断层。

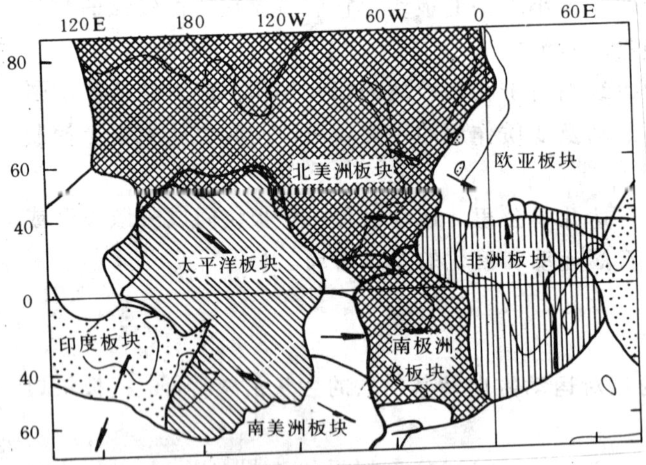

图 10-16 主要岩石圈板块划分图

（据 P. J. Wyllie，1975）

2. 板块的划分 地球科学家以上述板块边界类型为基础，将全球岩石圈划分为七大板块（图 10-16）。即欧亚板块、非洲板块、印度板块、太平洋板块、南极洲板块、北美洲板块和南美洲板块。这七大板块称一级大板块。它们决定了全球板块运动的基本格局。一级大板块通常既包括陆地也包括海洋。

除上述七大板块之外，根据全球地震研究资料可进一步划分板块。目前较流行的有划分成 12 个板块的方案，详见图 10-17。

二、板块构造与地质作用的关系

1. 板块构造与地震作用关系 地震是地球活动的一个重要标志。现代板块构造的三种边界型式都是建立在地震研究基础上的。全球的地震主要发生于环太平洋地震带、阿尔卑斯-喜玛拉雅-印尼地震带、大洋中脊地震带及大陆裂谷地震带上，其分布位置与板块边界非常一致。全球地震的能量约 95%都是从板块边界地带释放出来的，其中大部分又集中在板块的汇聚型边界上，由此可见板块边界处的相互作用是引起地震的一种基本成因。

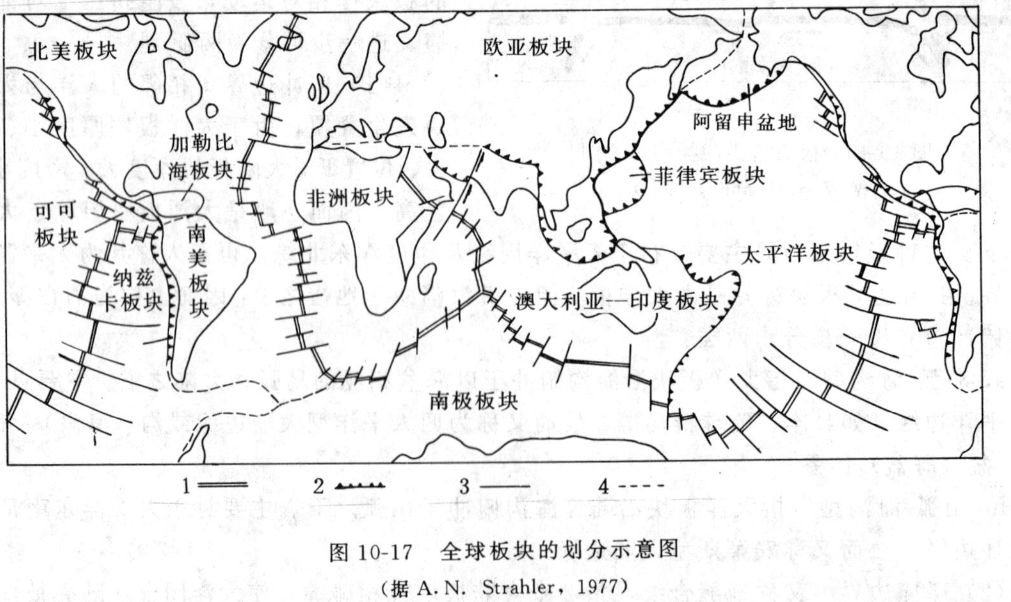

图 10-17 全球板块的划分示意图

（据 A. N. Strahler，1977）

1. 洋中脊；2. 消减带；3. 转换断层；4. 被动边缘或性质未定

板块的运动特征对地震震源机制研究至关重要。如汇聚型板块边界地区，随着俯冲作用进行，俯冲下去的板块在俯冲带深部的运动使得靠向岛弧或大陆一侧发育深源地震。而在俯冲带中上部的俯冲运动使靠洋一侧发育中深源地震和浅源地震。二者构成一个沿俯冲带倾斜的震源带。本世纪 50 年代贝尼奥夫（Benioff 或译成毕乌夫）将其作为一个巨大的断裂带，后人称之为贝尼奥夫带（图 10-18），此带倾角 45°左右（30°～70°之间），最深达 700km，厚度只有几十公里。

2. 板块构造与岩浆作用关系　火山活动是岩浆作用的一种方式，它的活动特征和规律是岩浆作用的具体表现。全球火山活动集中分布于环太平洋火山带、阿尔卑斯-喜玛拉雅-印尼火山带及大洋中脊和大陆裂谷带。这一分布规律与现代板块边界也十分吻合。不仅如此，板块

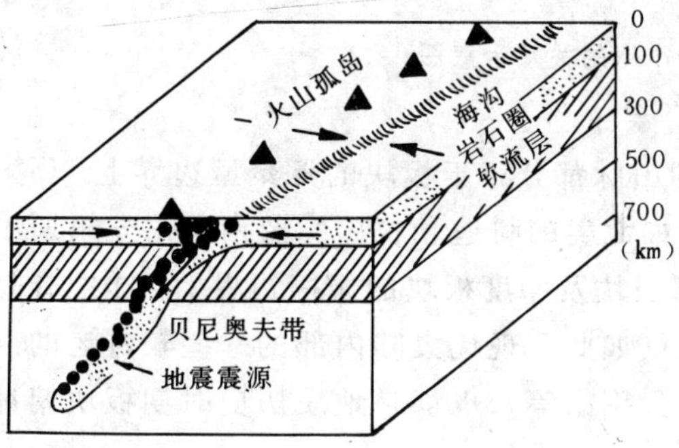

图 10-18　贝尼奥夫带
（据 P. J. Wyllie，1975）

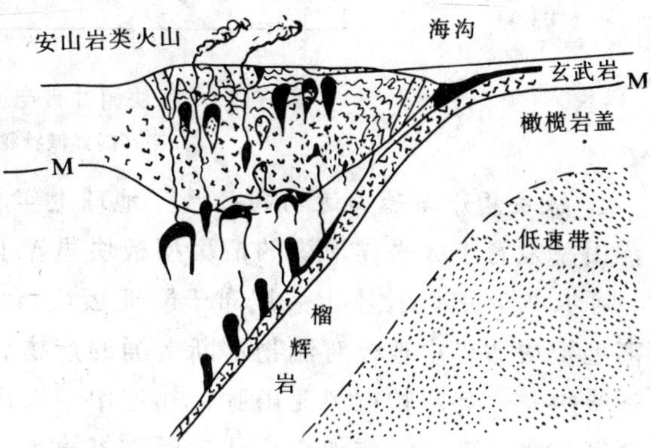

图 10-19　板块俯冲带与岩浆作用的关系示意图

的边界活动特征还决定了岩浆活动的成分、来源及成因机制等特征（图 10-19）。如洋中脊 地区岩浆成分主要为基性和超基性，它们来源于地幔。俯冲带的岩浆活动以中、酸性岩浆为主，形成岛弧地区著名的安山岩带。碰撞边界的岩浆活动主要以酸性为主，主要由地壳局部重融形成。

3. 板块构造与变质作用关系　分离型板块边界的洋脊轴部附近，由于岩浆不断上涌形成新的洋壳，因而具较高的地热梯度及热流作用，使先形成的洋壳岩石遭受中—低级变质作用，并随海底扩张分布于整个洋底，被都城秋穗（1971）称之为洋底变质作用。平错型板块边界，由于相对错动而发育动力变质作用，如圣安德烈斯转换断层发育一条宽达几公里的动力变质岩带。汇聚型板块边界，由于强烈的板块俯冲或碰撞及由此引起的岩浆作用，常引起广泛的区域变质作用。在板块的俯冲边缘，由于俯冲压力及上覆岩层的重力而产生高压环境，冷的洋壳和沉积物的俯冲使得在海沟及海沟靠大陆一侧的内壁附近出现低的地热梯度和热流值，二者共同作用下形成了低温高压变质作用，以蓝闪石片岩出现为主要特征，故又称蓝片岩带。与此同时，在远离海沟的火山岛弧地区，板块俯冲导致火山和岩浆活动，使热流值和地热梯度增高，而因俯冲作用产生的压力则相对减小，从而形成高温低压变质作用，以红柱石片岩出现为特征。上述低温高压变质带与高温低压变质带双双成对发育在俯冲板块边界近海沟和近陆地一侧，称为双变质带（图 10-20）。如果出现两次以上的板块俯冲作用，则可形成两对以上的双变质带。

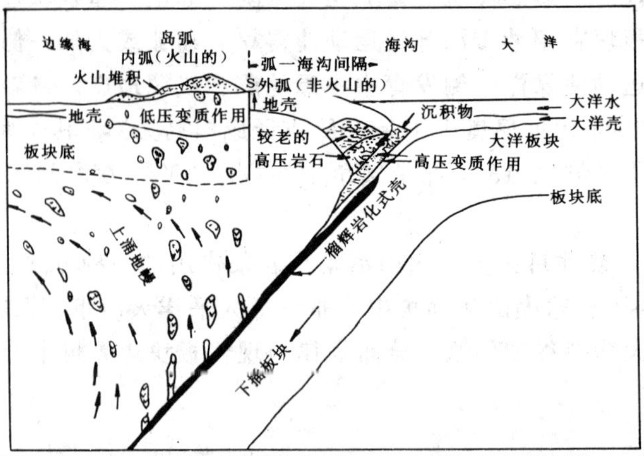

图 10-20　板块俯冲带与变质作用的关系示意图

（据都城秋穗，1972）

4. 板块构造与造山运动的关系　地球上年轻的山脉都分布于板块的汇聚型边界上。环太平洋山系发育于太平洋周缘的汇聚型板块边界上，如北美的科迪勒拉山脉及南美的安第斯山脉。阿尔卑斯-喜玛拉雅山系展布于欧亚板块与非洲板块及印度板块的碰撞边界上。洋中脊是分离型板块边界中地幔对流物不断上涌的产物。不仅如此，现代大陆内部的一些较古老的巨型褶皱山系（如阿帕拉契亚山脉、祁连山、天山、大别山等）也都是地质历史时期板块俯冲或碰撞作用的产物。详细介绍请参阅本书第十一章。

5. 板块构造与地表地质作用关系　各种地表地质作用受地形、气候、植被、岩性及构造运动的影响，这些影响因素则都与板块活动密切相关。汇聚型板块的俯冲或碰撞作用，造就了地球表面高大的山系，迫使地表地质作用以剥蚀作用为主。当山系高出雪线以上时，地表作用方式由原来的风化、地面流水等作用转变为冰川地质作用为主。同时地形的巨变还影响到周围地区的地表地质作用。如新生代后期喜玛拉雅山的崛起，阻挡了印度洋向北吹的潮湿空气。使中亚地区变成荒漠，发育强烈的风力地质作用。分离型板块的扩张分离，造就了地球上最主要的沉积盆地——海洋和大陆裂谷。快速的海底扩张使海洋周围发生广泛的海侵，沉积范围扩大。大陆裂谷的快速扩张，可在短期内形成巨厚的沉积物，等等。

显然，板块构造与地震、岩浆、变质、造山运动及地表地质作用均密切相关。板块构造理论可成功地解释 100 多年来地球科学工作者在地球上发现的大多数事实，因而被称为地球科学的一场革命。有人将其重要性与天文学上哥白尼的太阳中心论和生物学上达尔文的进化论相提并论。

三、板块构造学说存在的主要问题

科学是不断发展的，板块构造理论也并非无懈可击的，理论的提出只不过仅仅几十年的历史，尚存在许多不能解决的问题，主要有：

1. 板块驱动机制问题　许多人主张板块的驱动机制可能是地幔对流，认为地幔中由于温度差或密度差的存在可引起物质的缓慢移动。热的、轻的地幔物质上升，冷的、重的地幔物质下沉，构成对流环。软流圈顶部的水平方向流动力拖曳刚性岩石圈随之一起运动。这一解释看起来十分精彩，但至今还没有找到直接证据来证明这种对流的存在。这是因为地幔具有分层性，且其下部粘度很高，对流是很难实现的。美国地球物理学家克诺波夫经过计算后指出，由于地幔粘滞性很大，形成稳定对流（使质点在对流中完成一次循环）所必须的时间至少10亿年，这个数字比板块扩张速度小得多。另外，从东太平洋到西太平洋海沟的距离达数千公里，在如此大的距离上，温度梯度不可能达到对流所需的值，地幔对流理论不能令人满意。

2. *关于海沟沉积物变形问题* 洋壳在海沟向地幔俯冲时，应该把洋底的沉积物挟带到俯冲带，部分沉积物可形成褶皱并堆积在海沟底部。但现今海沟处不仅沉积物很少，而且没有任何变形。

3. *关于大洋中存在大陆地壳的问题* 根据地球物理资料获知，在一些大洋底部中某些岛屿是海底大陆，如新几内亚东北部翁通爪畦，其莫霍面深达20～30km（大陆型地壳），被认为是一个未被沉没的大陆。这些事实是海底扩张说、板块构造说无法解释的。

4. *关于海底磁异常条带问题* 前苏联学者梅耶霍夫父子针对磁异常条带的分布和解释曾发表过富有刺激性和批评性的评论。他们推定磁异常模式是虚假的。真实的情况是：磁异常形成一系列不规则的条带，这些条带由平行至准平行，有的甚至连准平行也不是。它们在许多地方与洋中脊各分段相联系。大的异常一般是在洋脊的中部，但通常是不连续的。两侧的异常条带可能对称，但在较多情况下是不对称的；局部地方没有异常条带……；在少数地方，磁异常条带并不与洋中脊相联系，而是横切深海丘陵或浊流沉积平原；在许多地方磁异常条带直接深入大陆；等等。

诸如此类的还有转换断层的起因、洋底高原的成因、大陆板块内部强烈变形的解释及以中新生代地质事实为主要依据的板块构造理论能否适用于整个地球演化过程问题等等，都是板块构造理论难以解决或解释的问题。但是，可以预言，随着地球科学的不断发展，板块构造理论也将不断地得到修正和发展。90年代兴起的大陆动力学理论正试图努力解决板块构造在大陆地质研究中的合理应用和发展。

小　结

大陆漂移学说是本世纪初期德国气象学家A. L. 魏格纳首次提出的。他通过观察世界地图发现大西洋两岸地形具有可拼性，从而产生了一个想法，即非洲大陆与南美洲大陆过去是联接在一起的。他进一步收集了大西洋两岸古生物、古气候、地质构造等方面的证据，这些证据证实了大西洋两岸在古生物、古气候、地质构造等方面具有一致性，从而使他确信大陆是漂移的。目前各大陆的相对位置是由联合古陆解体后漂移至现今的结果。但是，由于他提出的大陆漂移的动力机制被证明是错的，以致大陆漂移学说在很长一段时间内没有获得广泛的承认和支持。

本世纪60年代，由于古地磁的研究、深海钻探对洋底岩石年龄和沉积物厚度的调查、洋壳磁异常条带和转换断层的发现，使大陆漂移学说重被提出，并发展为海底扩张学说。随着地球物理勘查技术的提高，上地幔中软流圈被发现，人们逐渐认识到刚性的岩石圈是漂浮在塑性程度较高的软流圈之上，从而建立了岩石圈板块构造学说。岩石圈板块构造学说将岩石圈划分为若干个板块，在板块的增生与消亡的演化过程中，产生了一系列的地质作用。岩石圈板块构造学说较圆满地解决了地震的分布、岩浆活动和变质作用的分布与特点、山脉的成因及矿产的分布。由于地球的复杂性和研究手段的局限，岩石圈板块构造学说也存在一些问题。

复习思考题

1. 名词解释：泛大陆（Pangea）、化石磁性、海底磁异常条带、转换断层、贝尼奥夫带。
2. 试述大陆漂移学说的主要证据。
3. 试述海底扩张学说的主要证据。
4. 试述板块构造学说的基本思想。
5. 试述板块的边界类型。
6. 试述板块构造与地震作用、岩浆作用、变质作用、造山作用和地表地质作用的关系。

第十一章 造山带与沉积盆地

第一节 基本概念

造山带（orogenic belt）是由地质作用形成的一组紧密排列的山脉构成的线形或弧形山系。现今地球陆地上存在两大显著的造山带，即阿尔卑斯-喜马拉雅造山带和环太平洋造山带，它们绵延数千公里，并由一系列山脉所组成。而山脉（mountain range）是一组紧密排列的山或相互平行的山脊（ridge）。造山带通常是经地壳岩石的强烈变形或岩浆活动而形成，也是地震作用和火山活动的主要地区。

盆地（basin）是由地质作用形成的地球表面上中间低四周高的盆状地形。盆地是地球上最主要的沉积场所。地球表面上存在大小不同的各类盆地，其中最大的盆地是大洋盆地，如太平洋。在我国内陆上最大的盆地是塔里木盆地。人们通常又把在陆地上由构造断裂控制的规模巨大的线状盆地称为裂谷（rift），如著名的东非大裂谷，全长 6 500km。

造山带和盆地是地球表面上两个非常重要的特征构造单元，它们常常相伴共存，平行排列，之间存在密不可分的成因联系。按照板块构造观点，大多数的造山带和盆地是由于板块之间的相互运动而形成的。现今地球陆地上的主要造山带都分布在板块的边界上（图 11-1）。

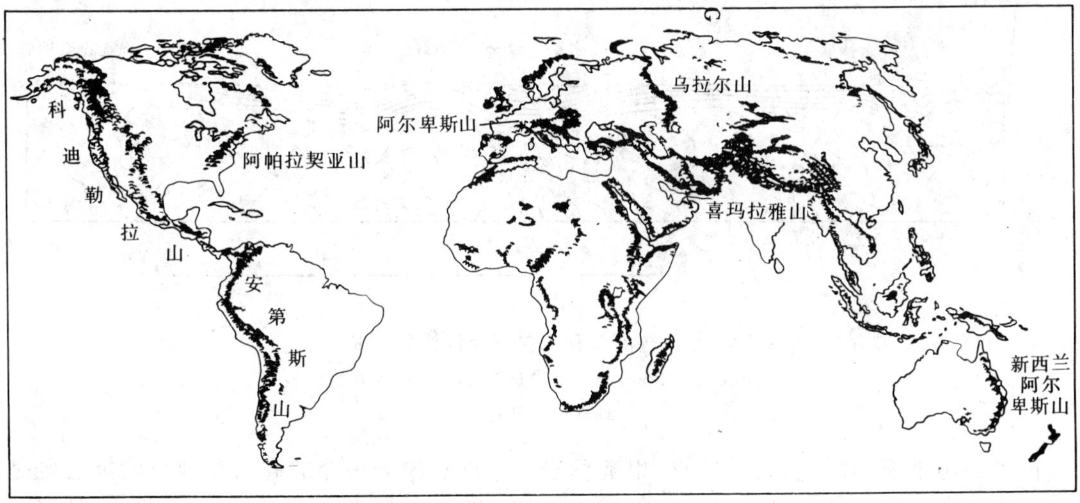

图 11-1 世界上主要造山带分布示意图

（据 C. C. Plummer，D. McGeary，1991，修编）

80 年代末提出的大陆动力学将研究重点之一放在大陆的盆-山地质研究上。大陆动力学（肖庆辉，1997）把整个固体地球当作一个统一的动力学系统来看待。通过对大陆地质构造形迹和物质成分研究，了解它们的形成过程，探索大陆形成和演化历史，寻找它们运动的主要驱动力。造山带和盆地的成因及其内在联系目前已成为地学界重要的研究课题，如横亘我国中部的中央造山带（昆仑山-祁连山-秦岭-大别山）及其盆地系统成因和演化已成为我国大陆动力学研究的重点地区。一个对造山带和盆地的研究高潮正方兴未艾。

第二节 造山带基本特征

一、造山带规模和内部结构

造山带的规模一般长度达数千公里，宽度不等但都明显小于长度。如北美科迪勒拉山，北起阿留申群岛，东西向穿过阿拉斯加，南北向穿过加拿大北部和美国西部，至美国西部时达最大宽度（自西向东由海岸山脉至落基山脉组成），向南进入墨西哥时变窄。总长度超过 7 000km，最宽处约 1 000km。

造山带内部一般或多或少由一些平行山脉排列而成。这些山脉有着不同的岩石和变形特征，它们通常对称分布，因而造山带的横剖面通常是对称的。

二、造山带中的沉积岩

沉积岩通常广泛分布于造山带中，而且大多数为海相沉积岩。沉积岩的厚度远远大于与造山带毗邻的克拉通[①]地区（craton）的沉积岩。在现代造山带中沉积岩的厚度通常超过 10km（图 11-2）。

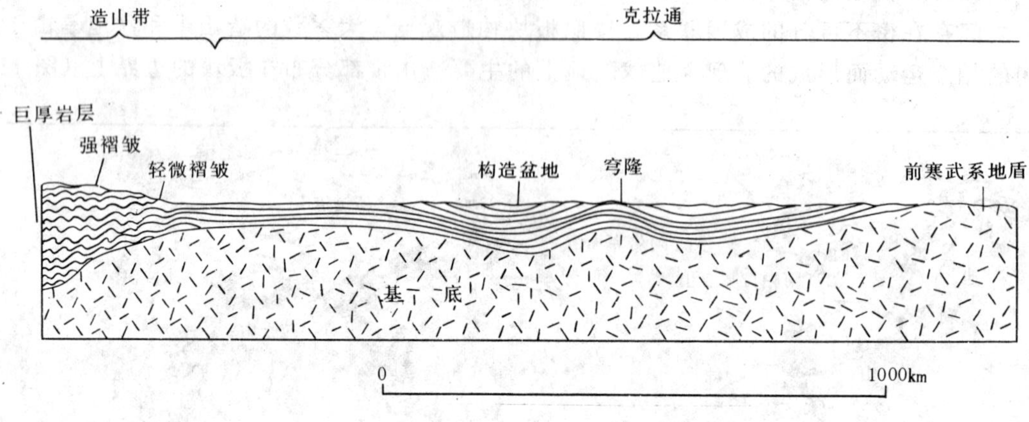

图 11-2 造山带和克拉通地区横剖面简图

（据 C. C. Plummer，D. McGeary，1991，修编）

垂直比例尺放大

由于造山带中的沉积岩大多为海相沉积岩，这就意味着现今的高山在地史时期曾经是海底。从物质成分上，一般毗邻现今海洋的造山带通常含有较多的火山灰，而毗邻克拉通的造山带通常具有与克拉通一致的岩石，如灰岩、页岩和砂岩，而只有少量火山岩。从沉积岩形成时间看，造山带沉积岩的形成时间上可分为前造山期、同造山期和后造山期沉积岩。前造山期沉积岩（preorogenic sedimentary rock）为造山作用开始前已形成的沉积岩，一般时代最老，呈狭长带状分布。同造山期沉积岩（synorogenic sedimentary rock）是在造山过程中同步

① 克拉通是岩石圈板块（或地壳）中稳定的构造单元，通常由前寒武系变质岩基底（地盾）和上覆变形较弱的沉积岩盖层组成。

形成的沉积岩，它们通常由不纯的砂岩和泥岩组成，且具有指示快速堆积的沉积构造。浊积岩非常广泛，且变形强烈。后造山期沉积岩（postorogenic sedimentary rock）是强烈造山作用后形成的，它们变形相对较弱。

三、造山带中的岩浆岩和变质岩

岩浆活动在造山期和期后抬升过程中均非常活跃。在造山期熔浆从上地幔和下地壳喷出地表，形成各种火山熔岩和火山碎屑岩。在后造山期花岗岩侵入到上部陆壳，形成巨大岩基。区域变质作用和混合岩化作用在造山带中、下地壳构造层上普遍发生，形成各类变质岩。上述各类岩浆岩和变质岩在造山期后的抬升过程中经抬升和风化剥蚀而暴露于地表。

在一些造山带还可以见到由一套镁铁质和超镁铁质岩石组成的蛇绿岩(ophiolites)，蛇绿岩的物质组成类似于洋壳和上地幔岩石（图 11-3)。它们是在洋壳板块向陆壳板块俯冲时，洋壳被刮落下来而拼贴到陆壳边缘而构成造山带物质组成部分。

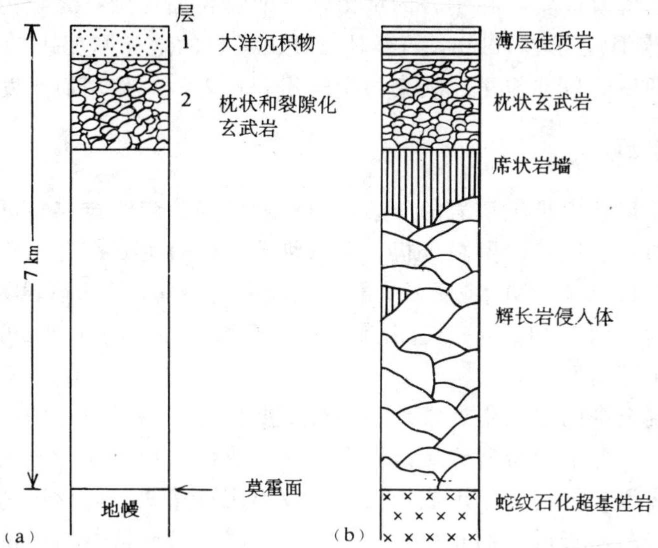

图 11-3 洋壳和蛇绿岩套物质组成结构对比柱状图

(a) 洋壳结构；(b) 典型的造山带中蛇绿岩套结构

四、造山带中的褶皱和断裂

褶皱和断裂构造在造山带极为发育。褶皱和断裂的剧烈程度通常随远离造山带而减弱(图 11-4)。褶皱构造从克拉通区的开阔褶皱过渡到造山带区的紧闭褶皱、斜歪褶皱和倒转褶皱。逆断层和大型逆冲断层通常与褶皱构造伴生，构造缩短明显。如阿尔卑斯造山带中的沉积岩，原始沉积时的洋盆宽度约有 500km，但经造山作用被褶皱缩短后的宽度不足 200km。地质学家们可以通过“平衡剖面法”(balanced geological cross-section) 来大致估算造山带的缩短量。

五、造山带地壳密度和厚度

地球物理勘探证实造山带中的地壳密度小于洋壳密度，其平均约为 2.7g/cm^3，物质成分

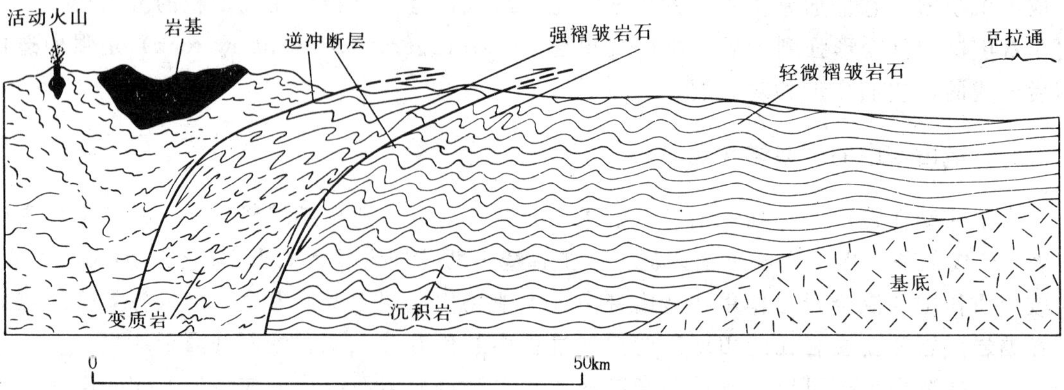

图 11-4　造山带横剖面显示构造变形程度简图（垂直比例尺放大）
（据 C. C. Plummer，D. McGeary，1991，修编）

相当于花岗岩。地震资料证实，在年轻的造山带下面莫霍面深度很大，构成下弯的山根或壳根（如图 1-16），地壳厚度可达 70km，如喜马拉雅山一带的地壳厚度达 71km，而古老的造山带岩石厚度因造山期后的拉伸作用、地壳均衡作用和地表侵蚀作用而厚度减小。

六、造山带的年龄

根据化石可以获得造山带沉积岩的年龄，用放射性同位素测定年龄可以获得岩浆岩和变质岩的就位时间。通过上述年龄资料分析，可以将造山带分为三个造山阶段：第一阶段为前造山期，持续时间约 100～200Ma 或更长；第二阶段为造山期；第三阶段为后造山期，两者合在一起的时间约持续不到 10Ma。一个造山旋回通常开始于漫长的前造山期，而终止于相对快速的造山期和后造山期抬升。

世界上海拔高度较高的造山带通常地质年龄上要比海拔高度较低的造山带年轻，但这种现象并不是绝对的。一些造山带曾经历过抬升→剥蚀成山丘或平原→再次被抬升的阶段，这种抬升和剥蚀旋回在漫长的造山带形成历史中可以出现许多次。因此，一个处于暂时剥蚀状态的造山带可能海拔高度较低，而相反，一个处于暂时抬升阶段的造山带，海拔高度就会很高。但最终一个造山带一般总是趋向于稳定，并被剥蚀成平原。

第三节　造山带形成过程和演化

虽然每个造山带各具特色，但是板块构造观点认为，造山带开始于沉积物的沉积，经数百个百万年之后而结束形成造山带成为克拉通的一部分。因此造山带的形成过程可分为三个阶段：①聚集阶段（前造山期）（accumulation or preorogenic stage）；②造山期（orogenic stage）；③抬升和断块期（后造山期）（uplift and block—faulling or postorogenic stage）。

一、聚集阶段（前造山期）

如前所述，造山带物质由巨厚的沉积岩和火山岩构成，这些岩石通常形成于海相环境。其物源必然是来自毗邻海盆地的大陆或火山弧。

（一）开阔洋盆的聚集作用

开阔洋盆的聚集作用开始于两个陆块的分离，沉积物开始聚集于岸边，随着分离作用不断加剧，沉积物逐渐由两岸向大洋推进（图 11-5）。

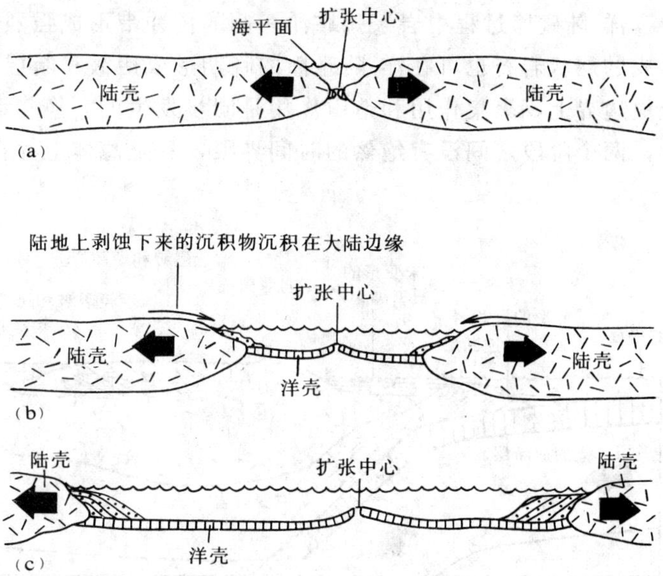

图 11-5　开阔洋盆中的沉积作用

(a) 大陆开始裂开；(b) 随着分离作用进行，沉积物沉积在大陆边缘的洋底上；(c) 扩张加剧，沉积厚度增大

开阔洋盆中的沉积岩一般为页岩、砂岩和灰岩，火山岩少见，如现代的大西洋。因此反过来如果我们现在见到一套巨厚沉积序列的页岩、砂岩和灰岩出露于造山带，就可以有理由假定这些岩石最初是沉积在象现今大西洋那样的开阔洋盆沉积环境中。

（二）汇聚型板块边界中的聚集作用

汇聚型板块边界的沉积物以富含火山岩，尤其是安山岩为特征，但是页岩和砂岩等沉积岩的数量仍然与火山岩相当或更大，然而灰岩比例很少。沉积物一般分选、磨圆度差，沉积速度快。物源主要来自岩浆弧（magmatic arc）（图 11-6）从岩浆弧上剥蚀下来的沉积物被搬运到岛弧两侧的盆地中沉积。当靠陆一侧的盆地被充满后，沉积物就会超过岛弧并沉积在靠洋一侧的盆地。随着俯冲作用进行，沉积物至少有部分被拖入俯冲带中。

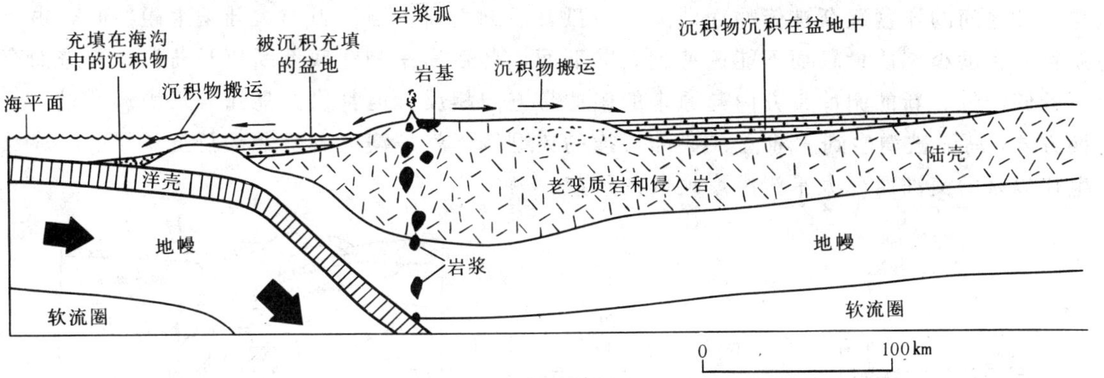

图 11-6　汇聚型板块边界上火山活动和沉积作用

（据 W. R. Dickinson，1977，修编）

二、造山期

造山期是造山带强烈变形时期，并伴随变质作用和岩浆活动。层状岩石在造山期被褶皱和断裂，埋藏深处的岩石受区域变质作用影响转变成变质岩，地壳深处或上地幔形成的岩浆上侵喷出地表或形成大的岩基。

（一）洋-陆碰撞的造山期

洋-陆碰撞过程中岩浆弧靠洋一侧的俯冲带形成强烈褶皱和逆冲断层，靠陆一侧同造山期形成的层状岩石也可在洋-陆碰撞的晚期形成褶皱和断层（图 11-7）。必须指出的是在汇聚型板块边界上，聚集作用和造山作用是同步发生的。换句话说，第一阶段和第二阶段是同时发生，两个阶段之间没有绝然的时间界限，只是总体上存在前后次序和主次之分。

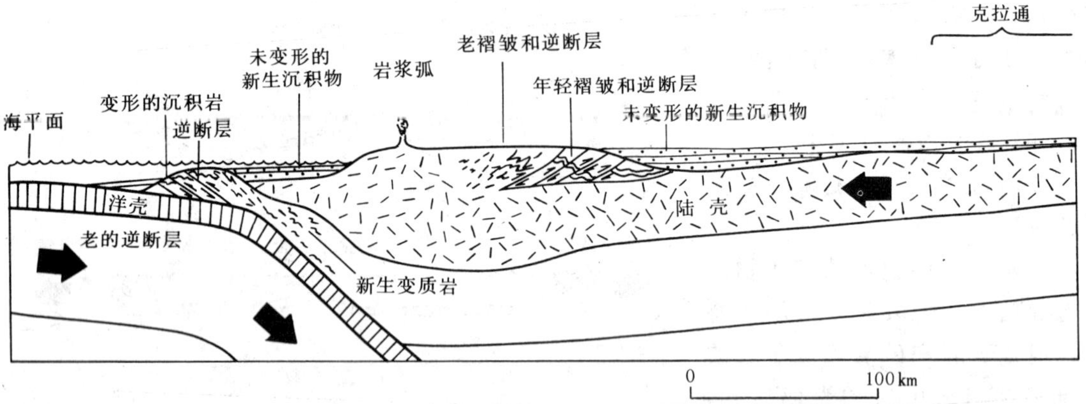

图 11-7　汇聚型板块边界上层状岩石的变形

（二）弧-陆碰撞造山期

图 11-8 展示了弧-陆碰撞造山作用过程中岛弧的拼贴和俯冲方向改变示意过程。随着岛弧与大陆之间的洋盆逐渐被俯冲而消减，岛弧就靠近大陆。当岛弧与大陆发生碰撞时，由于岛弧物质密度小、质量轻而不能俯冲到大陆下面，岛弧另一侧洋底就断离开岛弧，并进而产生新的俯冲带。新的俯冲带方向与原来的俯冲带方向相反，但都供给岛弧岩浆源。通过这一转换方式，岛弧被增生到大陆上。弧-陆碰撞的典型例子就是澳大利亚北部新圭亚那的形成及中生代以来的美洲西部太平洋沿岸地区的形成。

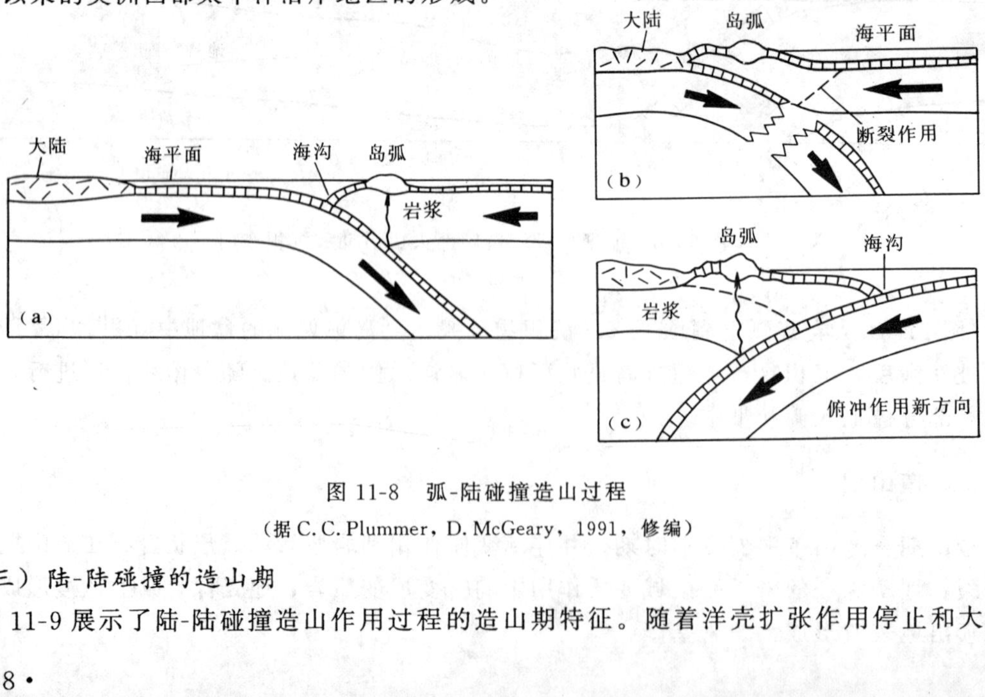

图 11-8　弧-陆碰撞造山过程

（据 C. C. Plummer，D. McGeary，1991，修编）

（三）陆-陆碰撞的造山期

图 11-9 展示了陆-陆碰撞造山作用过程的造山期特征。随着洋壳扩张作用停止和大陆边

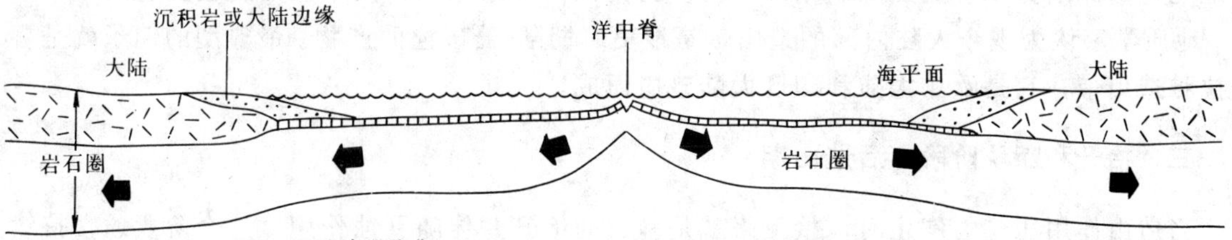

(a) 沉积物在逐渐分离的两个大陆边缘聚集

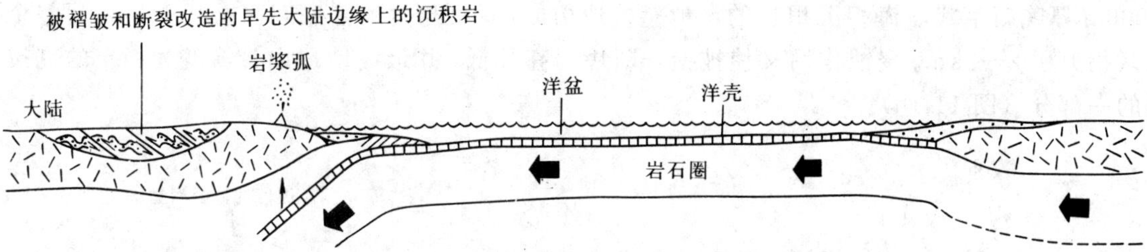

(b) 洋盆扩张停止，大陆边缘上发育一个俯冲带，形成于大陆边缘上沉积岩被褶皱和断裂

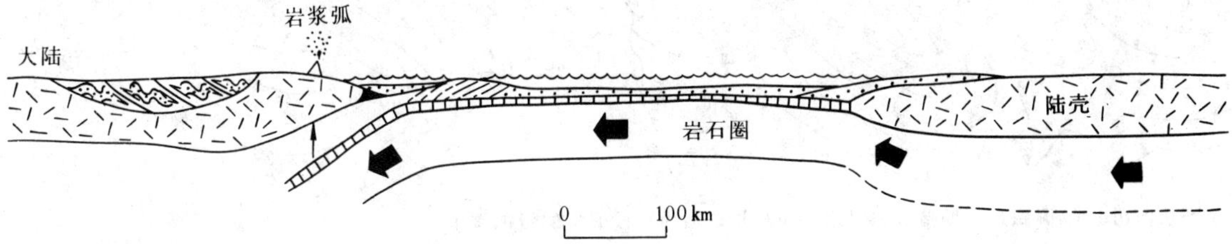

(c) 洋盆继续关闭

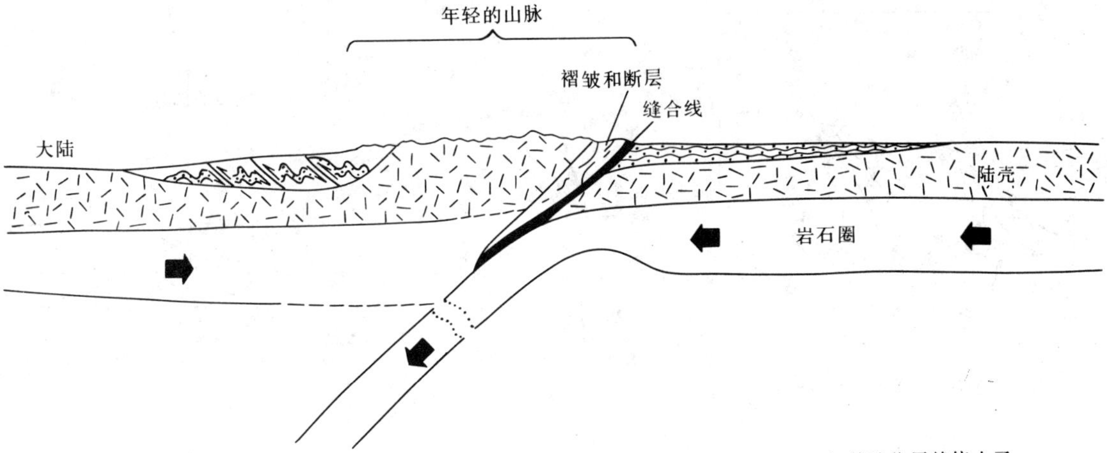

(d) 洋盆完全关闭，碰撞在一起的沉积岩发生褶皱和断裂。当逐渐增多的上浮陆壳俯冲下去时，俯冲作用就停止了

图 11-9　陆-陆碰撞的造山过程

(据 W. R. Dickinson，1977，修编)

缘俯冲带的发育，俯冲作用而产生的岩浆弧随之产生，洋盆上的沉积物也随之俯冲。随着洋盆两侧的大陆逐渐靠近，巨厚的沉积层就会被强烈褶皱和断裂，由于大陆地壳的密度小于大洋地壳，因此陆壳不可能无限制俯冲下去。当俯冲作用停止时，两个大陆就被缝合成一个大陆。地质学家认为现今大陆内部的造山带是地史时期陆-陆碰撞的产物。最典型的例子就是喜马拉雅造山带，它是欧亚大陆和印度大陆碰撞而成。

三、抬升和断块阶段（后造山期）

当造山作用压应力停止时，接下来就是漫长的抬升并伴随剥蚀作用。这个阶段通常持续时间几百万年，造山带出现垂向断块运动而抬升。如美国西部盆岭省由一系列倾斜断块和有3 000m厚晚新生代非海相沉积物的半地堑盆地构成，断块与盆地基底间高差2～5km，而整个地区抬升了2～3km。侵蚀作用又使被抬升断块削高补低，并最终使造山带演变为稳定的克拉通的一部分（图11-10）。

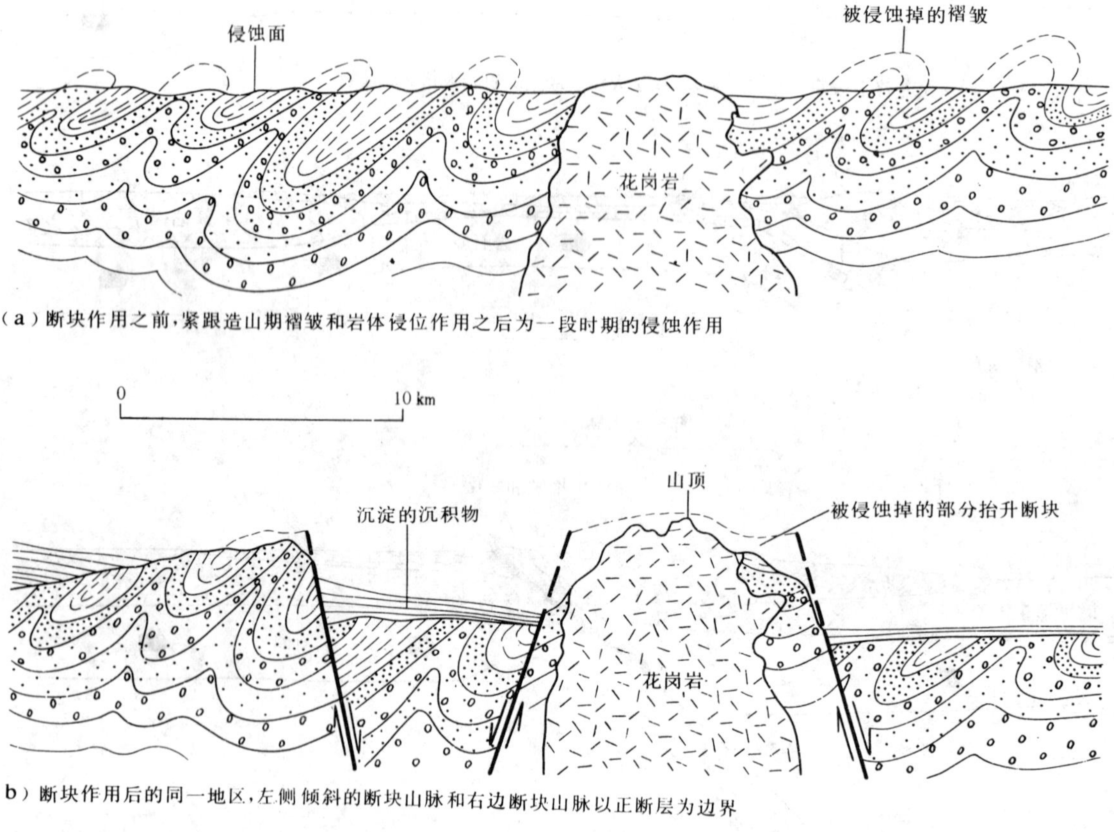

（a）断块作用之前，紧跟造山期褶皱和岩体侵位作用之后为一段时期的侵蚀作用

（b）断块作用后的同一地区，左侧倾斜的断块山脉和右边断块山脉以正断层为边界

图11-10 造山带断块发育和剥蚀作用

（据C.C.Plummer，D. McGeary，1991，修编）

一些地质学家认为，造山期后的断块抬升和剥蚀降低实质上是地壳均衡作用(isostasy)不断调整的结果（图11-11）。

地壳均衡是地壳为适应重力作用，力求达到平衡的现象。如陆壳部分的莫霍面深度随地形高程的增加而递增，但布格重力异常值却递减；而洋壳部分则随海底深度加大，莫霍面却相对隆起，布格重力异常值增大。由此可认为大陆隆起部分（高山区）因地形升高而增加的质量，必然引起深部质量的亏损以资补偿；在海底深陷部分所减少的质量，则被深部质量的盈余来补偿；地形较平缓的地区则地壳平均厚度接近均衡。总之，哪里有大面积的质量增加，必须在哪里的地壳深处得到补偿，以达到重力的均衡。

必须指出的是抬升作用既不是快速也不是连续均匀的，它可能突然间抬升几厘米，然而间歇几百年不动。而剥蚀作用却无时无刻不存在，在间歇性的抬升过程中剥蚀作用总是无情地削高补低，使高度均一化。当抬升和剥蚀作用二者达到平衡时，造山带演化就终止了，成为稳定大陆（克拉通）的一部分。

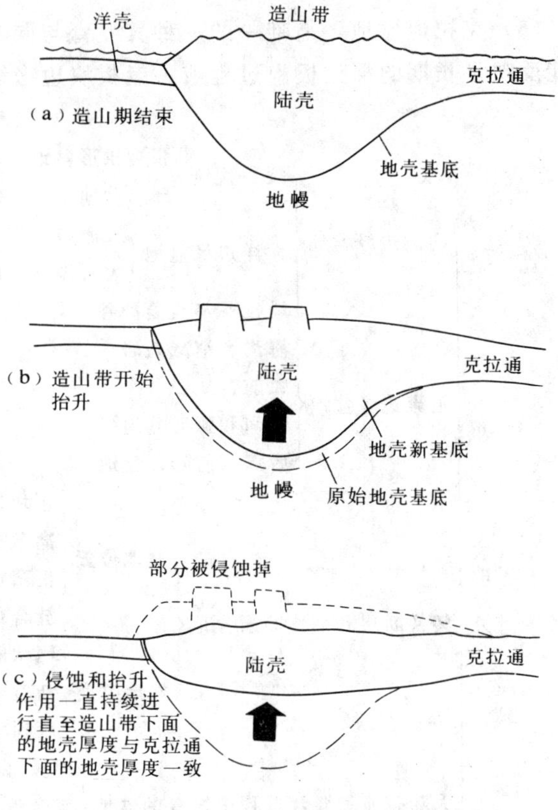

图 11-11　造山带的地壳均衡作用
（据 C. C. Plummer，D. McGeary，修编）
图中陆壳厚度比实际的夸大了

第四节　沉积盆地

一、盆地类型

对大多数的沉积盆地（sedimentary basin）都可以按如下三种准则进行分类：①盆地所处的地壳类型；②盆地相对于板块边缘的位置；③当盆地位于板块边缘附近的情况下，根据沉积作用过程中所发生的板块相互作用的类型。板块构造理论已经证明，上述三种准则都随时间发生变化，因而有可能不同成因类型的盆地出现在同一个造山带中。因此只有把不同时期的大地构造属性彻底弄清，并与相关盆地类型进行配套，才能完善对盆地进行分类和解释。

本书采用 A. D. Meyer 的盆地分类方案（1991，孙枢等译），其依据是强调板块边缘的性质，将盆地划分为五种类型：

（1）离散板块边缘盆地，包括海底扩张前的克拉通内裂谷、离散边缘楔状体、坳拉谷和衰萎裂谷；

（2）汇聚边缘盆地，是与火山弧有关的盆地，包括海沟、弧前盆地、弧间盆地、弧后盆地和后弧盆地；

（3）与转换板块边缘和大剪切带伴生的盆地；

（4）在大陆碰撞和缝合过程中生成的盆地，包括前陆盆地、前渊盆地和周缘盆地及某些地堑和扭断层盆地；

（5）克拉通盆地，是唯一的一种其发育与同时的板块边缘构造作用无关的盆地类型，它可能反映了长期的深位板内过程或古老板块边缘线性构造的重新活动。

- 盆地分类
  - 离散边缘盆地
    - 裂谷盆地
      - 张裂拱形盆地
      - 环形盆地
    - 大洋边缘盆地
      - 红海型（年轻的）
      - 大西洋型（成熟的）
    - 坳拉谷与衰萎裂谷
  - 汇聚边缘盆地
    - 海沟和消减杂岩
    - 弧前盆地
    - 弧间和弧后盆地
    - 后弧（前陆）盆地
  - 转换断层和平移断层盆地
    - 盆地位置
      - 板块边界转换断层
      - 离散边缘转换断层
      - 汇聚边缘平移断层
      - 缝合带平移断层
    - 盆地类型
      - 网状断裂系中的盆地
      - 断裂末端盆地
      - 雁列状断裂体系中的拉分盆地
  - 大陆碰撞和缝合过程中发育的盆地
    - 周缘（前渊）盆地（前陆盆地）
    - 缝合带内内凹盆地（残留洋盆）
    - 伴生的平移断层盆地
  - 克拉通盆地

二、盆地基本特征

（一）离散板块边缘的盆地基本特征

离散板块边缘的盆地，以裂谷和大陆边缘盆地最为典型，现代的东非大裂谷、纽芬兰大滩、北美及巴西等地一些地区为该类盆地的典型实例（图 11-12）。

1. 裂谷盆地

（1）在板块内部地壳较弱部位呈线状分布。如现今东非大裂谷，长 6 500km。

（2）裂谷盆地的沉降和沉积速率很快。如埃塞俄比亚裂谷和丹纳基尔凹陷沉积速率为 0.2～1.0m/ka（千年），局部碎屑沉积速率达 3.5m/ka，湖泊石盐沉淀速率达 10～35m/ka。

（3）裂谷盆地内富含火山物质，厚达几百米。

2. 成熟的大陆边缘盆地

（1）由裂谷盆地进一步转化而来。盆地内形成了真正的大洋壳，且海底扩张时间持续了至少几十百万年。

（2）洋壳沉降速率自早至晚呈指数下降，从最初的 20cm/ka 降低到 20～30Ma 之后的 2～4cm/ka。

（3）盆地内常发育巨大的滑塌、盐丘底辟构造及包括生长断层在内的张性断层（如掀斜断块和滚动背斜）。

（4）盆地沉积相既有蒸发岩相，又有黑色有机质页岩相和非补偿盆地碳酸盐和深海沉积相。

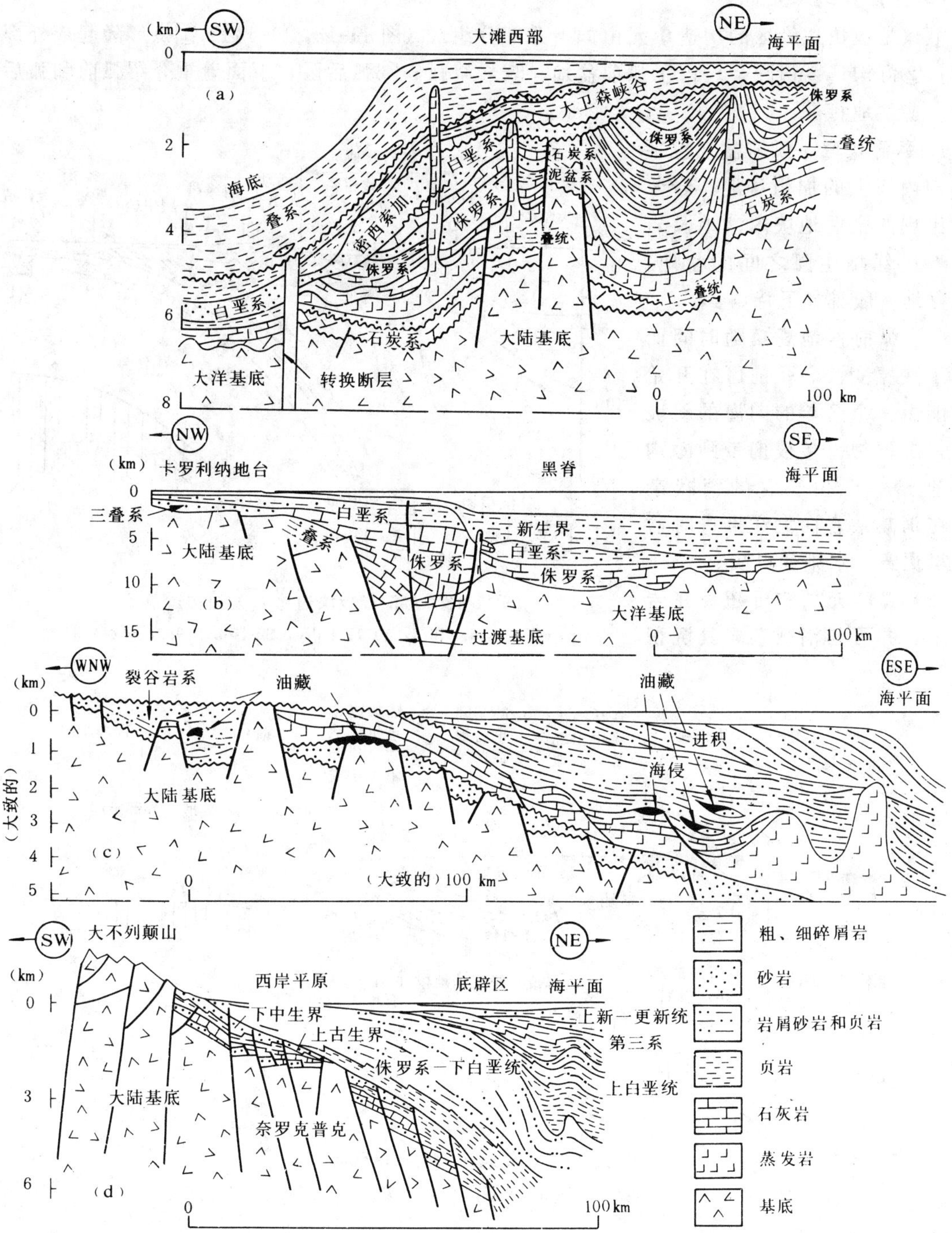

图 11-12　典型的发育完善的离散大陆边缘的实例

(a) 纽芬兰的大滩 (McWhae，1981)；(b) 北卡罗米纳州费尔角岸外的卡罗来纳海槽 (Sheridan 等，1981)；(c) 巴西大陆边缘的理想化剖面 (Ponte 等，1980)；(d) 加拿大北部博福特·麦瞳泽盆地 (Hawkings 和 Hatielid，1975)

（二）汇聚边缘盆地

汇聚型板块边缘区的构造单元由如下几部分组成（图 11-13，11-14）：①拱形隆起或外部隆起；②海沟；③消减杂岩；④弧前盆地；⑤岩浆弧；⑥弧后区。下面着重介绍弧前和弧后区的一些盆地特征：

1. 弧前盆地　弧前盆地包括在海沟内坡上的加积盆地、岩浆弧内出现的张性地块内盆地及岩浆弧与外缘增生弧之间的盆地。这类盆地一般具如下特点：

（1）弧前盆地规模随时间而趋向于变宽变浅。弧前区在开始时可能由一个简单的向海的斜坡组成，沉积物直接被携带到海沟中并补给一个生长着的消减杂岩。在消减杂岩向大洋推进时盆地变得更宽，水则变更浅。

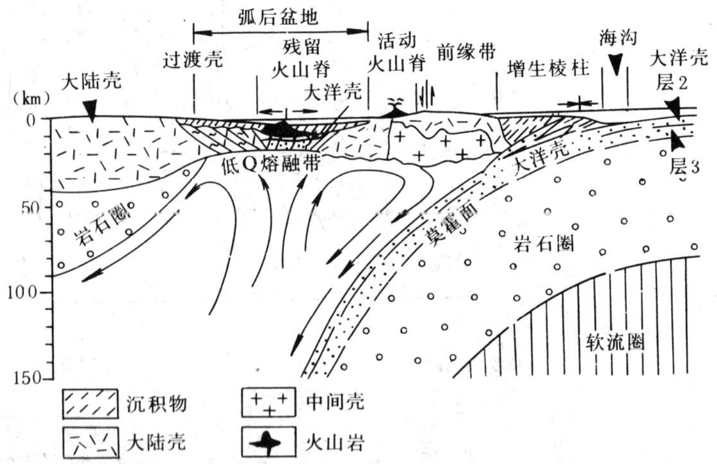

图 11-13　与汇聚板块边缘有关的构造单元

（据 Toksoz，Bird，1977；Bally，Snelson，1980，修编）

（2）弧前充填物可超覆在岩浆弧上，并可与消减杂岩具沉积

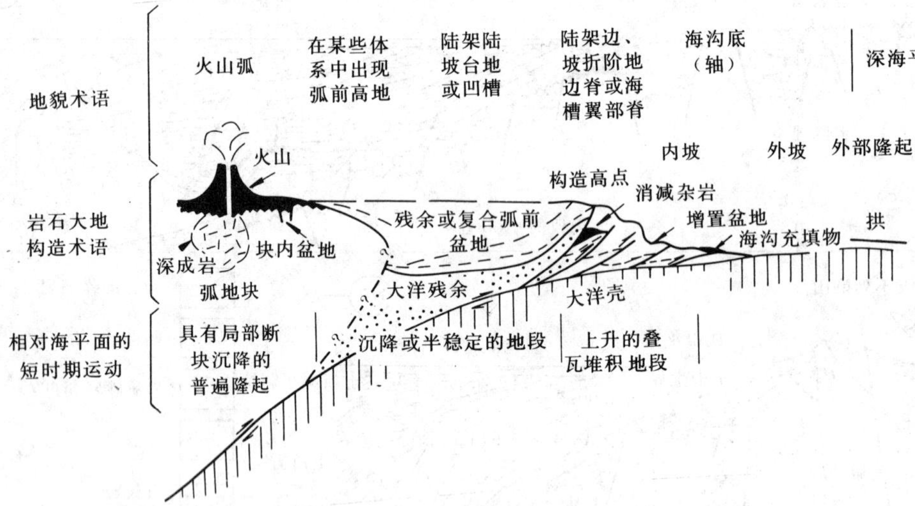

图 11-14　弧前地区的构造单元

（据 Dickinson，Seely，1979，修编）

或部分剪切接触。

（3）外缘增生弧的生长逐渐地改变盆地的形态，使之成为双侧海槽，并使浊流在海底扇楔状体边缘转向 90°，纵向地向盆地平原下方流去。

（4）弧前盆地中最年轻的沉积物可能是浅海相或非海相。

2. 弧间盆地　弧间盆地是指那些位于火山岛弧间的盆地。这类岛弧一般远离大陆边缘，但多数情况下只有一个岛弧为年轻的活动弧，其余为较老的残留弧。地壳类型一般为大洋地壳或过渡型地壳。如菲律宾海自白垩纪以来消减带两次向东运动，在地表上岛弧沿着火山活动带张裂，弧后区被废弃或不活动，而弧前区迅速向洋迁移进入一个新的短时期内比较稳定的位置，因而在新旧火山弧之间形成弧间盆地。这类盆地的沉积特点是富含火山质，物源来自火山岛弧，分选磨圆度均差，常见火山碎屑浊积岩。

3. 弧后盆地　广义上弧后盆地是指活动火山弧之后（靠陆一侧）的盆地。有些活动弧之后仍有一些残留的老火山弧，它们之间的盆地实质上类同于弧间盆地。另外在一些活动弧之后地区受弧后扩张作用影响而拉张形成较大规模的弧后盆地。这类盆地的一侧为大陆边缘上的陆坡相和陆架相，另一侧为岩浆弧，地壳类型为陆壳。沉积物既有陆源碎屑岩，也有浅海碳酸盐岩、深海泥岩、浊积岩。

4. 前陆盆地（后弧盆地）　在挤压弧中由于受挤压作用力影响，在大陆板块的边缘受到变形成为一个褶皱冲断带，使地壳可能缩短和加厚 2 倍。受具有上叠冲断席的克拉通负载影响，造成岩石圈的向下弯曲形成前陆盆地。这种盆地被来自相邻山地的沉积物充填，而沉积物负载本身又引起地壳进一步凹陷。前陆盆地常具如下特征：

（1）前陆盆地的基底均为大陆壳；

（2）主要为浅海相—非海相的碎屑充填物，其中可能包含向上相变的海相—非海相的岩相转变；

（3）沉积物可能来自邻近的岩浆弧或增长中的褶皱-冲断带，或来自基底隆起，或来自克拉通内地；

（4）以挤压的褶皱与断裂为主的构造样式，具有证明同沉积构造作用的层内不整合面。

（三）转换断层和走向滑移断层盆地

转换断层是板块边界类型之一，就其两侧板块相对运动而言均具斜向滑移性质，其产生的盆地效应类同于走向滑移断层（平移断层）。

走滑断层引起的盆地一般具如下特征：①多数盆地宽只有几十公里；②内部构造具一定的成因联系；③沉积物相变明显，不同盆地沉积物具不同的地层序列；④同沉积构造普遍；⑤盆地具多期改造性质；⑥沉积速率快达 1m/ka。

（四）与缝合带伴生的盆地

缝合带是在两个大陆板块由于其间的大洋壳消减掉而联合在一起的复杂造山带。它们以强烈的构造变形、区域变质作用、深成作用和一系列不同式样的沉积盆地为特征。由于缝合过程中的复杂性，因此对于缝合带的盆地不可能有一个简单的分类。图 11-15 显示两个不规则大陆边缘之间发育的一条缝合带的大地构造与沉积演化的块状图解模式（Dewey，1977），其内不同盆地各具特色。

（1）前渊盆地（前陆盆地）　指位于缝合点前方由于俯冲板块的向下弯曲而形成的壕沟凹陷。从缝合点上正在上升的造山带上流出的碎屑流在此沉积。盆地最初可能位于深水之下，堆积了厚的滑塌堆积和重力流堆积，后来随着缝合作用的持续进行，前渊变浅，沉积环境变为非海相。

（2）残留洋盆　指两个相互接近的大陆之间的海湾。它们的缝合作用已在别处发生很大作用后仍未受到变形，而一直作为沉积凹陷盆地。这类盆地可能保留了大洋壳底，并被侧面或四周而来的巨厚沉积物覆盖。物源主要来自缝合带本身，其次来自火山弧和成熟的碳酸盐岩、碎屑岩及俯冲板块的基底岩石。残留洋盆充填的最后阶段可能是湖相环境。

（3）弧后盆地和伴生的走滑断层引起的盆地　这类盆地前已阐述，从略。

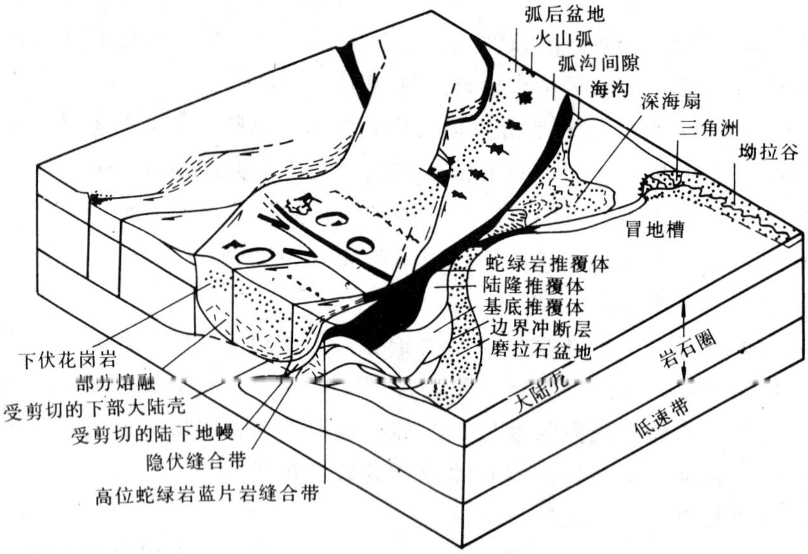

图 11-15 缝合带大地构造与沉积演化的块状模式图解

（据 Dewey，1977，修编）

（五）克拉通盆地

克拉通盆地泛指那些分布在板块内部的各种盆地、槽地、坳陷、地堑、坳拉谷等。对它们的成因目前没有统一的解释。有些可用板块边缘过程来解释，如坳拉谷可能是三联点① 扩张结合的“衰萎”支，如西西伯利亚盆地可能为早期的弧后盆地沉降造成。但有些盆地无法用同期的板块构造边缘过程来解释。90 年代兴起的大陆动力学试图以新的思路来解释克拉通的盆地形成原因，但目前尚未形成系统的理论。不管其成因如何，克拉通盆地的沉积型式以宽阔的浅海沉积体系为主，岩性和岩相都较稳定，常见岩性为巨厚层的碳酸盐岩、蒸发岩、砂岩和页岩。

随着大陆动力学在 80 年代末首先由美国等国地质学家提出后，90 年代初各国又制定了大陆动力学研究计划，在大陆造山带和盆地的研究上取得了一系列新进展，但同时也提出了一些存在的问题（肖庆辉，1997），主要可概括如下：

（1）研究证实以板块构造理论为基础的大陆裂开、解体和碰撞的威尔逊旋回② 解释不了造山作用的全过程和复杂性，在大陆造山带中非威尔逊旋回造山作用可能起着主导作用；

（2）使大陆岩石圈变形的力是多元的，也是多源的。仅仅岩石圈板块边界的相互作用力解释不了大陆内部变形的多样性和复杂性；

（3）大陆内部结构存在多层性、层间活动性及非耦合性（立交桥式），这些性质对岩石圈的刚性及其整体运动方式提出了挑战；

（4）大陆垂直增生和改造作用也是大陆生长的重要方式，大陆具有独特的物质增生与消减过程；

（5）大陆软流圈可能不具全球性质，大陆岩石圈的概念和大陆漂移的界面受到挑战。

① 三联点是三个板块相接触的共同点。

② 威尔逊旋回是指大陆板块从开裂，到大洋盆地开始形成、扩宽、开始收缩、近封闭，最后大陆碰撞、大洋盆地完全闭合这样几个演化阶段。

小　　结

本章简要介绍了造山带和沉积盆地的概念，造山带的基本特征和成因，沉积盆地基本特征和成因，如何用板块构造理论来解释造山带和沉积盆地的形成及存在的问题。通过本章学习，要求学习者掌握造山带和沉积盆地基本概念，初步掌握造山带和沉积盆地的板块构造成因观点，树立造山带和沉积盆地在大陆地质研究中重要性的认识。

复习思考题

1. 名词解释：造山带、山脉、沉积盆地、裂谷、弧前盆地、弧后盆地、前陆盆地、缝合带、大陆动力学。

2. 试述造山带的基本特征。

3. 试述沉积盆地的基本特征。

4. 用板块构造观点阐述造山带和沉积盆地的形成。

第四篇　地质环境与人类

人类从诞生之日起就知道利用地球上的各种资源，地质学的形成和发展与人类对地球矿产资源的渴望和索取紧密相关。地质学的理论来源于地质调查和找矿等实践活动，同时又指导着进一步找矿工作。从18世纪欧洲产业革命以来，人类对地球的矿产资源进行了大量开采，无以数计的铁、铜、煤、石油等矿产被开采出来，用于制造轮船、火车、汽车、飞机和修铁路、架桥梁、造房屋等，使人类进入了一个物质发达的文明社会。高度文明和物质发达的人类又被其居住的地球环境日益恶化所困扰。人口爆炸，各种自然灾害的频繁发生，使人类每年都要蒙受1 000亿美元以上的损失。而许多自然灾害又与人类生命活动及其对自然的改造有关。如工业化导致了废气、废水、废渣对大气和地表环境及地下水的污染。采矿、采油、抽取地下水导致地面塌陷和沉降。过分地开垦土地，导致森林和草场的减少、水土流失及沙漠化面积扩大。随着人类对地球环境的高度重视，作为地球表层环境主要部分的地质环境，已成为地质学家研究的主要课题之一。地质学进入了一个新的发展阶段。

本篇主要论述与人类生存紧密相关的矿产资源、地质环境和地质灾害。

第十二章　矿产资源

第一节　概　　述

一、矿产

矿产（mineral product）是指在一定的经济技术条件下，能从自然界中提取出来，且具有工业价值的矿物性原料的总称。即矿产是自然界产出的能被人类利用的矿物资源。矿产是开采后不可再生的有限资源。

物质资料生产是人类社会发展和生活的基础，矿产资源则是最基本的生产资料之一。矿产资源是自然资源的重要组成部分，是发展经济的重要物质基础，也是确立国民经济发展战略和制定长远规划的主要依据。世界上许多国家把矿产资源作为国力的体现和社会发展的支柱。一个国家矿产资源的富有，在很大程度上能促进工、农业生产的发展和人民生活水平的提高。如沙特阿拉伯、科威特、文莱等国主要靠石油致富。前苏联盛产石油、铁、金、煤等，成为经济发展的重要支柱。美国在1983年仅出口磷酸盐一项就获得11亿美元。意大利仅天然装饰石材的年贸易额就达10亿美元。中国是世界上矿产种类比较齐全、储量规模可观的为数不多的国家之一（表12-1)。世界已知的矿产种类约160种，我国已发现150多种。按照45种主要矿产资源的储量的价值计算，我国矿产储量总值占全世界14.64%，仅次于前苏联及美国，占第三位（表12-2)。按单位国土面积拥有的主要矿产储量价值计算，我国比世界平均水平高出一倍，居世界第6位；若按人均拥有的矿产储量计，我国低于世界平均水平，人均占有量不足世界人均占有量的1/2，而人口占世界人口数22%，耕地只占世界的7%。由此可见，素以“地大物博”自誉的中国，人均拥有的矿产资源是很少的，其开发和利用也是很落后的。因此，我们不能高枕无忧。合理开采和保护这些有限的资源已成为刻不容缓的事情。

表12-1 中国主要矿产资源在世界上所处位次

矿种	位次	前列国家或地区	矿种	位次	前列国家或地区
铁	5	前苏联、巴西、加拿大、澳大利亚、中国	锂	1	中国、智利、美国、加拿大、扎伊尔
锰	5	南非(阿扎尼亚)、前苏联、澳大利亚、加蓬、中国	铍		巴西、印度、美国
铬	13	南非、津巴布韦、芬兰、前苏联等	铌	3	巴西、前苏联、中国、加拿大、尼日利亚
铜	5	智利、美国、赞比亚、秘鲁、中国	钽	2	扎伊尔、中国、澳大利亚，尼日利亚、前苏联
钡	1	中国、南非(阿扎尼亚)、前苏联、澳大利亚、智利	稀土	1	中国、美国、前苏联、印度、加拿大
钛	1	中国、印度、加拿大、挪威、南非	菱镁矿	1	中国、前苏联、朝鲜、巴西、澳大利亚
铅	5	美国、澳大利亚、前苏联、加拿大、中国	萤石	1	中国、南非、墨西哥、英国、美国
锌	1	中国、加拿大、澳大利亚、美国、前苏联	磷	2	摩洛哥、中国、前苏联、非、美国
镍	5	新喀里多尼亚、加拿大、印度尼西亚、前苏联、中国	硫铁矿	1	中国、加拿大、前苏联、美国、波兰
钴	3	扎伊尔、赞比亚、中国、前苏联、古巴	砷	1	中国、美国、加拿大、秘鲁
钨	1	中国、加拿大、前苏联、美国、澳大利亚	重晶石	1	中国、美国、印度、加拿大、墨西哥
锡	2	印度尼西亚、中国、秦国、马来西亚	滑石	2	美国、中国
钼	2	美国、中国、智利、前苏联、加拿大	石棉	2	美国、中国、南非
铝土矿	7	几内亚、澳大利亚、巴西、牙买加、印度、喀麦隆、中国	石墨	1	中国、美国
锇	1	中国	石膏	1	中国、美国、加拿大
锑	1	中国、玻利维亚、南非、前苏联、墨西哥	叶蜡石	3	日本、南朝鲜、中国
汞	2	西班牙、中国、前苏联、南斯拉夫、英国	矽灰石	2	印度、中国
金	7	南非、前苏联、美国、澳大利亚、菲律宾、津巴布韦、中国	煤	2	美国、中国、前苏联、前联邦德国、英国
银	7	前苏联、加拿大、美国、墨西哥、澳大利亚、秘鲁、中国	天然气	17	前苏联、伊朗、美国、沙特阿拉伯、阿尔及利亚
铂族	6	南非、前苏联、美国、加拿大、津巴布韦、中国	石油	11	沙特阿拉伯、科威特、前苏联、伊朗、墨西哥、伊拉克、阿联酋、委内瑞拉、美国、利比亚、中国

据以下资料编：①2000年的中国矿产资源，1984，地质矿产部地质技术经济技术研究中心。②世界主要矿产资源供需现状与2000年的开发利用预测，1984，地质部情报研究所。③赵东甫、冯本智、1987，非金属矿床，地质出版社。④中华人民共和国地质矿产部年鉴，1986，地质出版社。

表 12-2　世界前10位国家的45种主要矿产储量价值比较

地区	按矿产总值		按国土面积		按人口	
	(%)	名次	(万美元/km²)	名次	万美元/人	名次
前苏联	17.73	1	59.14	7	5.06	8
美国	16.56	2	132.14	5	5.67	6
中国	14.64	3	114.46	6	1.19	10
沙特阿拉伯	6.59	4	229.11	2	62.58	1
英国	4.12	5	1 262.21	1	5.52	7
加拿大	3.96	6	29.64	9	12.58	3
伊朗	3.40	7	154.38	4	7.22	5
澳大利亚	3.35	8	32.57	8	17.57	2
南非	2.94	9	180.08	3	7.94	4
巴西	2.94	10	25.82	10	1.90	9
10国小计	76.23		78.29		3.40	
世界总计	100		55.82		1.77	

（资料来源：地质矿产部全国地质资料局，1982，矿产资源优势分析汇编）

二、矿床

矿床（oredeposit）是指岩石圈中由地质作用形成的、有一定经济价值且能被开采和利用的综合地质体。据成因可将矿床划分为岩浆矿床、变质矿床和外生矿床。矿床中能被开采利用的块段称为矿体，矿体之外的部分称为围岩。一个矿床可由几个矿体构成。从矿体中开采出来的可直接被利用或可从中提取有用组分的矿物集合体称矿石。矿体内部夹杂有不符合工业要求的岩石称为夹石。矿石中可被直接利用的金属或非金属矿物称为矿石矿物；矿石中目前不能被直接利用的矿物称为脉石矿物。脉石矿物、夹石和围岩碎块等这些在选矿过程中的废弃物又统称为脉石。

自然界中矿体具有不同形态。按其三度空间长度比例可分为等轴状矿体、板状矿体、柱状矿体。矿体的产出状态称为矿体的产状，它包括矿体的产状要素、埋藏深度、与围岩和构造关系等。在找矿勘探中一个矿体能否值得开采开发取决于矿石的品位。矿石品位是指矿石中所含的有用组分的百分含量，常用质量百分比或体积百分比表示。如铁矿石的品位为60%（每吨矿石含金属铁0.6t），岩金矿石的品位为2g/t（每吨矿石中含有2g金），砂金矿石的品位为1g/m^3（每立方米矿石内含1g金）。在实际找矿勘探工作中常使用工业品位和边界品位两个指标。边界品位是指用来划分矿与非矿界限的最低品位。工业品位是指可供开采矿段的最低平均品位，是计算工业储量的参数，并随经济技术条件和需求程度而变化。如目前我国现阶段的铜矿工业品位为0.5%，而边界品位为0.2%～0.3%。

三、矿产分类

矿产按工业用途的不同，大致可分为三大类：金属矿产、非金属矿产、能源矿产（或燃料矿产、有机矿产）。需要指出的是，在有些分类方案中将水资源归为矿产资源的第四类。当然水资源也应是地球自然资源的一部分，但它不属于矿产资源。因为水资源并不是一种矿物性原料，且是一种可再生的资源。但水资源在人们日常生活和工农业生产中意义重大。

上述三大类矿产资源还可进一步划分，常见的分类方案如表12-3所示。

表 12-3　常用矿产资源的分类

矿产类型	矿种数	矿种名称
能源矿产	6	煤、石油、天然气、油页岩、铀、钍
金属矿产 黑色金属矿产	5	铁、锰、铬、钒、钛
金属矿产 有色金属矿产	12	铜、铅、锌、铝土矿、镍、钴、钨、锡、钼、汞、锑、铋
金属矿产 贵金属矿产	8	金、银、铂族(铂、钯、钌、铑、锇)
金属矿产 稀有金属矿产	8	铌、钽、铍、锂、锆、锶、铷、铯
金属矿产 稀土金属、分散元素矿产	20	稀土(铈、镨、钐、铕、钆、铽、镝、钇、镧等)、锗、镓、铟、铊、铼、镉、钪、铪、硒、碲
非金属矿产 冶金辅助原料非金属矿产	10	熔剂石灰岩、熔剂白云岩、硅石、菱镁矿、耐火粘土、萤石、铁矾土、铸型用砂、铸型用粘土、高铝矿物原料(蓝晶石,夕线石、红柱石)
非金属矿产 特种非金属矿产	7	金刚石、压电水晶、熔炼水晶、蓝石棉、冰洲石、光学萤石、光学水晶
非金属矿产 化工原料非金属矿产	23	硫铁矿、自然硫、磷、钾盐、钾长石、含钾长石、明矾石、蛇纹石和橄榄岩(含化肥用白云岩)、化学用硅石、化工用石灰岩、泥炭、硼、岩盐(含池盐、井盐)、芒硝、天然碱、钠硝石、镁盐、碘、溴、砷、重晶石、毒重石
非金属矿产 建筑材料及其他非金属矿产	36	云母、石棉、石膏、石墨、滑石、水泥石灰岩、泥灰岩、高岭土、玻璃用砂、玻璃用白云岩、水泥混合材料、水泥配料、长石、陶瓷粘土、砖瓦粘土、硅灰石、建筑用大理岩、花岗岩、建筑石料、方解石、铸石用玄武岩和辉绿岩、珍珠岩、沸石、蛭石、硅藻土、膨润土、浮石、凹凸泡石(含海泡石)、粘土、叶腊石、刚玉、石榴石、天然油石、宝石、玛瑙、玉石

(引自《中华人民共和国地质矿产部年鉴》,1986,地质出版社)

第二节　能源矿产

能源矿产（energy resources）是指能为工业或民用提供燃料及动力的矿产资源。主要有石油、天然气、煤和铀等，前三种也称为有机矿产。

一、石油和天然气

石油（petroleum）是由液态和气态碳氢化合物混合而成的天然的可燃油料。含溶解状态的沥青以及少量的有机质、氧化物、硫化物和氮化物，其成分包括烷族、环烷族和芳香族碳氢化合物。天然气（gas）由气态碳氢化合物组成。如甲烷、乙烷、丙烷、丁烷等，有时还含低沸点液态碳氢化合物戊烷、已烷等。烷族固态碳氢化合物形成地蜡，环烷族固态碳氢化合物形成沥青。石油和天然气不仅历来是最重要的能源矿产之一，而且近来被广泛用化工原料，其制成品已达5 000多种，常见的有合成橡胶、塑料、农药、化肥、合成纤维、合成洗涤剂、医药、染料等，被誉为“工业的血液”。

世界石油和天然气的储量和产量分布不均匀（表 12-4）。1880—1970 年，世界石油储量，产量基本上以每 10 年加倍的数级增长。70 年代后，1970—1973 年世界每年对石油的消耗量由 22.3×10^8t 猛增到 719×10^8t，储采比却从 32 下降到 28。1978 年的产量达 30.6×10^8t，而剩余储量却仅有 743.9×10^8t，储采比下降至 25 以下。现今社会对油气的需求量更是与日俱增，霸占和垄断世界石油和天然气市场已成为世界列强国家的政治目标，盛产油气的中东地区已成为观注的焦点。

表 12-4 世界不同地区石油和天然气所占比例

地　区	石　油(%)	天然气(%)
北　美	18	38
南　美	11	6
西　欧	5	12
非　洲	8	3
中　东	29	3
前苏联、东欧、中国	23	33
西南太平洋	6	5

(引自《中国自然资源手册》,1989—1990)

我国已探明的石油主要可采储量分布于大庆、胜利、辽河、中原、新疆等油田(表 12-5)。

表 12-5 中国主要油田

名　称	位　置	概　况
大庆油田	黑龙江省松嫩平原中部	我国最大的油田。1960 年开始开发,1976 年主力油田投入开发,原油量上升到 5 000 万吨。1985 年产量为 5 528 万吨,创开发以来最高水平。1976—1985 年共生产原油 5.18 亿吨,占同时期全国原油产量的 49.54%
胜利油田	山东南部渤海之滨的黄河三角洲地带	我国第二大油田。1964 年开始开发,1985 年原油 2 700 万吨
华北油田	河北省冀中平原	我国第三大油田。1976 年全面投入开发,1985 年产原油 1 031 万吨
辽河油田	辽宁省南部,南临渤海,东到鞍山,西至锦州,北接沈阳	我国第四大油田。1970 年开发建设,1985 年原油产量突破 900 万吨
大港油田	华北东部滨海地区	1964 年开发建设,1984 年产原油 317 万吨左右
中原油田	河南、山东交界处	1975 年 9 月第一口井喷油,1985 年原油产量突破 500 万吨
河南油田(南阳油田)	横跨河南省南阳、磨河、泌阳、桐柏、新野五县	1977 年 4 月开发建设,年产原油 220 万吨以上
新疆油田	克拉玛依、塔里木	1955 年 10 月第一口井喷油,1984 年产原油 450 万吨。塔里木盆地,远景巨大
四川气田	四川省中部	全国最大的综合性天然气生产基地。1953 年开始钻探,现已钻探气井 1 000 多个。1984 年天然气产量达到 55.9 亿米^3,占全国产量(124.3 亿米^3)将近一半

(引自《中国自然资源手册》1989—1990)

天然气主要分布于四川、鄂尔多斯，其储量占全国一半以上。油页岩主要分布于吉林、广东和辽宁。近年来，在大庆、胜利、中原、克拉玛依等老油田区的找油工作已取得重大进展；在近海大陆架的渤海、南海、南黄海、东海等地都打出了高产油（气）流；在莺歌海找到了大气田。在中原、川北找到了有远景的煤成气田，鄂尔多斯已成为中国最大的气田地区。但是，随着我国经济的高速发展，油气资源形势相当严峻。按 1988 年底统计资料，以每平方公里国土计算，油气保有储量（即剩余可采储量）和资源量仅分别相当于世界平均水平的 29%和 50%；按每人占有的油气产量、保有储量和资源量计算则分别为世界平均 水平的 22%、9%和 50%。据统计 1953—1985 年我国国民收入增长了 9.6 倍，但能源消耗量却增加了 14 倍，每万元国民经济产值的能耗量为美国的 2.6 倍、日本的 5 倍、原西德的 10 倍；单位产量能耗仅次于阿曼和卡塔尔，而后者却是世界上油气资源很丰富的主要石油输出国。在这种情况下，即使在本世纪末原油产量达到 2×10^8t，要保证我国国民经济产值翻两番的目标，“开源节流”应该是最根本的能源政策。

二、煤

煤（coal）主要是由有机质残体和少量矿物在一定地质条件下沉积形成的固体可燃岩石。通常以成矿物质的不同分为两大类：①腐植类，即泥炭、褐煤、烟煤和无烟煤；②腐泥类，即藻煤、石煤及油页岩。

煤在人类社会发展的过去、现在和将来的很长一段时间内都是主要的能源。世界上煤的产量在所有燃料矿产中所占的比例最大，曾被誉为“工业的粮食”（列宁）（表 12-6）。但是，近年来为了减少煤对环境的污染，世界许多国家已将注意力集中到煤炭的综合利用上。发达国家已不将燃煤作为获取能源的主要手段。

表 12-6　世界主要国家煤炭资源和储量　　单位:亿吨

国　家	证实的原地数量			证实的可采储量			估算的附加数量		
	烟　煤	次烟煤	褐　煤	烟　煤	次烟煤	褐　煤	烟　煤	次烟煤	褐　煤
前苏联	1 360	518	1 050	1 088	414	945	21 630.0	20 859	9 600
美　国	2 376.4	1 643.7	408.9	1 319.7	919.6	327.1	4 580.7	2 762.4	3 928
中　国	6 106.0		1 265.0	不详		不详	17 000.0		3 000
澳大利亚	485.4	29.9	393.0	274.4	20.6	362	5 070.0	1 004	870
德　国	440.0		970.5	239.2		561.5	1 863.0		
波　兰	630.0		132.0	283.0		144.0	1 005.0		204.0
英　国			4.0	46.0			1 854.0		
南　非	1 155.3			584.0			171.0		
印　度	263.3		15.8	不详		15.8	855.5		19.4
加拿大	49.0	12.8	28.4	31.5	8.8	24.2	256.9	278.2	42.2
巴　西	0.2	30.8		0.2		23.2	0.02	279.2	
原捷克斯洛伐克	57.5		72.2	27.0		28.6	55.0		16.2
世　界	13 400.0	2 570.0	5 080.0	4 040.0	1 620.0	2 720.0			

（引自《中国自然资源手册》,1989—1990）

我国煤炭储量丰富、品种齐、煤质优、开发条件较好。1987 年全国保有储量 8 593.9 亿吨，产量达 9.2×10^8t，跃居世界首位。从煤的储采比来看，可供开采 1 000 年以上。分布地区主要为新疆、内蒙古、山西，其次为陕西、贵州、宁夏、河南、云南、山东、河北等。但是，我国煤矿的勘探程度和开发程度低，已开发利用的仅占储量的 1/7。未开发的储量中开发技术条件好的尚有 1 700 亿吨，其中精查储量有 400 亿吨。若都建成矿山，到本世纪末可实现规模 13 亿吨。但是随着人们对环境保护意识的逐渐增强，煤将逐步被其他能源，如核能源所代替。我国在制定煤的勘探和开发计划的同时，必须顺应全球环境保护潮流，做到合理开发、综合利用，以减少对地球环境的污染。

三、铀

铀（uranium）是具有重要战略意义的放射性元素，广泛应用于军工、航天、动力、医疗、通讯及气象等部门。所谓铀矿是指铀含量达到工业品位的矿石。更确切地说，铀矿系指铀含量达到国民经济技术要求指标的自然物质，人们从这些物质中来提取铀。

世界上已探明的具有工业价值的铀矿床大多分布在北美和非洲，其储量约占全世界已探明储量的72%（表12-7）。近年来，澳大利亚发现的规模巨大的铀矿床已成为世界铀矿资源的主要基地之一。

表12-7　世界工业铀储量

国家、地区	<80美元/kg铀	所占百分数	80～130美元/kg铀
美　国	531	29	177
澳大利亚	290	16	9
南　非	247	13	144
加拿大	215	12	20
尼日尔	160	9	0
纳米比亚	117	6	16
巴　西	74.2	4	0
法　国	39.6	3.5	15.7
加　蓬	37	3.4	0
其　他	74.3	4.1	—
总　合	1850	100	381.7

（据国际原子能机构，1980）

铀的主要用途目前只用于制造原子武器和发电，在世界人民强烈要求全面禁止核武器的形势下，铀的用途逐渐转向核能源工业。核能的和平利用正蓬勃发展，特别是核电站的建设被视为国家实力的象征。截至1982年，世界上已有25个国家建有核电站。正在运转的核电站有294座，总发电量为183×10^{6}万千瓦，已占世界发电总量的8%以上。预计到本世纪末，核电将达到世界发电总量的1/3，下世纪初将超过一半。可以预料，21世纪核能将成为主要能源。

第三节　金属矿产

金属矿产（metallic ore）是指能够供工业上提取金属元素或化合物的有用矿物资源。按金属本身性质及其工业利用不同，可将金属矿产分为如下几类：

1. 黑色金属或铁合金属矿产　是钢铁的基本原料，包括铁、锰、铬、钛、钒等。
2. 有色金属矿产　如铜、铅、锌、铝、镍、钴、钨、锡、钼、汞、锑、铋等。
3. 贵金属矿产　如金、银、铂族（铂、钯、钌、铑、锇、铱）等。
4. 稀有金属矿产　如铌、钽、铍、锂、锆、锶、铷、铯等。
5. 稀土金属、分散元素矿产　如稀土（铈、镨、铷、钐、铕、钇、铽、镝、镧等）、锗、镓、铟、铊、铼、镉、钪、铪、硒、碲等。

中国主要金属矿产资源的分布位置及其概况归纳于表12-8，现以几种主要金属矿产（铁、铜、金）为例作简单介绍。

一、铁

铁（iron）在地壳中的平均含量为5.10%，自然界中含铁的矿物约有300多种，但在工业上被利用的仅有少数几种，如磁铁矿（含铁72.4%）、赤铁矿（70%）、褐铁矿（48%～63%）、菱铁矿（48.4%）采冶工业上对铁矿石质量的衡定主要依据两个方面：①铁含量多少，并以

表 12-8 中国主要金属矿产

类别	名称	位置	概况
三大共生矿	攀枝花钒钛磁铁矿	四川渡口市	主要有铁、钒、钛、镍、钴，其中钛的储量占全国的90%，钒的储量占全国的80%
	白云鄂博铁矿	内蒙古包头市北	除铁外，主要有稀土元素，稀土储量占全国的98%，相当于世界各国储量的总和
	金川硫化铜镍矿	甘肃金川市	镍储量占全国的80%，铂(白金)族贵金属的储量占全国的90%，1985年已形成2万吨镍生产能力。目前镍产量占全国的85%，铂族贵金属产量占全国的90%。计划到1990年镍产量再翻一番
六大铜基地	江西铜基地	江西东北部	我国最大铜生产基地。储量占全国的25%，生产能力为年产铜7万吨。"七五"期间已形成年产铜20万吨的生产能力
	大冶铜基地	湖北东部	储量占全国的6%
	铜陵铜基地	安徽南部	储量占全国的5%
	中条山铜基地	山西南部	储量占全国的5%
	云南铜基地	云南	
	白银厂铜基地	甘肃白银市	
两大锡矿	云南个旧	云南东南部	储量占全国的25%
	河池一南丹	广西北部	不仅储量大，还有大量的铅、锌、铜、锑等
贵州五大汞矿	玉屏万山汞矿、铜仁大铜喇汞矿、松桃水铅厂汞矿、务川木油厂汞矿、邢日五〇四汞矿	贵州东北部	占我国汞产量的90%
赣南十大钨矿	西华山、大吉山、岿美山、盘古山、漂塘、荡坪、下垅、画眉坳、铁山垅、浒坑	江西南部	生产的钨砂占全国的60%
钛	海南钛矿	广东海南岛(现为海南省)	储量占全国的68%，还伴有锆英石、独居石、金红石、黄金等矿产资源，其中锆英石储量占全国的60%
锑	新化锡矿山锑矿	湖南	产量占世界的25%，占全国的33%
铝钒土	山西铝钒土基地	山西	约占全国总储量的1/3，到本世纪末氧化铝产量可达150万吨以上
铅锌	柴达木锡铁山铅锌矿	青海柴达木盆地	探明的铅锌储量为3 000万吨左右，还伴生有金、银等稀有金属
	甘肃厂坝铅锌矿	甘肃成县	探明的储量达4 500万吨
黄金	山东黄金生产基地	山东	1982年产量占全国的25%
	小秦岭	豫陕小秦岭	不详

（引自《中国自然资源手册》，1988—1990）

此分富矿（含量35%以上）和贫矿（铁含量25%～35%）；②有害杂质（如磷、硫、砷等）的含量。

铁是工业发展的基础，是衡量一个国家工业发展程度的标志之一。世界铁矿总储量约有8 000×10^8t，而每年开采量约为7.5～8.5（10^8t）。前苏联、美国、澳大利亚、巴西、加拿大等国居世界钢铁产量前列。我国的铁矿储量截至1985年底已接近500×10^8t亿吨，建成了一大批铁矿山（表12-9），到2000年最多消费其储量的40亿吨。虽然宏观数量上丰富，但却未能满足国民经济发展的需求。问题在于：①矿石普遍偏贫，可直接入炉的富矿仅占总储量的1%～2%，如我国的普通铁矿约需3.8～4t才能炼出1t铁，而国外炼1t铁仅需1.5～1.6t铁矿石；②剥采比高达7m（澳大利亚为2.5m，美国为4～5m）；③细粒难选矿多，占总储量的

1/4，使精矿石供应受限制；④矿石成分复杂，大多伴生其他有益成分，分离纯化遇到技术难题，这类矿石占储量的1/3；⑤矿山分布与已形成的钢铁工业布局不协调。如长江中下游地区（武汉钢铁公司、宝鸡钢铁公司所在地）只能满足未来需求矿石量的1/5～1/4。由此可知，我国铁矿资源要满足日益增长的国民经济发展的需要，必须进一步提高选矿冶炼技术和装备水平，提高交通运输能力，立足国内，综合开发铁矿石中伴生的多种有用组分。

表 12-9　中国十大铁矿

名　称	位　置	概　　况
鞍山大铁矿	辽宁省鞍山市附近	包括鞍山铁矿、齐大山铁矿、大孤山铁矿、眼前山铁矿、弓长岭铁矿，储量大，易采易选，是供鞍山钢厂使用的主要矿山
本溪铁矿	辽宁省本溪市附近	包括南芬铁矿、歪头山铁矿，储量大，易采易选，是供本溪钢厂使用的主要矿山
攀枝花铁矿	四川省渡口市附近	储量大，铁矿石中伴生钒、钛等多种有用金属，供攀枝花钢铁公司使用
马鞍山铁矿	安徽省马鞍山市附近	包括凹山铁矿、姑山铁矿，是供马鞍山钢铁公司使用的主要矿山
大冶铁矿	湖北省黄石市附近	铁矿较富，同时含铜、钴等金属，是供武汉钢铁公司使用的主要矿山
水厂铁矿	河北省迁安县附近	是含硅高的贫铁矿，储量较大，易采易选，是供首都钢铁公司使用的主要矿山
白云鄂博铁矿	内蒙古自治区包头市北	储量大，同时伴生大量稀土元素、稀有元素，是世界上罕见的一种铁矿类型，供包头钢铁公司使用
梅山铁矿	东苏省南京市郊	储量较大，矿石较富，供上海钢铁公司使用
镜铁山铁矿	甘肃省酒泉市西南祁连山	储量大，矿石含硅高铁贫，是酒泉钢铁公司的主要矿山
石碌铁矿	海南省昌江县	是我国最大的一个富铁矿，矿石供应全国各钢铁公司

（引自《中国自然资源手册》，1989—1990）

二、铜

铜（copper）是用途广泛的重要有色金属。铜具有良好的导电性、导热性、延展性、抗张性，并和其他金属一起制成合金广泛用于电气、机器制造、交通、化工、国防、冶金及轻工等部门。自然界含铜的矿物有280多种。工业上利用的铜主要取自黄铜矿，其次有辉铜矿、斑铜矿、孔雀石等。铜矿石的最低工业品位为0.4%～0.5%，大于1%者称为富矿。铜金属储量大于50万吨的矿床称为大型矿，储量为10～50万吨的为中型矿，储量小于10万吨者为小型矿。

世界上铜的金属储量约为5×10^8t，产量稳步上升（表12-10）。我国1982年统计的铜金属储量为5.540×10^4t，主要集中在长江中下游和川滇地区，其次为甘肃河西走廊、山西中条山、西藏江达、黑龙江嫩江等地区。总结我国铜矿资源的特点是：①品位低；②缺少巨大型矿床；③不少大型矿床的建设条件差；④储采比较高；⑤矿床类型多。由此可见，我国铜矿可供建设的后备资源不足，远远不能满足当前国家经济高速发展的需求。

三、金

金（gold）是人类最早发现和利用的金属之一，主要用作货币与装饰品。国际上常以黄金代表货币价值，一个国家的黄金储备量是经济实力的象征之一。金具有高度的化学稳定性、良好的导电、导热性和延展性，因此与银、铜一起制成合金而被广泛用于高级仪器、仪表、电子和航天工业中。金的最主要工业矿物是自然金（常含银4%～15%），其次是金银矿（含金50%～80%，含银15%～50%）等。

表 12-10　世界铜储量及产量情况表　　单位:万吨金属

国　家	储　量	产量(1985年)
智　　利	9 700	129
美　　国	9 000	125
澳大利亚	4 100	27.5
前苏联	3 600	60
赞比亚	3 400	47.5
秘　　鲁	3 200	40
扎伊尔	3 000	54
加拿大	2 300	71
菲律宾	1 800	22
波　　兰	1 500	36.5
其他市场经济国家	10 000	143
其他中央计划经济国家	900	46
世界总计	52 500	780.5

(引自《中国自然资源手册》,1989—1990)

世界黄金地质总储量约为 30 901.5t，以南非最多，其次为前苏联、美国、加拿大、澳大利亚等。近年来，中国的黄金勘探和开采得到飞速发展，金的地质储量跃居世界第 4 位，黄金储备跃居世界第 9 位（1984），主要的产金地区为山东半岛、小秦岭地区、新疆及黑龙江、海南省等地。随着当前我国经济的高速发展，黄金生产仍显后备储量不足，地质工作者任重而道远。

第四节　非金属矿产

非金属矿产（nonmetallic ore）是指能从其中提取出非金属元素或化合物、非金属矿物及矿物集合体的有用矿物资源。具体分类见前述表 12-3。工业上利用非金属矿产资源，除少部分是用来提取非金属元素或化合物（如硫、磷、硼、砷等）外，大部分是用来提取其非金属矿物或矿物集合体，以便利用其某些物理性质、化学性质和工艺性质。许多非金属矿产及其制品由于具有耐高温、耐酸碱、抗氧化、防射线、高硬度、高强度及隔热、吸附、绝缘、滑润等特殊性能而被广泛用于工业、农业、交通、国防等各部门。在一些新型尖端科学领域，如激光、微电子、光导通讯、高温结构陶瓷、航天技术及超导材料等，也大量利用非金属矿产。

开展非金属矿产的研究是发展生产力的突破口之一。世界上非金属矿产的开发和利用正突飞猛进,尤其是一些经济发达的国家,无论在产量还是产值上均超过了金属矿产。如美国的金属矿产值与非金属矿产值的比为 1∶3,英国高达 1∶30。我国的非金属矿产资源的勘探、开发和利用也取得了巨大成就。据 1986 年统计已发现 102 种,其中已探明储量的有近 80 种。其中世界罕见的鳞片状石墨、重晶石、硼砂、硅藻土、石棉、磷矿、芒硝、珍珠岩、滑石、高岭土、凹凸棒石、海泡石、石膏、膨润土等矿产储量已名列世界前茅。近年来,对宝玉石矿产的勘探、开发和改造工艺已飞速发展(表 12-11),并逐渐与国际珠宝界接轨。但是总体来看,我国对非金属矿产的开发应用与世界发达国家相比较仍有相当大的差距。主要问题是:①磷、硫资源虽然丰富,但以贫矿为主,地区分布不均匀。磷矿平均品位仅 16.5%,富矿仅占 7%,难选的胶磷矿占 82.5%,且储量南多北缺。硫铁矿已探明储量 34.7%亿吨,平均品位仅为 18.1%,富矿比例很少,由于选矿跟不上,每年需进口 30 万吨硫磺,耗费大量外汇。此外硼和天然碱仍不足,钾盐资源短缺;②建材及其他非金属矿产的地质工作程度很低,如大片云母(或超微细云母)、长纤维石棉的资源短缺,宝玉石资源的勘探和开发利用尚有待深入勘查等。

表 12-11 我国主要宝石和玉石品种、产地及地质特征一览表

矿物名称	宝、玉石名称	产出地质特征	我国主要产地
金刚石	金刚钻	金伯利岩岩浆矿床，砂矿床	山东沂蒙山区、江苏新沂、湖南沅水流域、辽宁南部
刚玉	红宝石、蓝宝石、白宝石、金宝石、黑星石、星光宝石	碱性岩、碱性伟晶岩矿床，片麻岩等高铝质岩石中的变质矿床，以及它们风化后形成的各种砂矿床	台湾省台中、广东、福建、江苏产蓝宝石，新疆产红、蓝宝石，安微、宁夏、帕米尔地区产红宝石
蛋白石	欧泊石、猫眼石	主要产于风化壳中，亦产于火山岩裂隙和空洞中	东南沿海、河南南部
石英类	紫水晶、蔷薇水晶（芙蓉石）、烟水晶、黄水晶（茶晶）	花岗伟晶岩矿床、热液矿床、砂矿床	内蒙古、山西、河北、河南、广东、新疆、湖南、江苏、山东、云南
玛瑙类	红玛瑙、红黄玛瑙、缠丝玛瑙、碧玉（绿碧玉）、虎睛石、绿玉髓、雨花石	火山气-液矿床、变质矿床	江苏、北京、河北、内蒙古、湖南、湖北等均有玛瑙产出，甘肃、宁夏和新疆玛纳斯有碧玉产出
绿柱石	祖母绿、水蓝宝石、纯绿宝石、金色宝石、海蓝宝石	花岗伟晶岩矿床，热液矿床、砂矿床	新疆阿尔泰、西昆仑产祖母绿、水蓝宝石，江西、湖南、河北产绿宝石，云南产海蓝宝石
金绿宝石	金绿宝石、金绿猫眼	花岗伟晶岩矿床	新疆阿尔泰、台湾
石榴子石	紫牙乌、镁铝榴石、翠榴石、黄榴石、贵榴石、铁铝榴石、锰铝榴石	接触变质和区域变质岩中的变质矿床、砂矿床，超基性岩、伟晶岩中亦有产出	新疆阿尔泰
电气石	碧玺、红碧玺、绿碧玺	花岗伟晶岩和热液矿床	新疆阿尔泰、西天山、西昆仑、华南
解石	翡翠（硬玉）、透辉石、锂解石、蔷薇辉石（粉翠）	变质矿床，超基性、基性岩中的岩浆矿床，砂矿床	新疆产翡翠、锂辉石、青海产粉翠（蔷薇辉石）
长石	月光石、日光石、天河石	伟晶岩及火成岩晶洞中	湖北产月光石，新疆天山东部和云南南部产天河石
黄玉（黄晶）	黄宝石（酒黄宝石）	花岗伟晶岩和热液矿床	新疆阿尔泰、云南南部
方钠石类	青金石	伟晶岩矿床、变质矿床、砂矿床	江苏、新疆南天山拜城
辉石质玉（软玉）	翡翠、粉翠（又名京粉翠、桃花石）	变质矿床	新疆、河北、北京、青海
角闪石质玉（软玉）	羊脂玉、青玉、墨玉、虎皮玉、和田玉等	变质矿床、接触交代矿床	新疆昆仑山产羊脂玉、青玉、墨玉等，四川产龙溪玉，台湾产台湾玉，青海产祁连玉
石英质玉	玛瑙、碧玉、冬陵石、密玉、京白玉、洛翠、贵翠、南阳玉（独山玉）、雨花石、虎睛石	伟晶岩矿床、火山气-液矿床，变质矿床	陕西洛南、河南南阳产独山玉，河南密县产淅川玉，东北出虎睛石，宁夏、甘肃产红玛瑙
蛇纹质玉	岫岩玉、古绿石、信宜玉、蓝田玉	变质矿床	辽宁产岫岩玉，陕西、宁夏产蓝田玉，广东产信宜玉，云贵川产古绿石
红柱石质玉	菊花石	接触变质矿床	北京西山，湖南浏阳，辽宁风城、岫岩
表生含氧盐玉	绿松石、孔雀石、硅孔雀石	风化矿床、低温变质热液	湖北竹山、陨县及陕西白河、新疆天山东部产绿松石，湖北、安徽、广东产孔雀石、硅孔雀石
有机质矿物玉	煤精琥珀	沉积矿床	辽宁抚顺
叶腊石	青田石、寿山石、昌化石、绿石、林西石	火山气-液矿床	浙江青田、昌化、温岭，福建闽侯，广东台山，内蒙古林西
大理石	云石、汉白玉、曲阳玉、艾叶青、曲纹玉、紫纹玉	沉积矿床、变质矿床	云南大理、北京产汉白玉、艾叶青，山东产莱阳绿、紫豆瓣，湖北大冶产紫纹玉，贵州产曲纹玉

小　结

物质资料生产是人类社会发展和生活的基础，矿产资源是最基本的生产资料之一，是制定国民经济发展战略的主要依据。矿产资源按工业用途可划分为能源矿产、金属矿产、非金属矿产三大类。中国是一个矿产资源大国，但按人均占有量计算，又是一个矿产资源贫国。因此，必须珍惜现有矿产资源，合理开发利用，并寻找新的矿产资源。

复习思考题

名词解释：矿产、矿床、矿体、矿石、矿石矿物、脉石矿物、矿石品位、边界品位、工业品位、能源矿产、金属矿产、非金属矿产。

第十三章 地质环境

第一节 概 述

环境是指与某一中心事物有关的周围事物。人类的生存环境是指人类赖以生存和发展的物质条件的综合体，它包括自然环境和社会环境。自然环境主要是指地球表层环境，由大气圈、水圈、生物圈及岩石圈（包括土壤）四个子系统构成。这四个子系统在太阳能、重力能和地球内部热能的作用下，进行着物质与能量的交换和流动。人类就是地球表层环境演变的产物。人类的出现使地球表层环境受到越来越多的干预。尤其从19世纪人类社会进入工业化社会以来更为显著，许多原生自然环境已发生改变，部分变为人为环境。人类通过自身的生产和消费活动，不断地从自然界获得生存物质，然后又将经过改造和使用过的自然物质及各种废物还给自然界，从而参加和干扰了自然界的物质循环和能量交流过程，不断地改变着人类赖以生存的地球表层环境。

在人类改造自然环境的过程中，地球表层环境仍以自己固有的规律运动着，并且不断地反作用于人类，因此常常发生环境问题。环境问题可分为自然环境问题及人为环境问题。自然环境问题与人类活动无关，它们是地球的各圈层之间及地球与其他星球之间，在物质交换和能量交流过程中发生的，如干旱、洪水、地震、火山喷发等。人为环境问题是人类活动对地球表层环境的干预而产生的，如森林的锐减，“三废”的出现导致大气、地表水和地下水及土壤的污染等。

地质环境主要是指地球表层系统中的地貌、岩石、土壤及地表水和地下水等。地质环境在地球各圈层的物质与能量交换过程中，发生各种地质作用，产生各种地质现象，这些地质作用和地质现象影响到人类生活和生存环境的质量。地质环境的变化除自然因素影响外，还受人为干预的影响。如人类劈山修路、凿洞采矿导致山体的稳定性减弱。拦河筑坝、修建水库导致地表地质作用改变及地壳的稳定性发生变化。过分抽取地下水及随意排放生产和生活废水导致地表水和地下水的涸竭和污染。移山填海、围湖造田导致地貌改变、环境变迁等。地质环境的有些变化则是自然因素和人为因素共同影响的结果，如水土流失和沙漠化。

当前地球面临的三大环境问题是温室效应、臭氧层的破坏和生物多样性的破坏。过去的100多年来全球温度升高了0.3～0.6℃，海平面上升了10～25cm，北半球大陆地区温度增加了1℃以上，这是各国科学家都普遍承认的事实（图13-1）。关于地球变暖的问题，大多数科学家认为与温室效应有关。“温室效应”(greenhouse effect)术语是Faurier在1827年提出的。其涵义是指大气中含有的少量水蒸气、CO_2、CH_4、N_2O等气体允许太阳的短波长辐射穿过大气层到达地表，但却截住了从地球反射回来的长波长热辐射，从而使大气层底部变暖，其效应如同玻璃温室。

据研究，现代地球大气层底部年均温度为15℃，若无温室效应则其年均温度应为－17℃，地球将是一个冰的世界。温室效应使地表大气增温32℃，这一增温值保持了地球上的生命活动和人类生存。现在的问题是人类进入工业社会以来，由于大量使用矿物燃料（煤、石油、天然气）、砍伐森林和化学工业与制冷技术的兴起，使大气中 CO_2、CH_4、N_2O 和 CFC（人造氯氟烃）等温室气体的数量在短时间内增加了许多（表13-1）。据科学家推算，从工业革命以来，各种温室气体的平均增长速度为：CO_2 0.5%、CH_4 0.9%、CFC_{11} 4%、CFC_{12} 4%、N_2O 0.25%。各种气体对全球变暖应负责任的比例分别是：CO_2 占 59%，CH_4 占 12%，其他气体占 29%。据国际气候变化委员会（IPCC）对人为活动排放温室气体现状所作模拟研究的估计，在温室气体排放量保持在目前水平情况下，预测到下一个世纪的 2020 年大气中 CO_2 的含量增将加 1 倍，全球年均温度将升高 1.8℃（在 1.3～2.5℃间的最佳值）；到 2070 年全球年均温度将升高 3.5℃（2.4～5.1℃间的最佳值）。随着全球变暖趋势的发展，中纬度山地和极地冰川的部分融化和海水增温膨胀将会导致全球海平面上升，预计全球海平面将以 0.6cm/a 的速度升高，到 2050 年将升高 20cm（其中海水膨胀上升 12cm，冰川融化上升 8cm），到下一个世纪末海平面将上升 65cm。随着全球变暖，将引起降水量增加和蒸发量改变，从而导致地表径流量增大、地表改造作用增强，同时引起地表环境变化，导致生物种群的变化和迁移。

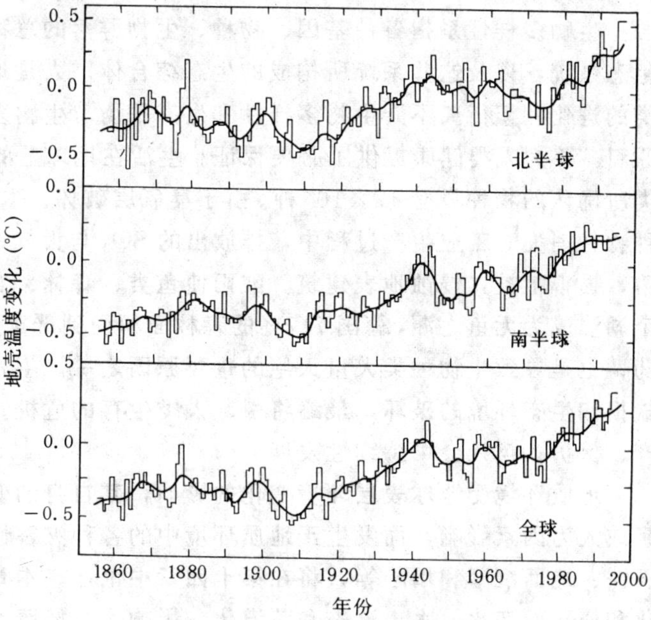

图 13-1　1860—1995 年期间全球、北半球和南半球平均温度变化

（据金振民，引自 U.S.NSF，1997）

表 13-1　地球大气中温室效应气体含量变化

参　数	$CO_2(10^{-6}V)$	$CH_4(10^{-9}V)$	$CFC_{11}(10^{-12}V)$	$CFC_{12}(10^{-12}V)$	$N_2O(10^{-9}V)$
工业化前大气浓度	285	650	0	0	288
目前大气浓度	350	1 700	250	415	309
目前大气积累率	1.5(0.4%)	15(0.9%)	10(4%)	17(4%)	8(0.25%)
大气寿命(a)	100	10	65	130	150

（据曹伯勋，引自 IPCC，1990，V 为体积比）

臭氧是平流层中十分重要的气体。大气圈中臭氧层的存在，使地球上的生命受到保护而免受太阳紫外线辐射的损害。近几十年来，由于工业制冷的合成化合物氯氟烃类（CFC_5）、卤代烃、气雾剂、绝缘泡沫、阻火剂、一氧化氮和甲烷等的大量开发和排放，使大气中臭氧层遭到破坏。臭氧层的损失随季节而出现，尤其是在春季南极上空的平流层中最为典型，导致“臭氧空洞”现象。除热带外，世界大部分人口居住的中纬度地区臭氧层总含量均有中等程度的耗减。臭氧层的耗减将增加地面接受的太阳紫外辐射，对人类（皮肤癌、眼睛损伤和人体

免疫系统降低)、海洋鱼类、陆地和海洋生态系统及植物生长率都有十分有害的影响。

生物多样性系指各种基因、物种、生物群落的总称。包括陆地、海洋和其他水生生物的生态系统，以及这些系统所构成的生态综合体。人是地球生物圈中极其重要的组成部分，人类的进化和繁衍离不开生物多样性和生态平衡。生物多样性为人类提供了丰富的生活和生产原料，并为人类健康提供了必要保证。生活在地球上的物种大约为 10^7～10^8 种，但是已被人类所确认的物种只有 17×10^5 种。由于臭氧层破坏、森林砍伐、环境污染而导致每年有 9×10^3 种物种消失。工业生产过程中，排放出的 SO_2 与大气中的水汽结合形成酸雨，污染水源、土壤，损害植被，侵蚀地表建筑。酸雨使鱼类、森林、农作物受到危害。例如，加拿大约 5 万个湖泊成为无鱼之渊，德国 7.7%的森林面积受到严重危害。人类对动物的大量捕杀和泛用农药，也是导致生物种类大量灭绝的重要原因之一。生物种类的大量消失，将导致生态环节的缺损和生态环境的破坏，最终将引起人类生存的危机。保护生物多样性意味着保护地球的遗产、保护人类社会可持续性发展。

地质环境受地球表层环境变化的影响，其自身的变化又会影响地球表层环境。受自然因素或人为因素影响，而发生于地质环境中的各种灾害性地质作用，如地震、山崩、滑坡、泥石泥、地面沉降和塌陷等，将在第十四章中论述。本章将重点论述第四纪以来的全球气候变化和海平面变化、水土流失和荒漠化、影响人类健康的地质因素及水资源等重大影响人类生存环境的地质环境问题。

第二节 第四纪以来的全球气候变化和海平面变化

第四纪(Quaternary)一词是 1829 年法国地质学家德努尼尔(Desnyers)所创。他按当时的科学水平把地球历史分为四个时期,第四纪是地球发展最近的一个时期。现代第四纪的概念是指约 2.4MaBP(距今)以来地球发展的最新阶段。按照第四纪生物演变和气候变化,通常把第四纪分为早更新世(Q_1)、中更新世(Q_2)、晚更新世(Q_3)和全新世(Q_4)四个时期。第四纪的特点是:在短暂的地质时期内发生过多次急剧的寒暖气候变化和大规模冰川活动、人类及其物质文明的形成和发展、显著的地壳运动、广泛堆积陆相沉积物和矿产、急剧和缓慢发生的各种灾害不断改变人类生存环境、人类活动的范围和强度与日俱增。第四纪是自然界与人类相互作用的时代,它的过去、现在和未来变化都与人类的生存与发展息息相关。研究第四纪以来的全球气候变化,对人类正确预测今后全球气候长期变化及其带来的环境变迁将具有指导意义。

一、第四纪气候变化

(一) 第四纪气候标志

第四纪气候标志有两大类:宏观气候标志与微观气候标志。这两类气候标志互相补充，并根据情况有所侧重。根据各种气候标志的时、空强度变化，可以推断第四纪不同时间尺度的气候变化旋回的发生、发展规律。

1. 宏观气候标志　宏观气候标志又称直接气候标志,包括岩石气候标志、地貌气候标志、生物化石气候标志等。根据宏观气候标志，将今论古可以直接推断古气候性质。

岩石气候标志是指第四纪沉积物。其形成时间不久，多数变化不大，其岩性、结构、构造和成因能较好地反映形成时的古气候与古环境。岩石气候标志是研究第四纪气候的基础,主要岩石气候标志如表 13-2 所列。

表 13-2 第四纪主要岩石气候标志表

类　型	岩石气候标志
寒冷(或冰期)沉积物	冰碛物,冰水沉积物,冻融堆积物,冰川漂砾,深海浮冰砂,冰岩及其尘土含量,喜冷生物岩层,寒冻风化角砾,寒冻洞穴角砾
温暖(或间冰期)沉积物	红粘土风化壳,珊瑚堆积,石灰华,石钟乳,古土壤,河、湖、沼泽沉积物,喜暖生物岩层
干旱、半干旱气候沉积物	风成沙,黄土,盐类沉积物,大规模洪积物,温差风化碎石、风棱石

(曹伯勋,《地貌学及第四纪地质学》,1995)

地貌形态是内、外动力共同作用的产物。中、小型地貌主要由外动力地质作用改造而成。各种外动力受控于气候和地形，不同气候区外动力地质作用的类型不同，形成的地貌形态也不相同，所以地貌形态是一个重要的气候标志。能标志气候特征的地貌有冰斗、终碛堤、古冰楔和冻褶构造、沙丘、岩溶等。

现代生物分布与一定的气候和环境相适应。第四纪生物化石绝大部分为现代生物种属的亚种，因此可以利用第四纪生物化石组合推论化石堆积时的古气候与古环境。能标志气候特征的化石有植物化石（植物孢粉化石和大型植物化石）、哺乳动物群化石、陆生软体动物化石、海生软体动物化石和珊瑚化石、微体古生物化石。其中植物是陆地上最敏感的气候标志，常利用植物化石研究第四纪气候、环境。

2. 微观气候标志　微观气候标志又称间接气候标志，包括氧同位素（$\delta^{18}O$）、粘粒分子率、$CaCO_3$ 含量、微量元素含量、粘土矿物、沉积物粒度参数、沉积物磁化率等。微观气候标志是各种物理及化学参数、成分含量或比值。这些数据须经过物理、化学或地学转换才具有古气候意义。在连续沉积剖面或钻孔岩芯柱上，间接气候标志数据的相对大小变化，通常具有重要的古气候环境意义。

（二）第四纪气候变化特征

第四纪冰川活动、深海沉积物、黄土、极地冰岩等不同程度地提供了第四纪海陆和极区气候变化的历史记录档案。据各国科学家研究表明，第四纪气候的特征是冷暖交替、波动频繁。

科学家们通过对各大陆冰川活动遗迹的研究，以冰碛物和冰水沉积物代表冰期，以河流侵蚀陡坎和冰碛物化学风化代表间冰期，根据冰碛物、化石和地貌等气候标志，将第四纪冰川活动划分为若干个冰期和间冰期（表 13-3）。全球的冰期发育既具有共性，又具有地区性差异。第四纪冰期以高纬（高山）区多次大规模冰川活动和大陆冰盖入侵部分中纬度地区为特点，整个第四纪大致经历了 3～4 个冰期——间冰期的旋回，目前为冰后期（间冰期）。

深海沉积环境宁静，沉积过程比较连续，比陆地上更完整地记录了第四纪气候变化历史。海洋沉积速率在 1～100mm/Ka 间，干旱区较小，温湿区较大，一般生物扰动很少，厚几米至几十米的深海沉积物可以记录下第四纪全部气候变化的历史。根据太平洋近赤道海域水下 3 000多米的 V28-238（01°N，160°29′E）和 V23-239（3°15′N，159°11′E）2 个深海钻孔岩芯试样中有孔虫壳的 $\delta^{18}O$ 曲线，科学家提出了深海沉积物反映出的多波动冷暖气候模式。两孔岩芯 $\delta^{18}O$ 曲线在布容正极时的 0.7Ma 内反映的冷（或冰期）、暖（或间冰期）气候波动情况类似：在布容正极时（0.73MaBP）以前气候波动频繁而幅度较小，布容正极性时内气候波动幅度较大而更有规律。如 V28-238 孔岩芯长 16m，用 ^{14}C 法、铀系法、古地磁法和沉积率外推

表 13-3　北半球第四纪主要冰期对比

极性	阿尔卑斯	北　欧	北　美	西伯利亚	中　国	备注
B	冰后期	冰后期	冰后期	冰后期	冰后期	
	玉木冰期	魏克塞尔冰期	威斯康星冰期	赞卡冰斯	大理冰期	末次冰期
	里斯-玉木间冰期	埃姆间冰期	桑加蒙间冰期	间冰期	庐山-大理间冰期	末次间冰期
	里斯冰期	萨勒冰期	伊利诺冰期	萨马萨夫冰期	庐山冰期	
	民德-里斯间冰期	霍尔斯坦间冰期	雅蒙斯间冰期		大姑-庐山间冰期	
	民德冰期	艾尔斯坦冰期	堪萨斯冰期		大姑冰期	
	恭兹-民德间冰期	克罗默暖期	阿夫唐间冰期		鄱阳-大姑间冰期	
	恭兹冰期	门纳帕冷期	内布拉斯加冰期		鄱阳冰期	
M	多瑙-恭兹间冰期	沃林暖期			（更老冰期）	
	多瑙冰期	伊布龙冷期				
		蒂格林暖期				
	拜伯冰期	前蒂格林冷期				

（据曹伯勋,《地貌学及第四纪地质学》,1995）

法划分氧同位素边界年龄（图 13-2），在孔深 12.4m 内记录了 0.73MaBP 以来 8 个半由暖（奇数阶段）至冷（偶数阶段）组成的气候旋回（在 A—I 中，B 为复杂旋回，A 为半旋回）。$\delta^{18}O$气候曲线呈不对称锯齿状，显示降温和冰雪积累过程较长，升温和冰雪消融过程较快。冰期持续时间最长为 67ka，最短为 11ka。间冰期最短为 18ka，最长为 71ka。近 0.73Ma 内有明显的准 100ka 气候变化周期。

距今约 1 万多年来的全新世是一个温暖气候阶段（冰后期）。全新世气候与环境的变化主要根据植物演替、冰川末端、冰土边界和林线位置高度变化、海（湖）面升降、冰岩中 $\delta^{18}O$ 及其尘土含量、树木^{14}C 及稳定同位素（H_2、$\delta^{18}O$）、树木年轮、物候记录和考古历史资料等的研究推断，其中以据植物（孢粉）演替推断气候变化的方法应用最广。1876 年，挪威植物学家 A.（Burnett）根据北欧沼泽沉积物中植物孢粉组合演替，把北欧全新世气候变化历史从早至晚分为：北极期（严寒）、前北方期（干冷）、北方期（干暖）、大西洋期（湿暖）、亚北方期（干暖）、亚大西洋期（凉湿）和现代 7 个时期（图 13-3），称布列特-谢尔南德分期方案。这一分期经纹泥法、历史考古法和^{14}C 年龄测定成为地球历史上气候变化研究最详细的一个时段。

全新世气候变化按其特征可分为 A、B、C、D 四个阶段：

A. 全新世早期升温阶段　包括北极期、前北方期和北方期。此时冰期过后气候开始波动升温，由干冷向干暖转化，但仍较寒冷（图 13-3A 段）。

B. 全新世中期高温阶段　主要是大西洋期（又称气候适宜期）。此时全球气候温暖，年均温度比现在高 3℃（有的地区可能更高一些），降水显著增加，全球冰川、冻土萎缩，海平面显著上升，阔叶森林扩大（山地林线下降），其大气环流结构具有间冰期特征。这是人类已经历过的最近一次全球高温期（图 13-3B 段）。

C. 全新世晚期降温阶段　从大西洋末期大约 5kaBP 全球气温下降（有的地方阔叶树量减少）直到 20 世纪，气候发展是波动降温，有一系列 100a 和 1ka 尺度的 1～2℃的全球性寒暖气候波动（图 13-3C 段），而且 2ka 以来人为活动对气候与环境的冲击加剧。这一时段的次

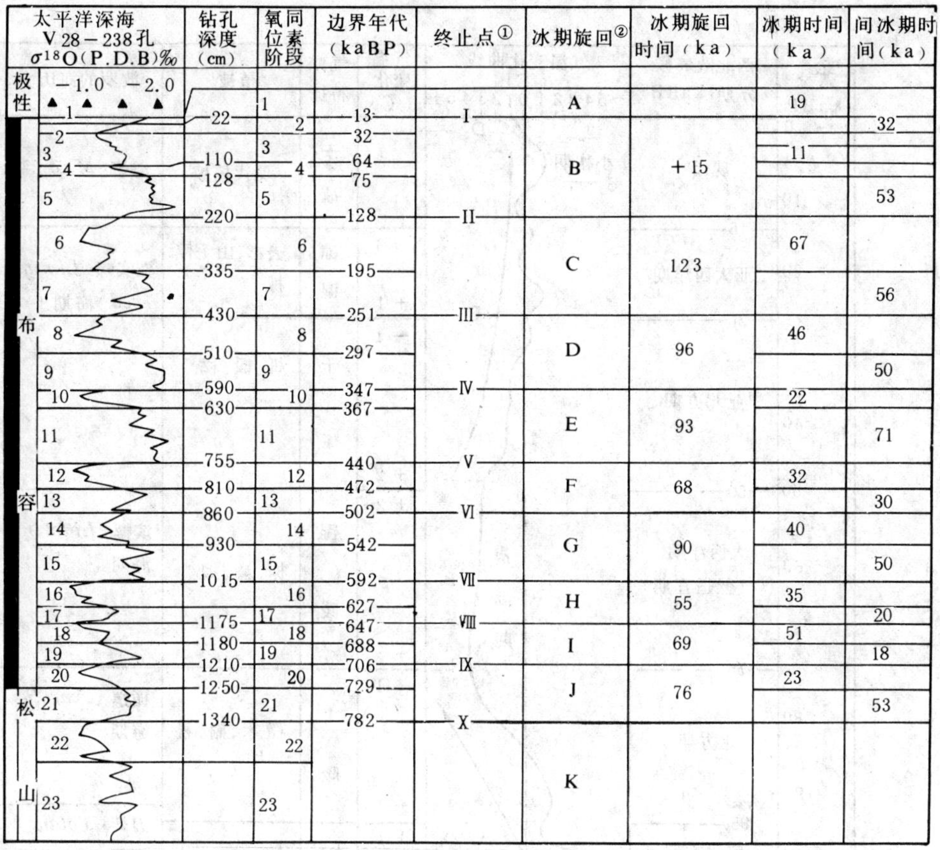

图 13-2　太平洋所罗门深海平原 V28—238 钻孔岩心试样古气候序列曲线图

（据曹伯勋，《地貌学及第四纪地质学》，1995）

①终止点为分割几个 $\delta^{18}O$ 连续高值与低值阶段的点；②1 个冰期旋回包括 1 个 $\delta^{18}O$ 奇数（暖期）和 1 个偶数（冷期）阶段（B 旋回例外，A 为半旋回）

级气候变化阶段如下：

2.7～2.4kaBP 地球年均温度下降约 2℃，各地冰川冻土有所发展，山地林线、雪线下降；

0.9～1.2kaA.D.，年均气温比现在高约 1～2℃，称“中世纪暖期”，北极浮冰融化，林线、雪线上升，泥石流和森林火灾增多；

1.5～1.85kaA.D.，全球平均温度比现在低 2℃左右，称“现代小冰期”，其中最冷阶段在 1.5～1.85kaA.D.。现代小冰期大气环境结构具有冰期特点，对全球现代冰川冻土发展扩大有重要的影响，引起林线、雪线明显降低，并不时发生江河湖水面封冻，风暴频繁，风沙、山崩、滑坡增多，农业欠收，对世界经济产生过负面影响；

D. 20 世纪升温阶段　20 世纪以来，现代小冰期结束，进入现代升温阶段。现代气候虽仍有冷暖波动，但总体呈现升温趋势。本世纪初至 30 年代年均温度比 19 世纪 80 年代约高 0.4℃，一般认为与大气圈中 CO_2 的含量增加导致的温室效应增强有关。本世纪 40～50 年代，地球上火山爆发增多，“阳伞效应”使全球年均温度下降 0.1～0.2℃。1960 年以来地球增温趋势加强，气候异常不断出现，旱、涝、风、雪、泥石流和森林火灾等灾害此起彼伏，海平面上升威胁着沿海城市。

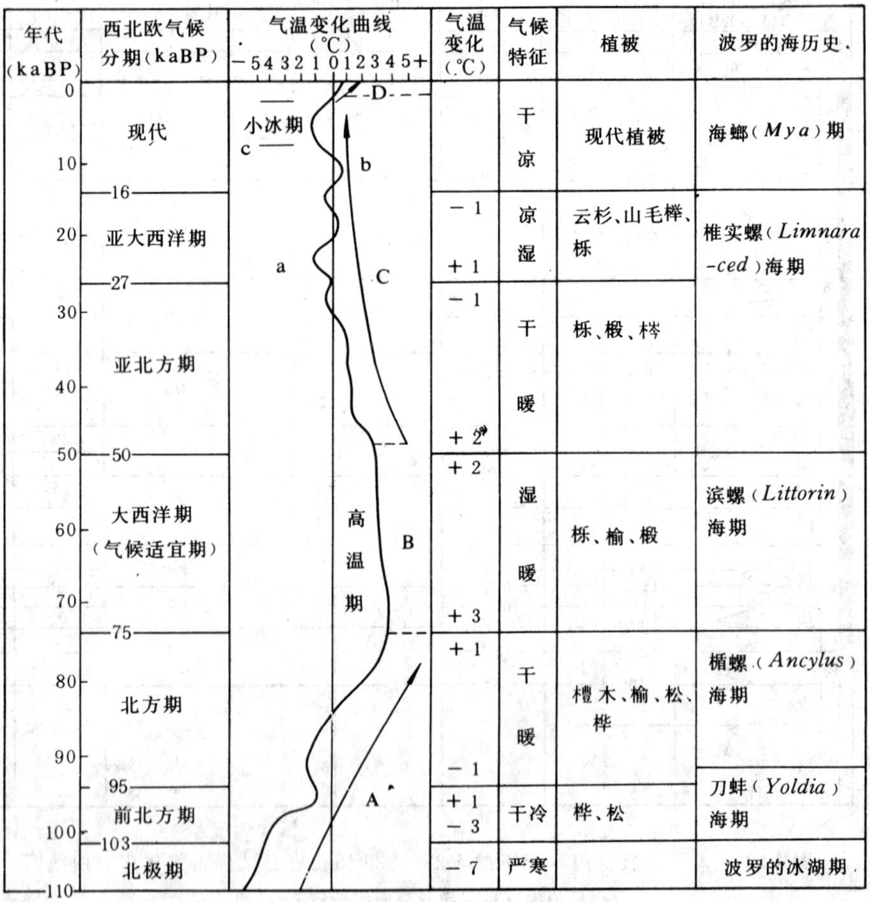

图 13-3 西北欧全新世气候变化分期图

(据曹伯勋，《地貌学及第四纪地质学》，1995)

a. 2.7～2.4kaBP 降温期；b. 0.9～1.2aA. D. 中世纪暖期

(小气候适宜期)；c. 1.55～1.85ka. A. D. 现代小冰期

二、第四纪海平面变化

全球人口的60％集中在仅占大陆总面积10％的沿海地带，现代全球范围的海平面升降，对沿海和岛屿地区的经济、环境和安全构成威胁。20世纪以来全球海平面呈上升趋势，已引起人们广泛的关注。海平面变化是指平均海平面与陆地观察站之间高度的相对上下变动。

(一) 第四纪海平面变化标志

第四纪海平面变化的研究，从能够拟定的滨岸与古海平面位置和确定年代的标志入手，这些标志在陆地上是沿岸保存的海成地貌和海相沉积物，在水下大陆架上是沉没的沿岸陆地地貌和陆相沉积物。古海平面变化主要标志如表13-4所列，这些标志中，由于沿岸泻湖相和湿地泥炭沉积所处的位置，前者接近于海平面而后者略高于海平面，两者与^{14}C测龄法结合，广泛用于50kaBP以来的海平面变化研究。在经受新构造运动影响的地区，要根据沉积物所含的化石，估计其沉积水深，并扣除新构造运动量。由于各种标志获得的古海平面变化幅度和速率是相对变化量，影响海平面变化的因素多，所以这种海平面的相对变化量可称准海平面变化量。用大地测量、观潮仪和卫星定位系统所记录的现代海平面相对变化最为精确，并具有重要的理论和实际价值。

表 13-4　第四纪海平面变化标志

类　型	沉　积　物	地　貌
陆架上沉没的	泻湖沉积物、湿地泥炭、海滩沉积物、滨岸化石、珊瑚礁、牡蛎礁、沿岸沙堤、原地生长的哺乳动物化石	古河谷、三角洲、冰蚀冰积地形、灰岩溶洞、海成阶地
陆地上抬升的	海相地层(包括平原下伏海相层)、贝壳堤	海蚀穴、海成阶地、上升海滩

(据曹伯勋,《地貌学及第四纪地质学》,1995)

(二) 第四纪海平面变化特征

在第四纪 240 多万年中，以冰川体积变化、沉积作用和水温变化对海平面升降变化影响最大。在早、中更新世（2.4～0.13MaBP）这一时段内，由于世界各地海平面变化标志保存较差，受新构造运动影响较大，故海平面变化的研究不够详细。总体变化特征是冰期时海平面下降，间冰期时海平面上升，海平面的升降随冰期—间冰期的旋回而交替发生。

晚更新世早期（130～75kaBP），海平面呈升降波动，有过0.12MaBP、0.1MaBP 和 80kaBP 三个高海平面时期，但是其中只有 0.12MaBP 的海平面比现代海平面高 6m，其他都低于现代海平面，并呈现下降趋势。晚更新世晚期（75～11kaBP）为末次冰期，海平面波动下降趋势明显，尤其是 20～14kaBP 间世界几个大陆架上的试样^{14}C 年龄资料表明，世界海平面继晚更新世以来的下降趋势，在此期间达到最低点(图 13-4)。世界各地区海平面位于－100m～－135m 不等。如北美－105m、日本－135m、黑海－110m、尼日利亚－100m、中国－150m 左右，这是目前了解最多的一个全球沿海地带环境变化时代。由于全球性海退，各洲大陆的岛屿岸线外推几公里至几百公里不等。大部分陆架露出水面，许多近岸岛屿与陆地相连，内海形成湖或缩小，大陆面积暂时增加约 10%，大陆性气候增强，动、植物发生相应迁移，在露出的陆架上可形成有价值的砂矿和陆相沉积物。

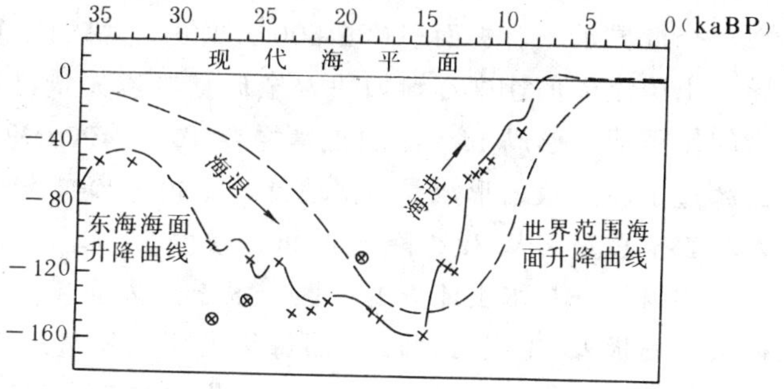

图 13-4　世界与中国晚更新世晚期海平面变化曲线图

(据国家海洋局第二研究所，1978)

全新世（冰后期）是一个全球温暖期，除南北极冰盖变化不大外，世界其他冰盖和中纬度山地冰川全部或大部分消融，在 11 000～6 000kaBP 全球海平面急剧震荡上升（图 13-5），以后上升速度减慢并逐渐过渡到现代海平面。以上推论是建立在大量近岸泥炭（部分地区用贝壳或珊瑚亚化石）^{14}C 年龄基础上的。

现代海平面变化目前主要根据长期观潮仪记录资料研究。国外沿海国家有较多的观测站和较长时期的记录。这些资料反映出 20 世纪以来全球海平面呈现轻微上升趋势，上升速率达 1～4mm/a。这一上升趋势形成的原因，可能为现代小冰期后的全球气温升高、人为活动导致

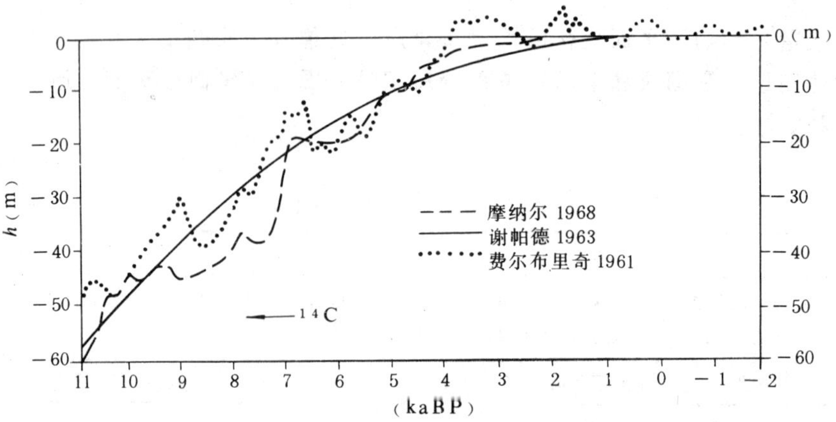

图 13-5 全新世海平面变化曲线图

(据 N. A. Moner，1968)

CO_2 温室效应加剧、区域性地壳运动和沉积作用等因素的叠加影响。

第三节 水土流失与荒漠化

全世界水土流失面积达 2 500 万 km^2，占陆地总面积的 16.8%。由于人类活动不断扩大，导致土壤流失的速度逐渐加快，全球土壤流失量已增加到每年 254 亿吨。研究表明，在自然力的作用下，形成 1cm 厚的土壤需要 100～400a 的漫长岁月。因此，全世界每年损失的土壤已超过了新土壤的形成量。据估计，1980—2000 年之间种植面积净增 6%，而由于水土流失，人均表土总量将从 792t 降到 490t，减少 38%。

中国是一个水土流失的大国，水土流失面积达 179 万 km^2，约占国土面积的 18.6%。森林覆盖率极低，仅近 14%。全国每年土壤流失量约 50 亿吨，相当于全国耕地刮去 1cm 厚的表层土，所含养分相当于 4 000 多万吨化肥，这一数字相当我国化肥年产量，直接经济损失 360 亿元。我国水土流失严重的地区有黄土高原、四川盆地、太行山区、江南丘陵，其次有燕山北地、山东丘陵及半岛地区、秦巴山地、横断山脉。水土流失的结果是土壤的贫脊和减少，粮食减产，河流泥沙量增加，河道淤塞，航行中断。

黄土高原总面积约 54 万平方公里，水土流失面积占总面积的 90%。黄河流域的年输泥沙量达 16 亿吨，90%来自黄土高原。黄土高原的水土流失是世界上罕见的。如地处黄土丘陵沟壑区水土流失相当严重的安塞县，水土流失面积占总土地面积的 96.68%，多年平均输沙量 2 388万吨，年均输沙模数 8 373t/km^2，沟壑密度高达 4.7km/km^2。安塞县的水土流失除受恶劣的自然环境影响外，同时也受人类社会经济活动的严重影响。在 1971—1986 年间的 16 年中，人类活动产生的土壤侵蚀量平均达 1 258.03 万吨，占同期该县产沙量的 34.86%。其中人类开荒和解决烧柴所造成的侵蚀量占现代人类侵蚀总量的 93.60%。

长江流域水土流失明显加剧。1975—1986 年，长江流域水土流失面积达 36.4 万平方公里。长江干流宜昌站，1970—1979 年平均年径流含沙量和输沙量分别由 1.141kg/m^3、4.75 亿吨，上升到 1980—1985 年的 1.377kg/m^3、6.09 亿吨。

水土流失主要是地表径流对土地的侵蚀造成的。对水土流失的防治措施，主要有：造林种树，筑坝修建水库，坡地改梯田，杜绝陡坡开垦，退耕还林，增加地面植被覆盖率。在水土流失严重地区应严格控制人口增长，避免因人口增加而为解决吃饭问题而导致土地泛垦和水土流失的恶性循环。

荒漠是指地表植被稀少，动物缺乏的干旱不毛之地，包括岩漠、砾漠（戈壁）和沙漠。

土地沙漠化是当前世界上一个重要的生态环境问题。据统计，当今在全球范围内沙漠及沙漠化土地的总面积已达 4 882 万平方公里，占全球陆地总面积（约 1.5 亿平方公里）的1/3，相当于 5 个中国或 131 个日本的国土面积。目前全球沙漠及沙漠化土地面积还在以年平均 5～7 万平方公里的速度向外扩张，每年因此丧失良田 600 万公顷①，平均每分钟就有 10 公顷土地被沙漠所吞食，每年给人类带来的直接经济损失高达 260 亿美元。迄今，沙漠化已经威胁到全世界近 100 个国家，受到严重威胁的人口已占世界总人口的 20%。预计到本世纪末，全球还将有 1/3 耕地退化为沙漠化土地，因此损失的农业代价将达 5 200 亿美元。

在世界各大洲中，非洲的沙漠及沙漠化土地面积共约 1 826 万平方公里，居世界首位。亚洲次之，为 1 705 万平方公里。大洋洲居第三位。

中国是一个土地沙漠化严重的国家。目前，全国已沙漠化了的土地面积达 150 万平方公里。1980 年以来，沙漠化土地的扩张速率达平均每年 2 100km^2。主要分布在“三北地区”，如东北西部、内蒙古东部、黄土高原北部、新疆、青海、甘肃等地区（图 13-6）。

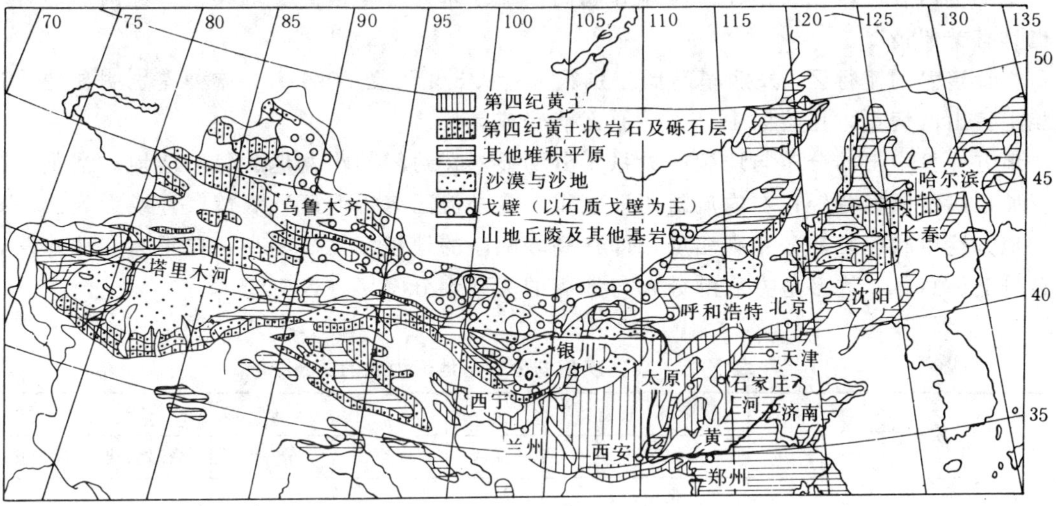

图 13-6　中国沙漠、黄土、戈壁分布略图

（引自《中国自然地理（地貌）》，1980）

1984 年 4 月初，北京连续两个星期受到风沙的猛烈袭击，数日内天空一片土黄色，首都机场因此关闭 3 天。同年 4 月 26 日，来自数千里远的新疆的一场尘暴袭击陕西关中地区，西安市上空黄沙普降。1988 年 4 月 1 日上午，来自黄土高原和内蒙古高原的强劲风沙再度袭击了北京市，整个京城黄沙飞扬，飘浮着的黄土尘沙随着 5～6 级大风席卷京（北京）—津（天津）一带，几乎覆盖了整个华北平原，并波及到东北地区西部。1993 年 5 月甘肃发生的“黑色风暴”，尘土飞扬，遮天蔽日，造成交通中断，生命财产损失。

土地沙漠化与乱垦草原、烧山耕种及风蚀作用等因素密切有关。土地沙漠化后，形成沙

① 1 公顷（ha）$=10^4m^2$。

丘，不断挺进，侵占良田，威胁道路与村镇，古丝绸之路与古楼兰国的消亡均与沙漠化有关。目前中国沙漠化发展最快的地区主要是沙质草原农垦区和露天煤矿开采区。可见土地沙漠化与人类社会经济活动紧密相关。

对沙漠化的防治措施，主要是广种植被，退耕还草，建立防护林体系，减少地面剥蚀，防止风的吹蚀、搬运和堆积作用发育。中国的“三北地区”防护林体系对减少水土流失、防止土地沙漠化已初见成效。

第四节 影响人类健康的地质环境因素

生命的起源、人类的进化是与地球的演化、发展密不可分的。地质环境影响到人类的健康，早就为人类所关注。影响人类健康的地质环境因素有地貌、岩石、土壤和水等。

一、地貌与健康

英国医生 A. Hariland 对英格兰和威尔士胃癌死亡率的分布与地貌的关系进行了研究，得出了十分有意义的结果。他指出，在分水岭高地，河流的上游地带胃癌死亡率较低，而在河流的中下游河谷区，尤其是在河漫滩和超河漫滩地带死亡率最高。瑞典、荷兰两国的胃癌分布也具有类似情况。

在食道癌的流行区，发病率高低差别很大，从 3/1 万至 30/1 万。这种差别明显地反映在地貌上：山区病重，丘陵区中等，平原区病轻或无病。

地方性氟中毒的分布与地貌的关系十分明显。在封闭的小盆地、碟形洼地病情重，在岗地、坡地病情明显变轻；在内流封闭区病重，在外流区（排泄区）病情较轻或无病。

地方性甲状腺肿的分布则相反，即在高峻陡峭的地貌区发病率高，在平原和洼地发病率明显较低。总之，许多地方病的分布与地貌的关系十分密切（表 13-5）。

表 13-5 某些疾病的分布与地形地貌的关系

疾病种类	地貌类型		地形特征	
	山区	平原	高原、开阔、畅流区	谷地、洼地、闭流区
克山病	重	轻、无	轻	重
大骨节病	重	轻、无	轻	重
地方性甲状腺肿	重	轻、无	重	轻
食道癌	重	轻、无	轻	重
龋齿	重	轻、无	重	轻
肝癌	轻、无	重	轻、无	重
胃癌	轻、无	重	轻	重
氟中毒	轻、无	重	轻	重

（据林年丰等,《环境水文地质学》,1990）

地形地貌为什么与人类健康的关系如此密切呢？这是因为地貌与地质构造、地层岩性、土壤类型、植被种属、地表水和地下水运动及水质和水量都有密切的关系。在一定程度上，地貌可间接地影响元素的行为，影响环境与人体之间物质的交换与代谢。

二、岩石与健康

地层岩性与人类健康有密切关系，这一现象早就引起人们重视。许多地方病流行区都与一定时代和岩性的岩层相对应。例如，霍勃契耶夫（Хопчиев）(1960) 指出，大骨节病的分布与侏罗纪海相地层（砂岩、页岩）分布相吻合，与其相邻的灰岩地区则没有发现大骨节病。R. Masironi (1970) 指出，心血管病的死亡率北欧显著高于南欧。前者以前寒武纪的花岗岩、变质岩为主；后者以中、新生代的砂、页岩为主。高桥英次（1969）指出，脑溢血死亡率的分布与岩性的关系和心血管病的情况几乎一致。

地方性甲状腺肿与岩性的关系亦十分明显。例如，在扎伊尔共和国 Idjwi 岛上，该病分布是北部显著高于南部，检出率北部为 55.4%，南部为 5.2%；北部为花岗岩、石英岩，南部为紫红色玄武岩。在斯里兰卡和尼日利亚的地方性甲状腺肿的严重流行区内，经常出现“健康岛”，它的范围恰巧与玄武岩分布的界线相吻合。

表 13-6 列举了部分岩石与人类健康的关系。从表中可以看出，岩石与健康关系并不是绝对的，经常出现自相矛盾的现象。这是因为地表岩石受表生地球化学作用的影响甚大，这一作用决定了元素的迁移强度或富集程度。同样的岩石在不同的表生地球化学作用下会导致不同的结果。因此，关于岩石与健康的问题要具体情况具体分析。

表 13-6　岩石与健康关系一览表

疾病种类	发病率或死亡率高		发病率或死亡率低(或无病)	
	岩　石	国家或地区	岩　石	国家或地区
心血管病	前寒武系、寒武系变质岩与花岗岩 维斯康星冰碛层	英国、芬兰、瑞典、俄亥俄州(美)	中新生代砂岩、页岩，石炭系灰岩，二叠系砂岩、页岩、煤系	地中海沿海诸国俄亥俄州(美)
脑　溢　血	第三纪火山岩 前寒武系、寒武系花岗岩	日本关东北部 英国、瑞典、西德、意大利	古生代砂岩、泥岩、灰岩，中、新生代砂页岩	日本中部 英国、瑞典、西德、意大利
食　道　癌	玄武岩、安山岩、含煤地层	南非 河南、山西	石灰岩	南非 山西 河南
地方性甲状腺肿	砂岩、变质岩 花岗岩、石英岩 灰岩 灰岩、花岗岩	南非、哥伦比亚 中非、扎伊尔 斯里兰卡、尼日利亚 新疆、南疆地区	石灰岩、火成岩 第三纪红色玄武岩 玄武岩 第三纪红色地层	南非、哥伦比亚 中非、扎伊尔 孟加拉、印度 新疆、南疆地区

（据林年丰等，《环境水文地质学》，1990，略改）

岩石是土壤发育的母质，它不仅决定了土壤的结构和化学成分，而且对地表水和地下水的化学成分有着广泛的影响。因此，岩石是与人类健康密切相关的重要地质环境因素之一。

三、土壤与健康

关于土壤与人类健康的问题，早在两千多年前就有论述。《淮南子》一书提出了“土地各类生人”的概念，并指出“坚土人刚，弱土人儒，墟土人大，沙土人细，息土人美，耗土人丑，轻土多利，重土多迟。”这说明由于土壤类型不同，人类的健康、生态乃至性格也有明显的差异。

英国地质局的 Legon (1951—1955) 对北威尔士的土壤与胃癌的关系进行了研究，他发现胃癌的发病率与土壤的烧失量之间有明显的正相关关系。烧失量代表了腐殖质的含量。他指出，胃癌的最高发病率常见于有机碳含量为 2.5%～4.0% 的地区，北威尔士胃癌高发区的土壤主要为沼泽土和泥炭土，这种土壤富含腐殖质、缺乏铜。

Tromp 和 Diohi 研究了荷兰的各种癌症死亡率（1910—1940）与 16 种土壤的关系。他们发现富含腐殖质的粘土有利于癌症的发生，砂土区癌症发病率则较低，以石灰岩为母质的碳酸盐土壤地区癌症发病率极低。

石厚房雄（1965）等人对日本秋田县脑溢血死亡率与土壤的关系进行了研究。他们指出，死亡率高的地区，土壤中的 Ca、Mg 含量低，硫酸盐和腐殖质较高。

R. Masironi（1972）等人对美国、加拿大和北欧诸国心血管病死亡与饮水、土壤和岩石的关系进行了研究。他们指出，在灰化土、冰碛土地区死亡率最高，在棕色土和地中海红土地带死亡率最低。

近 20 年来，我国对大骨节病、克山病、癌症、氟中毒和地方性甲状腺肿等地方病与土壤的关系进行了大量的研究。中国科学院南京土壤研究所（1973）对陕西省麟游县大骨节病区的土壤进行的研究结果认为，大骨节病的分布可能与三趾马红土和马蓝黄土中姜结石有关。

表 13-7 列举了部分疾病与土壤的关系。土壤对人类健康的影响，主要是通过谷物来实现的。土壤类型不同，谷物中微量元素的含量亦有较大的差异。在美国，缺碘的土壤地区，地方性甲状腺肿发病率较高。富硒土壤地区，易患肠胃病、肝功能异常；富铝土壤地区，易患神经系统疾病和结缔组织增生病。

表 13-7　某些疾病与土壤的关系

疾病种类	发病率或死亡率高		发病率或死亡率低（或无病）	
	土　壤	国家或地区	土　壤	国家或地区
心血管病	灰化土、沼泽土、泥炭土、草甸土、冰碛土	英国、瑞典、荷兰、芬兰、俄罗斯、美国、加拿大等	棕红色地中海土壤、黑钙土、栗钙土、棕色土	意大利 南斯拉夫 希腊等
脑溢血	第三纪、第四纪冲洪积层的腐殖土（富含 FeS_2）	日本北海道等地	山地土壤、滨海沉积物、河流冲积层	日本中部地区
胃　癌	粘土、河谷冲积泛滥平原富含腐殖质、泥炭、湿润的土壤	威尔士 英格兰	坡残积物、灰岩区的土壤、腐殖质贫乏的干燥土壤	威尔士 英格兰
	泥炭土、富含腐殖质的粘土、非钙质海成粘土	荷兰	石灰岩土壤、砂土、石灰岩钙质海成粘土、冲积土	荷兰
	非黑土带土壤	俄罗斯远东地区	黑土带的黑钙土	俄罗斯联欧洲东部
食道癌	粘土、腐殖质亚粘土	晋、鲁、豫流行地	砂土、亚砂土	晋、鲁、豫非流行地区
地方性甲状腺肿	灰化土、冰碛土、砂土	世界各国流行地区	黑钙土、栗钙土等	世界各国非流行地区
大骨节病	沼泽土、草甸沼泽土、腐殖土	东北病区、四川阿坝高原病区	冲积土、栗钙土、黑钙土、棕色土	东北、四川阿坝
肝　癌	沼泽土、腐殖土、腐殖淤泥	江苏启东	冲积土、砂土	南通市等地

（据林年丰等，《环境水文地质学》，1990，略改）

土壤类型将影响农作物和牧草中各元素的含量，从而影响人类和牲畜的健康。对土壤施加含硒、钼、锌、铜等元素的各种肥料，可弥补谷物中元素的不足，预防某些疾病。

四、水质与健康

水是人类生活的第一必需品。优良洁净的饮用水有利于健康。水质的优劣取决于水的矿化度、硬度、微量元素的种类和含量、pH 值及有机物含量。总的看来，富含腐殖质的酸性软水、有机质污染水、某些元素含量过高或过低的水都不利于人体健康。有机质贫乏的中性或弱碱性的适度硬水、无污染的微量元素含量适中的水都有利于人体健康。表 13-8 列举了水质与健康的关系。古今中外许多文献均指出，石灰岩层中的地下水有益于人体健康。

表 13-8 水质与健康关系对比表

疾病种类	发病率或死亡率较高		发病率或死亡率较低	
	饮水成分	国家或地区	饮水成分	国家或地区
心血管病	Ca，总硬度、pH 值低，$Mg<15mg/L$	美国东部沿海、大湖区密西西比河三角洲俄亥俄州南部	Ca、总硬度、pH 值高，$Mg>30mg/L$	美国中、西部各州俄亥俄州北部
新生婴儿猝死	$Mg<25mg/L$	美国、加拿大	$Mg>40mg/L$	美国、加拿大
成人无兆性猝死	软水，Mg 低	美国、加拿大	硬水，Mg 高	美国、加拿大
脑溢血	SO_4、SiO_2 高，pH 值低	日本秋田县短命村，英国、法国、德国、意大利、罗马尼亚、波兰、匈牙利	SO_4、SiO_2 低，pH 值高	日本秋田县长命村，英国、法国、德国、意大利、罗马尼亚、波兰、匈牙利
氟中毒	F 高	世界各国	F 低	世界各国
肾结石、膝外翻综合症	F 高，Ca 和 Mo 低	印度旁遮普邦	F、Ca、Mo 适中	印度旁遮普邦
高血压、动脉硬化症	SiO_2 高	日本、北欧诸国	SiO_2 低	日本、北欧诸国
冠心病、糖尿病	Cr 低	约旦、美国	Cr 适度	约旦、美国
地方性甲状腺肿	I 低	世界各大山脉及山区石灰岩分布区	I、Ca、Mg、Mn 高	平原、沿海地区，半干旱草原
肌萎缩	Mg、Ca、Mn 低的极软水	关岛（美）纪伊半岛（日）	Mg、Ca、Mn 高的硬水	多数地区无此病
高铁血红蛋白症	NO_3 高	美国、日本等曾有过此病	NO_3 低	多数地区无此病
肝癌	NO_2、亚硝胺类物高的有机质污染水	我国东南沿海等河网地区、南宁地区		
食道癌	NO_2、亚硝胺类物高的有机质污染水	太行山中南段		
大骨节病	腐殖酸（—OH）含量高，Se，Mo 低	我国东北、西北、西南等病区	腐殖酸（—OH）低的适度硬水	非病区
克山病	腐殖酸（—OH）高，Se、Mg、Mo 低	我国东北、西北、西南等病区	腐殖酸（—OH）低，Se、Mg、Mo 高的适度硬水	非病区

（据林年丰等，《环境水文地质学》，1990，略改）

研究表明，适当地改良饮用水的水质，便可有效地防治许多疾病。例如，适当地提高水的硬度可以降低心血管病的发病率或死亡率。在低 Mg 的饮用水中适量地增加 Mg，便可以维持心肌的正常代谢，改善其功能状况。在贫 Cr 的高血压、糖尿病流行地区的饮用水中加入少量的 Cr，便可以得到满意的防治效果。对高氟水进行降氟，可以防治氟中毒。对低氟饮用水进行氟化可以防治龋齿。将大骨节病区饮用水中的腐殖酸含量限制在 0.04 或 0.02mg/L 以下(一般含量为 0.15～0.3mg/L)，就可以有效地防治大骨节病。

当今世界，水已成为人类可持续发展的重要资源。世界性的水荒已给人类敲响了警钟。水不再是过去人们认为取之不尽、用之不竭的资源。

本世纪以来，一方面由于全球气候的变化，荒漠化的扩大，导致旱灾、洪灾的频度和强度加剧，地表蒸发量增大、常年径流量减少，引起陆地总水量相对减少。另一方面由于世界人口数量的激增，工、农业的快速发展，导致用水需求量的急剧增大。与 1900 年的 4 000 亿米^3 相比，目前全世界用水量几乎增加了 10 倍。而人类生活和生产废水的直接排放、固体废弃物的胡乱堆弃、酸雨等因素，导致地表水和地下水的污染。其污染速度远远超过水体自洁净速度，使人畜可饮用水日趋枯竭。

目前世界人均淡水量约 8 300m^3，但其中 2/3 以洪水形式迅速流失，仅剩 1/3 供人类生活、生产所用。中国的人均淡水占有量仅为世界人均占有量的 1/3，水资源匮乏的问题更为严重。据世界卫生组织的统计，在世界上的各种疾病中，有 80%左右是由于水质污染造成的，全世界有 12 亿人没有安全的饮用水，另有 2 亿人得不到符合卫生标准的水源。

水是影响人类健康和生活质量的重要地质环境因素。因此，必须重视和加强对水资源的监测、管理和保护工作。为使人类社会可持续发展，地质工作者应在寻找新水源及水污染控制的地质技术等方面作出积极的贡献。

小　结

地貌、岩石、土壤、地表水和地下水是主要的地质环境因素，与人类的生存和发展关系密切。地质环境受地球表层环境的影响而变化，其自身变化又会反作用于地球表层环境。第四纪以来的全球气候变化和海平面变化、水土流失和荒漠化、地质环境因素与人类健康，是目前全世界十分关注的环境问题。

复习思考题

1. 名词解释：环境、温室效应、生物多样性、第四纪。
2. 第四纪气候标志的类型。
3. 第四纪气候变化的特征。
4. 第四纪海平面变化的特征和原因。
5. 水土流失和荒漠化对人类生存和发展的影响。
6. 地貌、岩石、土壤、地表水和地下水与人类健康的关系。

第十四章 地质灾害

1989 年 12 月，第 44 届联合国大会通过了《国际减轻自然灾害 10 年决议案》及《国际减轻自然灾害国际行动纲领》，将 20 世纪最后 10 年定为国际减灾 10 年，还指定每年 10 月的第二个星期三为国际减轻自然灾害日。在世界范围内，自然灾害是一个非常突出的问题。据不完全统计，全世界每年因自然灾害造成的生命财产损失达 1 000 亿美元。中国每年因自然灾害死亡人数约 5 000—10 000 人。经济损失在 500 亿元以上。

自然灾害是指造成人员伤亡、财产损失的各种自然现象。自然灾害可划分为气象灾害和地质灾害两大类。气象灾害是指由恶劣的天气现象引起的一系列灾害，包括风暴潮、暴雨及洪水、飓风、冰雹、干旱等。地质灾害是指岩石圈在各种地质营力作用下，发生的一系列灾害性地质作用（或地质事件），包括地震、滑坡、泥石流、火山喷发、地面塌陷和沉降等。许多地质灾害是因人类活动及气象环境的变化而产生的，本章主要阐述地震、山崩、滑坡、泥石流、地面塌陷和沉降等地质灾害。

第一节 地 震

一、概述

地震（earthquake）是地球（或岩石圈）某部分的快速颤动。是一种具有破坏性的地质作用。1976 年 7 月 28 日，在我国唐山发生了 *Ms* 为 7.8 级的大地震。由于地震发生在人口稠密的地区，造成死亡 242 769 人，重伤 164 851 人，整个唐山市毁坏，仅唐山市可计算的直接损失在 300 亿元以上。这次地震震惊中外，是本世纪死亡人数最多的一次地震。地震除直接导致房屋、桥梁倒塌及人员伤亡外，还能引起火灾，水灾、饥荒等一系列灾害。据统计，全世界平均每年发生地震共 500 万次，但 7 级以上具有破坏性的地震，平均每年仅约 20 次。

地震时，地下深处发动地震的地区，称震源（图 14-1）。它是地震能量积聚和释放的地方。震源在地球表面的垂直投影，称震中。震中到震源的距离称震源深度。从震中到任一地震台（站）的地面距离，称震中距。从震源到地面任一地震台（站）的距离，称震源距。

按震源深度可把地震分为浅源、中源和深源 3 种类型。浅源地震（0～70km）分布最广，占地震总数 72.5%，其中多数震源深度小于 30km；中源地震（70～300km），占地震总数 23.5%；深源地震（300～700km）较少，只占地震总数 4%。世界上发生的破坏性大地震几乎全是浅源地震，如唐山地震的震源深度为 13km。

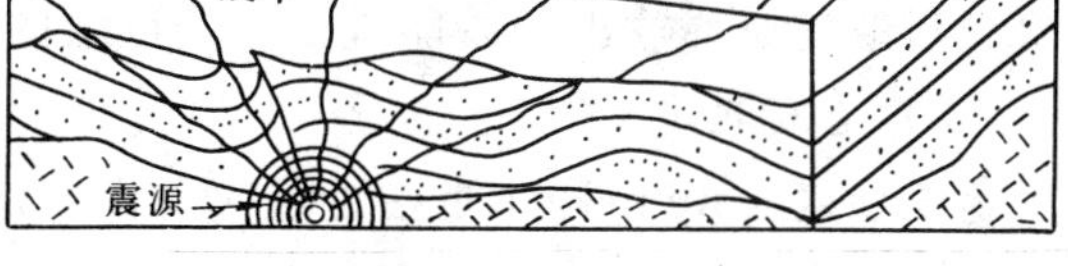

图 14-1 震源、震中、震中距示意图

地震发生时，从震源以弹性波的形式

向四面八方发射出巨大的能量，这种弹性波称为地震波，主要有P波（纵波）和S波（横波）。P波速度较高，是S波波速的1.73倍。当P波和S波传播到不同的物性界面（如地面）时，会激发出L波（面波）。面波波速低、周期长、振幅大、破坏性最强。面波的质点运动为垂直于地面的椭圆运动和沿地平面水平晃动或旋转，前者导致地表似波浪起伏，后者导致地表及建筑物的拆离和扭曲。

海底发生地震时能产生波速极快的津浪（波长数百公里，波高仅几十厘米，波速可达800km/h），当津浪传播到近海岸的浅水地区，能量迅速聚集，可形成波高达十几米的海啸。如1960年5月22日智利沿海发生 Ms 为8.9级的地震，23日地震产生的津浪到达太平洋中部夏威夷的希洛湾，形成波高达10m的海啸，把岸上各种建筑物荡涤一空。24日津浪到达日本东海岸，形成波高达6.5m的海啸，将109艘船推抛到陆地上。

二、震级和地震烈度

地震能量的大小和所产生的破坏程度，分别由震级和地震烈度来表示。

（一）震级

震级（earthquake magnitude）是表示地震能量大小的等级。一次地震只有一个震级。发生地震时从震源释放出来的弹性波能量越大，震级就越大，按照弹性波理论，其波动能量可用其振幅大小来衡量。因此，震级可用地震仪上记录到的最大振幅来测定。

1935年C.F.Richter提出了计算震级的公式：

$$Ms=\log\frac{A}{A_0}=\log A+\log\frac{1}{A_0}$$

式中，A_0 为距震中100km处，伍德-安德生标准地震仪记录振幅为1μm时的零级地震振幅；A 为记录到的实际振幅。

若在100km处实际振幅为10mm，即10 000μm时，其对数值是4，即为4级地震。显然，随震中距（Δ）的增大，实际记录的振幅（A）会减小。为了使震级数值不变，必须将 $\log\frac{1}{A_0}$ 值相应增大，所以 $\log\frac{1}{A_0}$ 是震中距（Δ）的特殊函数，记为 R（Δ），则有：

$$Ms=\log A+R(\Delta)$$

R（Δ）称为量规函数，可根据经验预先算好。震中距（Δ）可以根据P波和S波到达的时间差求出。这样在任一地震台（站）都能计算出同一次地震的震级。

通常3级以下的地震，人无感觉，称无感地震。3～5级地震，人有感觉，称有感地震。5～7级地震已具有破坏性，称破坏性地震。大于7级的地震具有强烈的破坏性，称大地震。

震级（Ms）和地震释放出的总能量（E）的关系如下：

$$\log E=11.8+1.5Ms$$

可见震级与能量为对数关系，震级每差一级，能量约差32倍（表14-1）。一个8.5级地震释放的能量为 3.6×10^{17}J，相当于100万千瓦的大型发电厂连续10年发电量的总和。可见一次强烈地震所释放出的总能量是十分巨大的。

（二）地震烈度

地震烈度（intensity）是指地震对地面和建筑物的影响或破坏程度。通常震级越大，震中地区烈度越大，距震中越远则烈度越小。一般浅源地震产生的破坏程度大、烈度高，而深源地震虽震级较大，但产生的破坏程度较小。

表 14-1 震级与地震能量对应表

Ms	E(J)	Ms	E(J)
1	2.0×10^{6}	6	6.3×10^{15}
2	6.3×10^{7}	7	2.0×10^{15}
3	2.0×10^{9}	8	6.3×10^{16}
4	6.3×10^{10}	8.5	3.6×10^{17}
5	2.0×10^{12}	8.9	1.4×10^{18}

（据《地震问答》，1977，改编）

人们根据地震对地面及建筑物的破坏程度将地震烈度划分为12度（表14-2）。震中地区烈度达到7度以上的地震就称为破坏性地震。震级和烈度是两个不同概念。一次地震，只有一个震级，但烈度可以有许多等级。

表 14-2 地震烈度表

震中烈度		特　征	加速度(cm/s²)	Ms
Ⅰ	微　震	只有仪器记录	25	1
Ⅱ	轻　震	极少数敏感之人有感	25	3
Ⅲ	小　震	少数休息之人有感，震动如大车驶过	5	3.5
Ⅳ	弱　震	行动中的人亦有感，吊物摇动	10	4
Ⅴ	强　震	人人有感，睡者震醒	31	4.5
Ⅵ	损　坏	树木摇动，架上东西掉落，老朽和劣质房屋损坏	63	5
Ⅶ	轻破坏	人惊逃，房屋普遍掉土，壁面裂，不好的房屋有倾倒	125	5.5
Ⅷ	破　坏	砖砌房屋裂缝，烟囱倒；一般建筑物严重破坏	250	6
Ⅸ	重破坏	地裂，喷水带泥沙；水管折裂，建筑物多倒塌	500	7
Ⅹ	毁　坏	地裂成渠，山崩、滑坡，桥梁、水坝损坏，铁轨轻弯	1 000	7.5
Ⅺ	毁　灭	很少建筑物能保存，铁轨扭曲，地下管道破坏，水泛滥		8
Ⅻ	大灾难	全面破坏，地面起伏如波浪，大规模变形		8.5

（据李善邦，1981，《中国地震》，略有改动）

震中烈度与震级及震源深度之间存在着一定的对应关系。叶俊林（1996）提出，对于浅源地震而言，这种关系可用下面公式近似地表示：

$$I_0=1.52Ms-\log H$$

式中，I_0 为震中烈度；Ms 为地震震级；H 为震源深度。

地震发生后，通过对地震区的宏观调查，并在地形图上注明各地的烈度，然后把烈度相同的地点用曲线连接起来便构成地震烈度图（图 14-2）。等震线图可反映出地震发生后，地面及建筑物破坏程度的分布状况。在高烈度区内有时会出现一些低烈度区，称为“安全岛”。如唐山地震时，玉田、丰润两县距唐山只几十公里，但破坏程度却很低，基本上无人畜死亡。“安全岛”的存在主要与地质构造有关，玉田、丰润两县的地基较为坚实，在较薄的第四纪土层之下是基岩，而周围地区的地基为巨厚的第四纪松散土层，牢固程度差。此外，建筑物的结构也直接影响到烈度的大小。如钢混结构的建筑物抗震强度要大于砖混结构的。而砖混结构的建筑物抗震强度又大于砖木结构的。

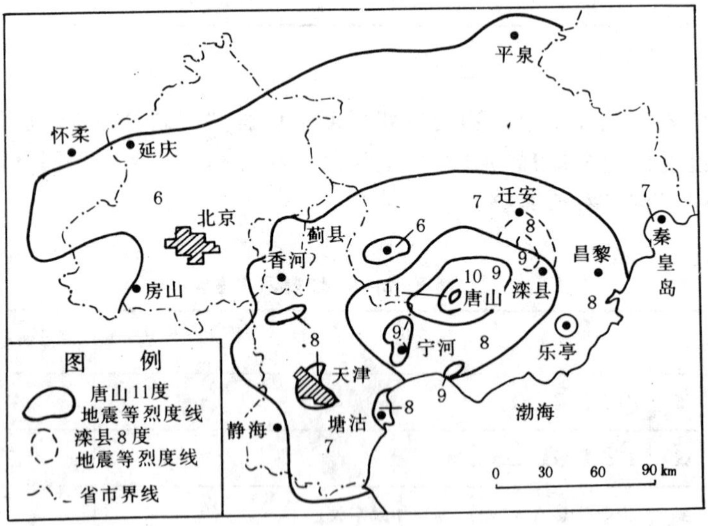

图 14-2　唐山地震烈度图

（据《唐山地震》，1980，修改）

三、地震成因及表现

（一）地震成因

人们通过研究发现世界上 90％的地震与断层活动有关。1902 年 A. Mekey 提出了地震的断层成因说。他提出：当一部分地壳岩石在构造应力作用下达到强度极限时，就会产生断裂。在岩石破裂的刹那间，附近岩石将不可避免地产生震动，形成地震。断层成因说被 1906 年旧金山大地震所证实。地震发生时沿圣安德烈斯断层发生了在 430km 范围内的近期错动，水平位移 3～6m，最大错距 6.4m。

岩石破裂时能量如何释放呢？1910 年 H. F. Reid 提出了断层成因说的“弹性回跳”理论。他提出：岩石受力时首先产生弹性变形，聚集了弹性应变能。弹性变形一旦达到岩石强度极限时，岩石发生破裂形成断层。断层两侧岩石则要恢复到未变形时的位置，而产生弹性回跳，从而以弹性波的形式释放出能量（图 14-3（b））。这种弹性波传播到地面就形成了地震，其原理与弯折一个钢片或拉断一根弹簧一样（图 14-3（a））。

断层成因说很好的解释了发生在岩石圈内的浅源地震。在地球的深部由于高温、高压环境下岩石受力作用容易发生蠕变，因此，很难用断层成因解释中、深源地震。而岩石圈板块构造理论则较好地解释了中、深源地震的成因和分布。

此外，火山喷发和地面大规模的陷落或山崩也能形成局部地震。

由于水库蓄水或向地下深层注水而引起的地震，称诱发地震。本世纪 30 年代，美国科罗拉多州米德湖地区修建的水库蓄水后，发生了一系列地震。中国广东新丰江水库 1959 年 10 月蓄水后，也发生了一系列地震，1962 年 3 月 19 日曾发生了一次 6.4 级地震。因修建水库而引发地震已受到人们的高度重视，并称此类地震为水库地震。

我国武汉市小洪山 1971 年 9 月打了一口深井，因循环液漏失，从 1972 年 2 月 4 日起连续发生地震。至 2 月底共记录到 2.2 级以下地震 120 多次，震源深度在 4km 左右。油田地区在打井采油及向地下注水的过程中，也导致了地震发生。

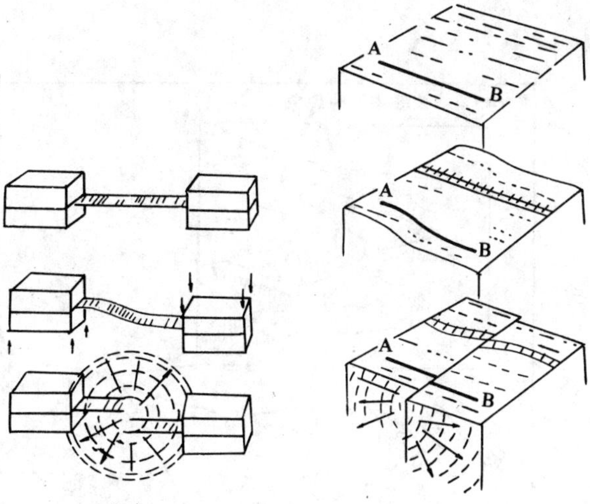

(a)　　　　　　(b)

图 14-3　弹性回跳发震机制示意图

(a) 钢板受力变形，弯曲到突然断开引起震动；
(b) 推测岩块错断所产生的地震形成过程

诱发地震产生的原因是原震区岩石断裂发育，当蓄水或注水后，岩石承压增大，原平衡状态遭到破坏，同时水渗入到岩石断裂的裂隙中，增加了断裂的润滑程度，使断裂容易活动，释放出能量，产生地震。诱发地震与经济建设关系密切，已引起人们的高度重视。

（二）地震表现

1. 临震前异常　一次大地震发生前夕，由于地壳中地应力积累逐渐接近岩石的破裂极限，岩石具有很大的弹性应变，会产生一系列异常现象。

（1）震情异常　主震发生前夕，地震仪会记录到一系列小震，称为前震。然后有一段长短不定的宁静时期，宁静时间可以是几天，也可以只有几小时。

（2）地形变异常　1964 年以前，邢台地区地壳升降运动幅度为 4～6mm/a，1964—1966 年间地壳升降幅度达 110mm/a，结果 1966 年 3 月 8 日邢台发生 Ms 为 6.8 级地震。

（3）地震波波速、地磁、地电异常　主要原因是在强大的地应力作用下，岩石的孔隙度减小，孔隙中流体含量改变，导致岩石密度和电阻率发生改变。

（4）地下水异常　泉、井的水位急剧升降，并出现冒泡、变味等现象。

（5）动物及天气异常　这类异常属间接异常。一些家禽和牲畜对地球物理场的变化较人类更为敏感，因此，在发震前会出现狂鸣、不进圈等现象。通常大地震发生前会出现连续干旱及炎热的天气现象，有时还会出现地震云现象。

2. 主震阶段的现象　地震发生时会产生地声、地光、大地晃动或振颤及磁暴等现象，从而使房屋倒塌、铁路扭曲、桥梁公路错断，地面出现喷砂冒水、裂缝、鼓包等现象（图14-4）。同时地震会导致海啸、山崩、滑坡、水灾、火灾等灾害发生。据记载，1923 年日本关东发生 Ms 为 8.2 级大地震，地震时几秒钟内房屋即被破坏 25 万余所，地震引起的火灾和海啸又使房屋被烧毁 40 万余所，卷入海中 800 余所。山崩、滑坡产生的土、石块若堵塞河道而形成堰塞湖，湖堤后决口，或水库大坝因地震而裂崩都会引起洪水泛滥。

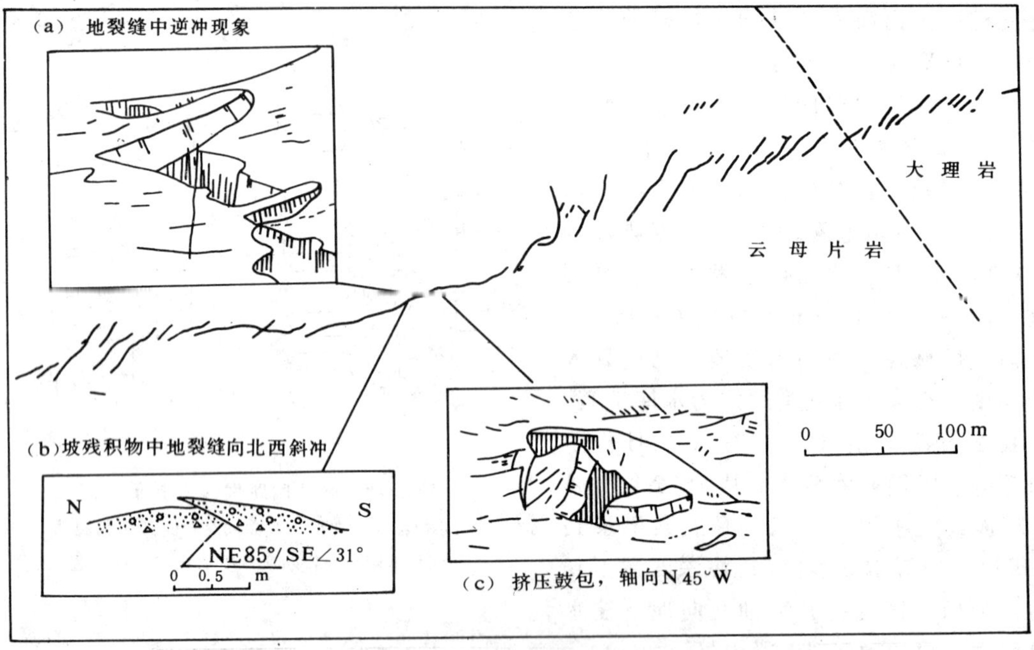

图 14-4 1975 年海城地震形成的地表变形

（据黄培华，1982）

3. 余震　一次大地震发生后的较长一段时间内，会产生大量小震称为余震，使地壳中积累的应变能进一步释放，地壳弹性调整，恢复平衡。

四、地震预报和预防

（一）现代地震分布

现代地震基本上分布在新生代以来地壳活动的地带。按板块构造理论，地震主要分布于板块边界上。

1. 世界地震分布（图 14-5）

（1）环太平洋地震带　全世界 80％的浅源地震、90％的中源地震、几乎 100％的深源地震都发生在该地震带内。

（2）阿尔卑斯-喜马拉雅-印尼地震带　全世界 15％的浅源地震、10％的中源地震都分布在该地震带内。

（3）大洋中脊地震带　几乎全是浅源地震。

2. 中国地震分布　中国地处环太平洋带和阿尔卑斯-喜马拉雅-印尼两大地震带之间，是多地震的国家之一。中国的地震多属浅源地震，震源深度一般 在 5～30km 范围之内。仅吉林与黑龙江的部分地区有少量的中源和深源地震（14-6）。中国地震分布可划分为以下几个带：

（1）东南沿海-台湾地震带　属环太平洋地震带；

（2）西藏-滇西地震带　属阿尔卑斯-喜马拉雅-印尼地震带；

（3）中枢地震带　北起贺兰山，南至云南东部；

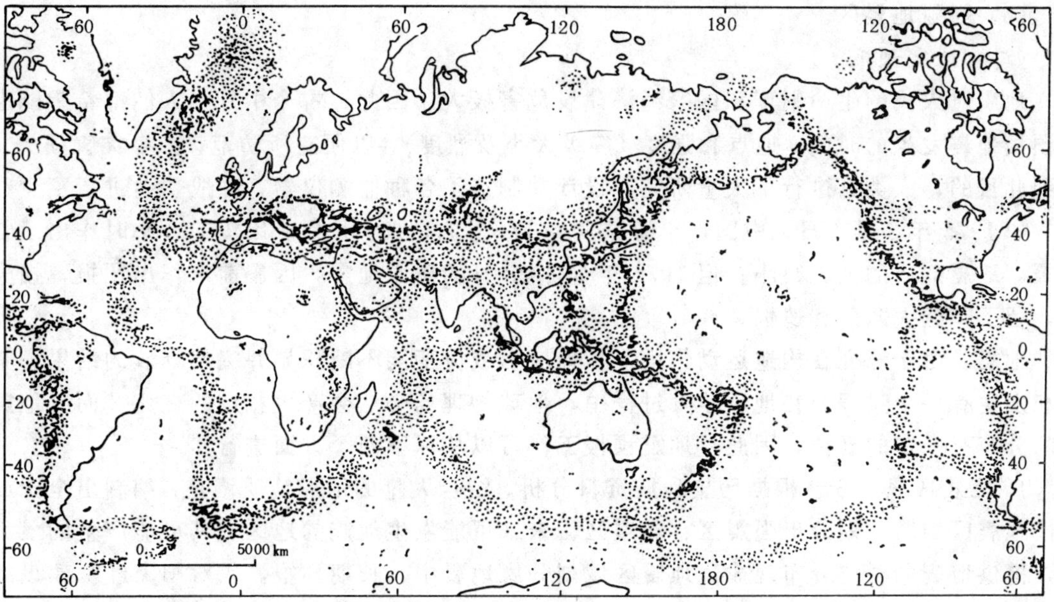

图 14-5　世界地震震中分布图

（据李鸿儒，引自 C. Ouicer，1983）

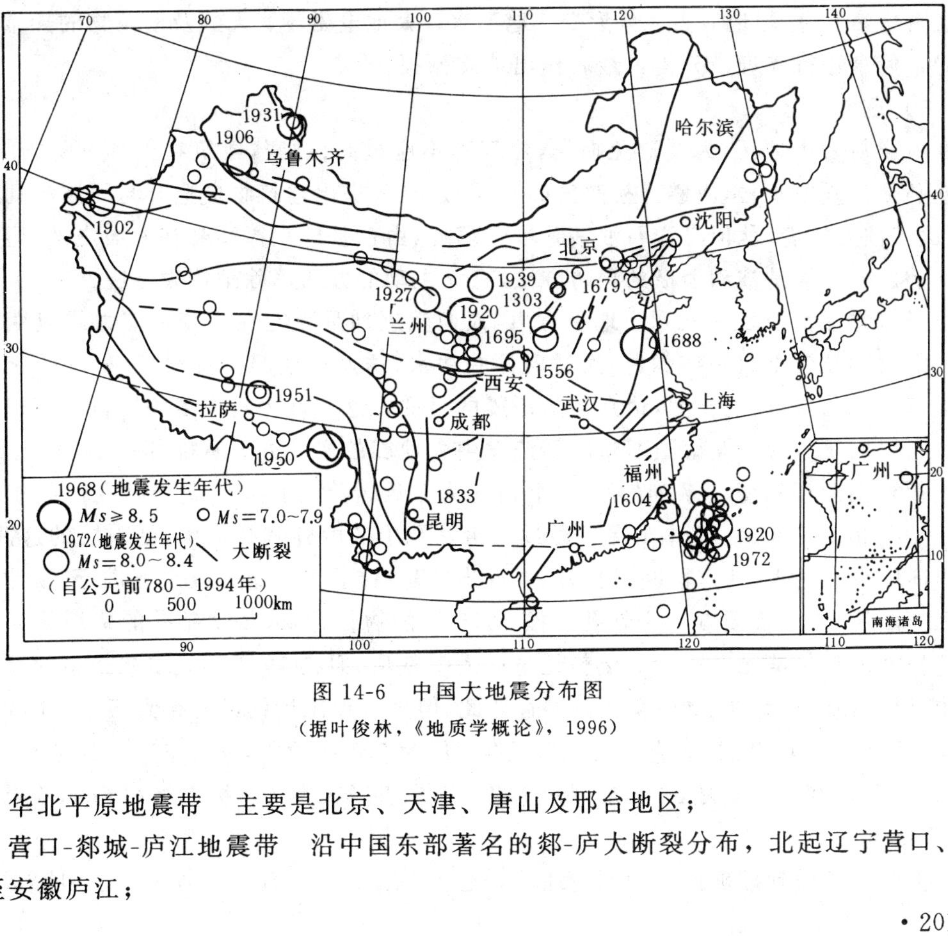

图 14-6　中国大地震分布图

（据叶俊林，《地质学概论》，1996）

（4）华北平原地震带　主要是北京、天津、唐山及邢台地区；

（5）营口-郯城-庐江地震带　沿中国东部著名的郯-庐大断裂分布，北起辽宁营口、经山东郯城至安徽庐江；

(6) 新疆地震区。

（二）地震预报

地震对人民的生命财产和国家经济建设危害极大。因此，古今中外，人们都希望能准确地预报地震发生的时间、地点和强度（震级大小及烈度），以便有所防范，减少灾害损失。为达到此目的，人类已进行了大量研究，设计并制造了各种监测仪器，并成功地进行了少数预报。如1975年2月4日，中国辽宁海城发生 Ms 为7.3级大地震，因震前9小时作出了临震预报，地震造成的损失很小。但1976年7月28日的唐山地震，因震前未作出预报，损失惊人，留下了巨大悲痛和遗恨。

地震是由于地壳在构造运动作用下，地应力或应变能不断积累并突然释放的结果，其孕育和发生有一个过程。在地震孕育过程中，地球物理场必然会产生相应的变化，而且地震的空间分布有一定的规律，因此，地震预报工作可以从以下两个方面进行。

1. 地震区域划分　根据历史地震资料分析，结合大量的地震地质调查，编制出全国或地方性地震区划图，划分出强震区、弱震区、未来可能发生地震的地区及其可能产生的最大烈度，提供地震的时空分布规律。地震区域划分属地震中、长期预报，它对国家经济建设的战略布局，有十分重要的意义。

2. 地震短期预报和临震预报　是根据临震前出现的一系列异常现象，及时、准确地预报未来地震可能发生的时间、地点及强度。地震的短期预报和临震预报，对减少人民生命财产损失及社会安定意义重大，各国均高度重视。地震预报的信息来源，主要是通过设立在各地的地震台（站），监测地应力、地形变、地下水、大地电磁场、天气及动植物的异常表现，对各种异常信息进行整理、分析，最后作出地震预报。

（三）地震预防

在地震易发生地区，为了避免损失，建筑物不应过高、过密，建筑物须具有防震结构，建筑物地基必须为坚硬基岩，应避开松散的砂土层。还有人提出建筑物应避开与面波活动的地面接触，而由基柱支撑着，就像海洋石油钻井平台那样，由台基柱支撑高悬在海面之上，避开海浪的冲击。上述办法均是被动消极的预防方法，有无主动的办法消除地震发生呢？

由于深井注水诱发一系列小地震发生，人们就想到是否能在现今地应力或应变能正在逐渐积累的活动断裂上打一些深井，通过向深井注水，诱发小地震，使断裂已积聚的应变能量逐渐释放掉，避免大地震的发生，达到预防地震的目的。这一设想构成了美国科学家提出的一项防止加利福尼亚州沿圣安德烈斯断层系统发生大地震的实验方案基础（图14-7）。这项方案是沿圣安德烈斯断层布置一系列钻孔，3个钻孔为1组，深度约4km，每个钻孔彼此相隔500m，每一组钻孔相距10km。具体步骤是通过一组钻孔中的两外侧孔抽水，使断层的这两点锁住，然后再向中央孔注水，使这段断层打开，释放出能量，接着下一组井孔重复进行。预计要驯服圣安德烈斯断层，大约需要500个钻孔。按1975年的物价计算，每个钻孔的费用约为100万美元。这样共需5亿美元。虽然5亿美元是一大笔款项，但在1971年圣费尔南多的一次较小的地震中，财产损失估计约10亿美元。尽管如此，但这个设想始终没有得到实施。1989年10月17日，沿圣安德烈斯断层、旧金山湾地区发生 Ms 为7.1级地震，死亡62人，伤数百人，财产损失75亿美元。1992年6月28日加州南部兰德斯发生 Ms 为7.5级地震和 Ms6.6级的大贝余震，损失惨重。

人类要真正做到准确预报和预防地震，还需要有志者去孜孜不倦地寻求和探索。

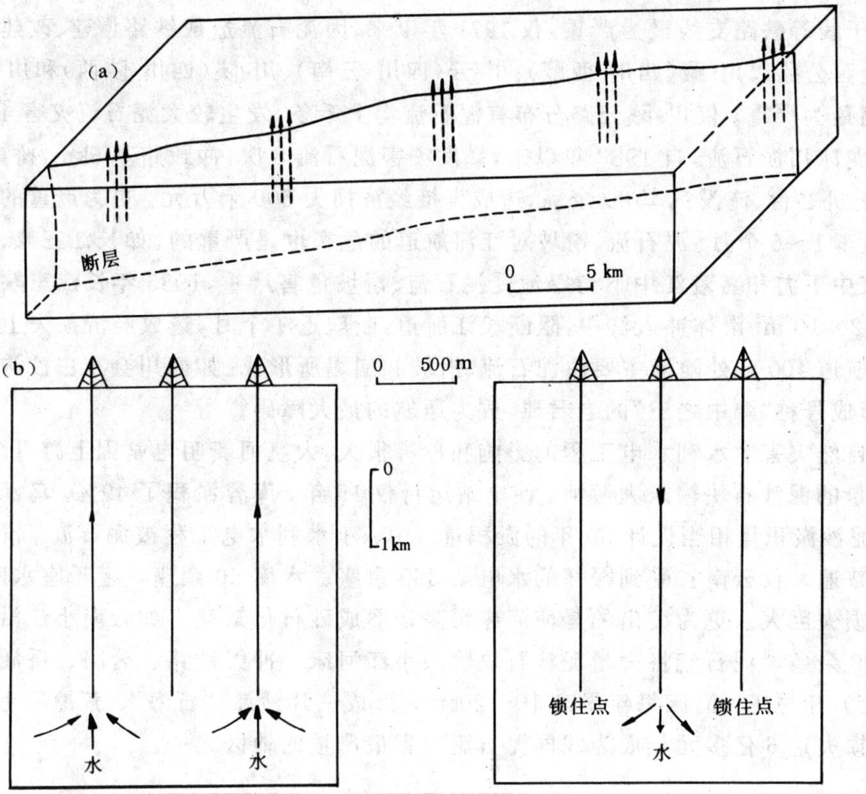

图 14-7 地震的控制

(据 P. J. Wyllie，1975)

第二节 山崩、滑坡、泥石流

一、概述

山崩、滑坡、泥石流是危害程度仅次于地震的较大地质灾害。与地震相似具有突发性的特点，主要发育在山区，又称山地灾害。中国是一个多山的国家，山地自然灾害频繁发生，80 年代以来，泥石流、滑坡造成的经济损失超过 30 亿元。

我国有上百座城市受到泥石流、滑坡等山地自然灾害的威胁和危害，如四川的汉源、泸定、得荣、西昌、南坪等县城 20 余座，云南的东川、巧家、南涧、漾濞、德钦等县城 18 座，甘肃兰州、武都、天水、文县等 10 座城市，西藏的江孜、亚东、八宿、定日、索县、巴青等 10 余座城市，等等。在山区一些城市建于泥石流堆积扇上、冲沟或河沟沟口及山前缓坡地带，由于选址不当和山地资源开发利用过度，以及缺乏城市总体规划，因此，许多城市屡遭泥石流、滑坡的侵袭，造成经济损失巨大，人员伤亡惨重。据统计，1975～1984 年，全国 18 个省区暴发的泥石流致死约2 200人。

山区的铁路、公路和航道受到泥石流、滑坡危害十分严重。全国有 20 条铁路干(支)线分布有泥石流沟 1 400 余条。自 1949 年以来，发生中断行车的较大泥石流灾害 300 余起，33 个车站曾被淤埋41次，列车出轨和颠覆的事故10起。以成(都)-昆(明)、宝(鸡)-成(都)、天(水)-兰(州)铁路干线等铁路支线最为严重。仅1971年以来，因泥石流造成铁路增建、改建和恢复费达8亿元。全国公路以川-藏(四川-西藏)、川-云(四川-云南)、川-陕(四川-陕西)和川-甘(四川-甘肃)等线路最为严重。仅川-藏公路分布有泥石流沟上千条，发生较大泥石流灾害400余起。其中波密培龙冰川泥石流，自1983年以来，暴发灾害泥石流8次，冲毁路基6km、桥梁9座、房屋32间、推土机2台、淹没汽车80余辆，造成直接经济损失600余万元。更为严重的是每年使川-藏公路阻车1～6个月。泥石流、滑坡对江河航道的危害也是严重的。如长江三峡、金沙江中下游、雅砻江中下游和嘉陵江中下游等地受泥石流、滑坡危害严重，1985年长江三峡地区秭归新滩滑坡约$2\times10^6m^3$滑体冲入江中，阻断长江航道，断航近1个月，造成经济损失上亿元。金沙江中下游航道400多处险滩主要由泥石流、滑坡和崩塌所形成。如四川会东白沙沟泥石流涌入金沙江，形成号称“滩中之王”的老君滩，成为通航的最大障碍。

山地自然灾害对水利水电工程的影响和危害很大。大渡河龚咀电站因上游百余处泥石流、滑坡将大量的泥沙石块输入大渡河，使电站运行仅15年，库容淤积了49%。乌江渡电站运行仅5年，泥沙淤积量相当设计50年的淤积量。中、小水利水电工程被泥石流、滑坡冲毁或淤埋则更为普遍。仅云南省受到毁坏的水电站360余座、水库50余座，上千座水库淤积严重，造成经济损失巨大。更为突出的是使河床淤高，形成砂石化景观。如云南小江沿岸分布有泥石流沟100余条，泥石流将大量泥沙石块输入小江河床，冲毁铁路、公路、桥涵，吞噬良田（约7万亩）和村庄，河床每年淤高10～20cm，形成一片沙滩“石海”、荒凉不毛之地，所造成的经济损失达6亿多元，成为我国泥石流灾害最严重的地区之一。

二、成因分析

（一）山崩

山崩又称岩崩，是指位于陡峻山崖或山坡的岩块，在重力作用下坠落到山脚下的过程。

山崩的发育多由于物理风化作用强烈，位于陡峻悬崖面上的岩石裂隙不断扩大，岩块松动，处于不稳定状态，当遇地震或暴雨等因素影响时，触发形成。此外，由于河流、湖浪、海浪侵蚀，掏空陡崖的脚部，使岩石失稳，在重力作用下发生岩崩。岩崩时，岩块坠落速度接近自由落体的速度，下落的巨大岩块大部分破碎成较小的碎块，而撒落在山坡坡脚，形成倒石锥（图14-8)。通常倒石锥锥顶附近颗粒比较小而锥底附近颗粒较粗大，因为较大的颗粒具有较大的动能和半径，使它们能够滚动得更远些。

（二）滑坡

滑坡是指斜坡上的土体或岩体在重力作用和其他因素的影响下，沿着一个或几个滑动面整体向下滑动的现象。滑坡由滑坡体、滑动面、滑坡壁等要素组成（图14-9)。

滑坡一般发育在土质斜坡或夹有软弱泥岩层的基岩斜坡地带。滑动面大多沿着岩层面、破裂面或透水层与不透水层的分界面发育。当地形坡度大于20°，且滑动面的倾向与山坡向一致时，易产生滑坡。地震、降雨和雪融水是滑坡产生的诱发因素。地震不仅破坏斜坡上岩、土体的内部结构，而且会产生新的滑动面，促使滑坡形成。雨水和雪融水渗入到岩、土体的孔隙或裂隙中，使岩、土体的抗剪强度降低，沿滑动面水的浸润使岩、土体的摩擦力减小，促使滑坡形成。此外，人工采掘矿石、开挖沟渠，若施工不当，破坏了斜坡的平衡也会产生滑坡。

滑坡的形成，通常经过长时间孕育，并在极短的时间内爆发形成。1983年3月7日傍晚，甘肃东乡洒勒山南坡发生了国内罕见的超大型滑坡，在一、两分钟内形成了面积约$1.4km^2$，体

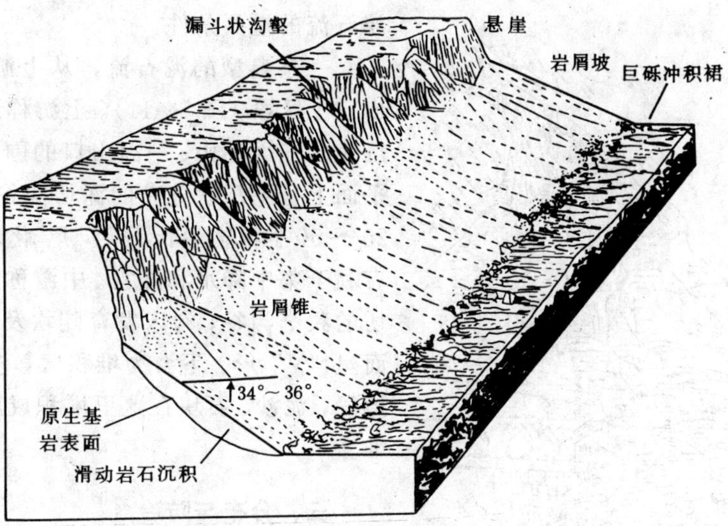

图 14-8 倒石锥示意图

（据 A. N. Strahler，《Physical Geology》1981）

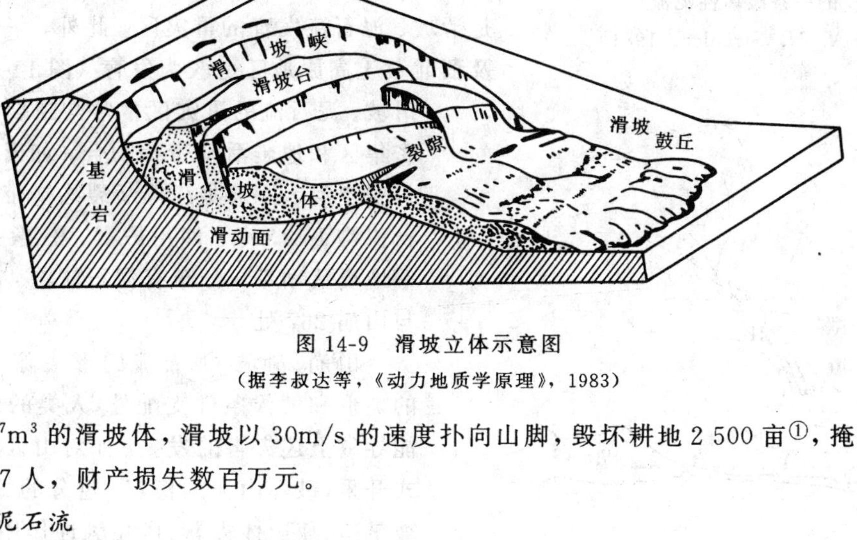

图 14-9 滑坡立体示意图

（据李叔达等，《动力地质学原理》，1983）

积约 $5\times10^7m^3$ 的滑坡体，滑坡以 30m/s 的速度扑向山脚，毁坏耕地 2 500 亩①，掩埋致死 237 人，重伤 27 人，财产损失数百万元。

（三）*泥石流*

泥石流是山区突然爆发含有大量泥沙、石块等固体物质，并具有强大破坏力的特殊洪流。这种洪流多发生在暴雨集中或有大量冰雪融水的陡峻山区。泥石流中固体物质的体积含量一般大于 15%，最多时可达 80%。泥石流密度通常大于 $1.3t/m^3$，最大可达 $2.3t/m^3$。泥石流的流速一般可达 5～7m/s。泥石流因流速快、密度大，其侵蚀、搬运力极大，可在较短时间内（几分钟到几小时），将几十万乃至几千万立方米的固体物质沿沟谷搬运至沟口，使周围地形倾刻间发生变化，并摧毁或淹没地表建筑物（图 14-10）。

泥石流的形成有三个基本条件：①地势陡峻，山高沟深，流域面积大；②有丰富的固体碎屑物质，在构造运动强烈或物理风化作用盛行的地区，岩石破碎，为泥石流提供了大量的碎屑物；③在短时间内有充沛的地表流水。特大暴雨或连续降雨的暴雨及冰雪融水都是触发

---

① 1 亩 $=666.6m^2$。

泥石流的重要条件。

一条典型的泥石流，从上游到下游一般可以分出三个区段（图 14-11）。上游称形成区，是一个面积巨大的三面环山、一面出口的围椅形凹地。凹地内有平面上呈鸡爪状分布的深切沟谷，地形陡峻，坡度在 25°～50°。植物生长不良，风化岩屑量巨大。其地形有利于集中降水和降雪。中游称流通区，多为一个深切的狭窄沟谷，沟床发育陡坎及瀑布，坡度很陡，断面呈“V”形。下游为堆积区，多位于山口平缓开阔地段，泥沙、石块在这里堆积成扇状、垄岗状等乱石堆。

图 14-10　在威尔士 Abcrfan 的一条破坏性泥流
（据 A. N. Strahlcr，1981）

三、分布与防治

（一）分布

山崩、滑坡、泥石流主要分布在高山地区及切割强烈的高原地区。我国的西南山区、青藏高原东南部是滑坡、泥石流发育的重灾区。此外，华中山地地区及西北黄土高原地区也较为发育（图 14-12）。山崩、滑坡、泥石流的重灾区常常与断裂构造带分布密集区和地震活动带相吻合。如云南小江、四川安宁河、甘肃龙江等断裂构造带，分布有泥石流沟 1 313 条。四川炉霍、松潘-平武和巴塘等地震活动带，分布有泥石流沟 478 条，滑坡与山崩 267 处。

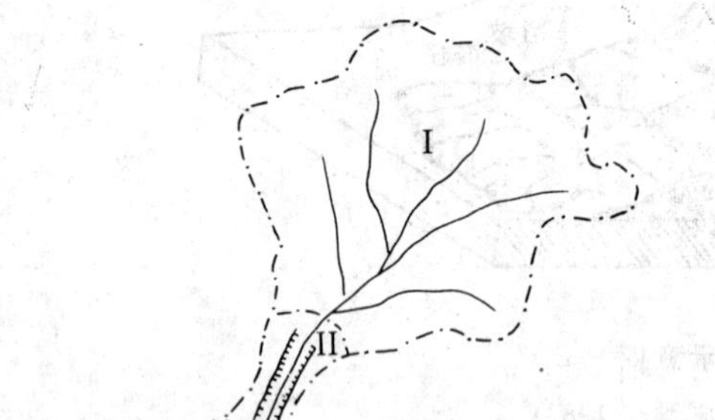

图 14-11　泥石流域示意图
（据李叔达等，《动力地质学原理》，1983）
Ⅰ. 形成区；Ⅱ. 流通区；Ⅲ. 堆积区；
Ⅳ. 湖泊；点划线为分区界线；锯齿线示峡谷

山崩、滑坡、泥石流的形成除主要受恶劣的地形和气候条件支配外，人类的生产活动也能导致上述灾害的发生。如对山区森林的掠夺式开采，破坏山坡的稳定。过分的毁林开荒、陡坡垦殖，使山体裸露、风化剥蚀作用加强。任意开采矿产，堆弃渣石，破坏山地稳定性，提供大量碎屑物。修筑道路和水利工程不合理，忽视森林植被保护和山体稳定，都能加速山崩、滑坡、泥石流的形成。

（二）防治

首先开展区域调查，摸清山崩、滑坡、泥石流的分布规模及危险程度，进行区划分级，通常将灾害的危险程度分为极严重、严重、一般、轻微和极轻微五级。

其次，为了避免或减轻山地灾害对重大工矿、交通线或城镇的危害，开展对山地灾害的监测、预报和警报是十分重要的。近年来，有关单位在长江三峡的新滩、链子岩、雅砻江二滩的金龙山、黄河龙羊峡水电站的近坝库岸，以及宝（鸡）-天（水）铁路的凤阁岭车站等滑坡设立监测系统，通过重复水准测量、控制网测量、地下水流量测量，以及倾斜、位移、孔

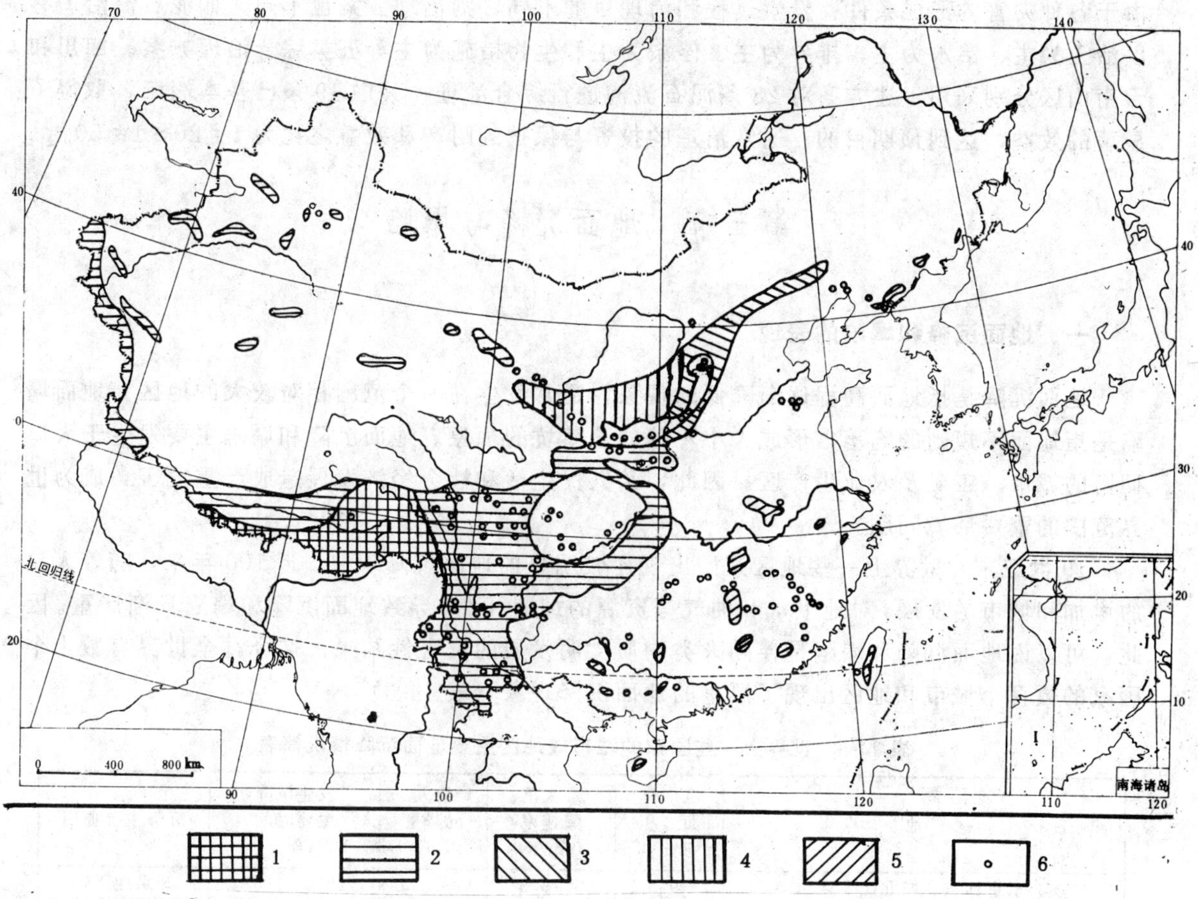

图 14-12　我国山地自然灾害分布图

（据唐邦兴，1990）

1. 冰川泥石流；2. 暴雨泥石流；3. 暴雨水石流；4. 暴雨泥流；5. 暴风雨泥石流；6. 滑坡

隙水压力等测量，掌握滑坡的变形过程，对滑坡的滑动及时作出预报。1985 年 6 月 12 日的新滩滑坡，由于灾前作出了准确的预报，使在滑坡区居住的 475 户 1 371 人全部撤出，无一伤亡，财产损失减小到最低程度。

为了减小山崩、滑坡、泥石流对工程建筑和人类的危害，在各种建筑选址和选线中应避开山地灾害的易发区。若实在难以避开，则需采用一些预防措施，如铁路、公路等交通部门常常采用单孔大跨桥梁、明硐、渡槽、急流槽和排导沟等工程措施，使交通线路安全通过泥石流沟。采用挡土墙、截水沟和盲沟等稳定滑坡，防止其危害交通线路。泥石流的形成常与森林破坏、陡坡垦殖、过度放牧、库渠漏水和削坡弃渣等有关，为预防泥石流的形成，必须杜绝上述事件的发生。

对已经造成灾害的山地灾害应及时治理，否则灾害可能会越发展越严重。治理分专项治理和综合治理两类。专项治理是指采用一项或几项措施使某一建筑物或某一地区免受灾害危害。如采用排导沟，或者拦沙坝与排导沟结合畅排泥石流，使铁路或公路免遭泥石流危害。综合治理是指采用工程措施与生物措施相结合，将上、中、下游或整个坡体统一考虑，水、土、林、田全面治理。通常要根治或控制灾害，保护多种建筑物或整个地区，多采用综合治理。但由于各种灾害的形成条件、发生过程和治理目的不同，则治理方案也不同。如泥石流治理有以治土为主、治水为主、排导为主、停淤为主和生物措施为主等五类综合治理方案。四川和云南山区分别采用上述方案对28条泥石流沟进行综合治理，其中19条已基本竣工，取得了显著的效益，达到预期目的。通常治理的投资与保护的财产和效益之比为1∶20～1∶50。

第三节 地面沉降与塌陷

一、地面沉降和塌陷的表现

地面沉降是指地面高程逐渐降低的现象，通常发生在一个范围相对较大的地区。地面塌陷是指地面不规则的陷落，形成大小不等的陷落坑的现象。地面沉降和塌陷主要发生于人口稠密的城市、工矿及农业生产区，因此，给人民生活和社会经济发展造成严重危害，成为世界范围的重要环境问题。

19世纪末，世界上一些地区开始出现比较明显的地面沉降现象。近100年来，随着人口的增加和城市的发展，对地下水和油气等资源的加速开发，导致地面沉降和塌陷日渐严重。因此，可以说地面沉降和塌陷是伴随人类物质文明发展的灾害性结果。迄今，全世界有数十个国家的数百个城市和地区出现了严重的地面沉降现象（表14-3）。

表14-3 世界上一些国家的城市或地区主要地面沉降情况简表

国名	地点	沉降面积(km²)	最大沉降速率(cm/a)	最大沉降量(m)	发生沉降主要时间(年)	沉降主要原因
日本	东京江东及城北工业区	955	19.5	4.60	1898—1968	开采地下水
	大坂	1 635	16.3	2.90	1925—1968	开采地下水
	新泻	2 070	57	1.17	1898—1961	开采地下水
	九洲左贺县白石平原	88	20		1854—1965	开采地下水
	尼奇			3.10		开采地下水
美国	加州圣克拉拉流域	600	21	3.90	1915—1967	开采地下水
	加州圣华金流域	9 000	46	8.55	1935—1968	开采地下水
	加州洛期贝诺期-开脱尔曼市	2 330	40	4.88	—1955	开采地下水
	加州邱拉里华兹科		>30	3.96	1926—1954	开采地下水
	加州长滩市威明顿	32	71	9.00	1926—1968	开采地下水
	内华达州拉斯韦加斯	500		1.00	1935—1963	开采地下水
	亚利桑那州中部			2.30	1952—1967	开采地下水
	得克萨斯州休斯顿-加尔维斯顿	1 000		1～2	1943—1969	开采地下水
	路易斯安那州巴吞鲁日	500		0.30	1934—1965	开采地下水
墨西哥	墨西哥城	7 560	42	7.50	1890—1957	开采地下水
意大利	波河三角州	510		>0.20	1953—1960	开采石油
	威尼斯			1.00	过去100年中	开采地下水
英国	伦敦	1 800		0.61	过去100年中	开采地下水
泰国	曼谷		10	>0.50		开采地下水
中国	上海市区及效区	850	10.1	2.63	1949—1965	开采地下水 构造下沉
	天津市区及效区	7 000	21.6	2.63	1959—1985	开采地下水 构造下沉
	台湾台北市	>300	5.21	>2.00	—1981	开采地下水

（据张业成，1992.12）

黑西哥城地面沉降由来已久，19世纪已开始出现。1898—1938年的40年间，平均沉降速度为4cm/a。1938年以后，沉降加速，到1948年，平均沉降速度达15cm/a。1948—1952年间，由于大量抽取地下水，沉降速度猛增至30cm/a。1898—1956年累计沉降量5～7m。市中心索卡洛广场在1910年高出湖面1.9m，而到1982年已低于湖面7m。每当雨季，湖水就向城中倒灌。

至80年代，日本有59个城市和地区发生强烈地面沉降现象，面积达9 520km^2，约占可居住面积的12%。东京市沉降面积955km^2，最大沉降量达4.6m，一部分已下降到海平面以下。美国在许多油田和地下水水源地发生十分严重的地面沉降现象，以加州最为突出。这里有22个油气田发生强烈地面沉降，最大沉降量达9m。加州圣华金流域因开采地下水形成巨大的沉降区，最大沉降量达8.6m。

英国伦敦市区近100年来已下沉61cm，为此，泰晤士河的河堤已加高5次。为防止由于地面下沉而造成的海潮侵袭，在泰晤士河口建造了一座世界上最大的、总长为520m的活动水闸，耗资8.6亿美元。泰国首都曼谷由于超量抽取地下水，市中心年平均沉降量达5～10cm，城东区已在海平面以下50cm左右。

上海市是中国最早发生地面沉降的地区。自1921年发现地面沉降以来，至1965年，市区地面累计最大沉降量达2.63m，影响范围850km^2。有的大厦第一层竟在海平面以下，不少地下污水管道也逐渐低于黄浦江水位。北京市由于过分开采地下水，已形成一个方圆1 000多平方公里的大洼地，造成整个京城“天倾西北，地陷东南”之势，总沉降面积约800km^2，最大累计沉降量为0.619m。除上海和北京外，中国还有天津、西安、太源、苏州、常州、沧州、衡水等20多个大、中城市发生了不同程度的地面沉降（表14-4）。

地面塌陷多分布于地下采煤、采矿地区和岩溶发育地区。不合理的地下开采，常导致地面塌陷发生。如我国华北、华东平原的煤矿区，据统计，上述两区煤矿平均每产万吨煤塌陷3亩地。开滦矿务局已塌陷土地13万亩，徐州矿务局已塌陷土地近18万亩。又如黑龙江省七台河市在建市初期，由于未进行城市建设的总体规划，将市中心建立在一个煤田之上。随着煤炭的大量开采，城市地面发生大面积塌陷，迫使该市二次搬迁、三次建设，造成了巨大的生命财产损失，而且还遗留下大量难以解决的社会问题。

在岩溶发育地区，由于天然或人为因素导致地面下沉、开裂，以致突然向下陷落的现象称为岩溶地面塌陷。1950—1990年，全国已发生岩溶地面塌陷600处以上。全国铁路因岩溶区地面塌陷造成路基塌陷60段以上，造成列车颠覆两次，累计断道2 000h以上。湖南涟源恩口煤矿因坑道突水，1973—1984年导致地面塌陷，陷坑达6 000多个，影响范围达20km^2，年赔偿、治理费用150万元，至1982年累计已达980余万元。目前，中国平均每年塌陷10.5万亩地，预计2000年后平均每年破坏18万亩良田沃土。

二、地面沉降和塌陷的危害

1. *建筑物受到破坏*　地面下沉会造成建筑设施的不均匀沉降，导致建筑物发生开裂、倾斜，甚至会倒塌。地下铁道、公路、铁路也会遭受破坏，地下管道有的被架空，有的破裂或折断，造成漏水、漏气或漏电现象。如美国的休斯敦，因地面沉降，造成几百座大楼受到毁损。

2. *疏排水不畅*　由于地面下沉，会使下水道或排水渠架空，排水口的标高低于河面水位、造成排水能力失常，工业废水、生活污水、雨水无法排出，严重者会造成倒灌现象。遇到雨季，往往形成积水，厂房、住房进水。如台北市区每遇降雨，各处发生积水，“陆地行舟、人

表 14-4 中国部分城市地面沉降地质灾害情况简表

沉降城市	最大累计沉降量(mm)	沉降范围(km^2)	致沉原因	地面沉降及灾害简况
北京市东郊区	619	800	抽 水	局部微弱地面沉降始见于1935年,1968年以后东郊发生较强烈地面沉降。造成井管上升,个别房屋、路段开裂,局部汛期积水
上海市区、郊区	2 630	850	主要为抽水,其次为构造下沉	始于1921年,1949—1965年迅速发展,1966年后得到基本控制,造成井管上升,房屋、道路、管道等下沉开裂,汛期积水、江水倒灌,曾几次淹没了码头、仓库、工厂和居民区,航运受阻
天津市区、郊区	2 630	7 000	主要为抽水,其次为构造下沉和天然固结	始于1923年,1959—1985年迅速发展,1986年以后减缓。造成井管上升,房屋、桥梁、道路、管道等下沉开裂,汛期积水、海河护堤下沉,泄洪能力下降到400m^3/s以下,洪水威胁严重,防潮闸堤下沉,风暴潮灾加剧
河北沧州市	1 001	2 500	主要为抽水,其次为构造下沉	1971年以后发生比较强烈沉降活动,至今仍在迅速发展,造成井管上升,个别房屋开裂,汛期积水
河北邯郸市	329		抽 水	1966年开始。70年代后加剧,1982年以后采取措施,沉降减缓,仅个别房屋开裂
河北保定市	651		抽 水	70年代开始,主要发生在一亩泉水源地。建筑设施受到危害
河北衡水市	600	2 600	抽 水	70年代以后出现并急剧发展
山东济宁市	181	53	主要为抽水	80年代以后逐渐发展
山东德州市	104		抽 水	80年代以后逐渐发展
山东荷泽市	60		抽 水	80年代以后逐渐发展
河南安阳市东部	337	38	抽 水	80年代以后,安阳市东部楚旺一带发生地面沉降
山西太原市	1 381	2 700	主要为抽水	一些房屋受到破坏,汛期积水
陕西西安市	1 509	>200	主要为抽水,其次为构造下 沉	1959年开始出现较明显地面沉降活动,1972年后迅速发展。一些房屋开裂,名胜古迹下沉倾斜,排水管道破坏
安徽阜阳市	810	452	主要为抽水	始于70年代初,80年代加剧,至今继续发展。造成井管上升、倾斜,一些房屋开裂,颖河、泉河堤坝下沉,部分节制闸破坏,洪水威胁加剧,高程标志失效
江苏苏州市	1 050	56	主要为抽水	成井管上升、倾斜;地面开裂,测量标志失效,洪峰警戒水位不准,桥梁净空减小,影响河运,排水不畅,积洪滞涝,洪水威胁严重,地下水环境恶化
江苏无锡市	1 025	100	主要为抽水	
江苏常州市	820	200	主要为抽水	
浙江杭州市	42		主要为抽水	造成井管上升,局部排水不畅
浙江嘉兴市	600	300	抽 水	个别建筑物开裂,排水不畅
浙江宁波市	360	130	抽 水	井管倾斜和上升,排水不畅,潮水上岸,淹没码头、仓库等
广东湛江市	110	690	抽 水	井管上升、局部积洪滞涝
台湾台北市	>2 000	>300	抽 水	始于1950年,70年代后迅速发展,除建筑设施安全受威协外,造成海水侵袭、风暴潮灾害加剧

(据张业成,1992年12月)

车不能成行”。宁波市为防水害，新建筑的地基普遍提高 0.5m。

3. *沿海城市受到海潮侵袭加剧* 由于地面下沉，堤防随之下沉，海潮水面则相对上升，大潮上岸危及城市，如宁波市，甬江沿岸的防潮汛能力随地面下沉而下降，曾有几次大潮上岸淹没了码头、仓库、工厂和居民区。上海已耗费巨资多次加高黄浦江、苏州河两岸的防洪墙，外滩的防波堤高度已达极限，无法再承受潮水袭击，不得不考虑设计施工艰难、投资巨大的新挡水工程。

4. *影响航运交通* 地面的下沉，使河床侵蚀基面相对抬升，河流淤积加重，原桥梁净空减小，过船能力大大降低，这对一些水系发育的河网区城市，其影响尤为严重。

5. *引起或加剧地面开裂* 1988 年 7 月，山东省鱼台县出现数十条地裂缝，最后的一条长达 400m，使几个村庄、180 多户农民的 700 间房屋受到破坏，田野里陷坑密布，道路上裂缝条条，受灾面积 3.3km^2。另外，西安市已发现了 10 条正在活动的地裂缝。

6. *导致地下水咸化* 大量抽取地下水，引起地面下沉，导致海水入侵含水层。造成沿海城市的地下水因海水的补给而被污染，使淡水资源枯竭和含水层咸化。目前，我国的天津、大连、旅顺、青岛因降落漏斗中心水位标高低于海平面，而造成海水入侵的盐碱灾害。

7. *含水层被破坏* 除因海水入侵而被咸化外，还会由于超抽地下水，出现“抽砂”现象，含水层中的砂砾会移动、变位和压缩，造成含水层的天然状态被改变，从而使整个含水构造有被毁坏之危险。

8. *地面沉降破坏了原来的地质环境使其成为不稳定的结构* 一旦遭受其他地质灾害的侵袭（如地震、塌陷等），则对环境的破坏更加严重，就有可能成为新灾害的重灾区。

9. *地面塌陷的危害* 地面塌陷会导致工矿、农业设施和场地的毁坏，铁路、公路的破坏，人类居住环境改变和迁移。同时，地面塌陷又会诱发地震、山崩、地滑（滑坡）等地质灾害的发生。

三、地面沉降和塌陷的成因与防治

（一）成因

地面沉降发生的原因主要是因为过度地抽取地下水，导致地下松散土层中孔隙减少，土层颗粒之间支撑力减小，在自重的影响下，松散土层的孔隙度减小，土层被压实，从而导致地面下沉。此外，新构造运动活动强烈的地区，也会引起部分地区下降，从而导致地面沉降。

地面塌陷主要是因为过分开采地下矿产，导致地下土、石体流失，在矿区范围内，岩、土体的应力状态发生极大改变，一旦达到失稳状态，矿井上部岩、土体在重力作用下发生崩塌，形成地面塌陷。在岩溶发育区，因过分抽取地下水或地下水位升降变化频繁、过快，会导致地下水的潜蚀作用增强及岩溶地区地下应力状态改变，一旦失去平衡，溶洞崩塌，形成地面塌陷。

（二）防治方法

1. *控制地下水的开采，合理和节约利用地下水* 合理有计划地节制开采，地下水位就会大幅度回升，地面沉降就会减缓，甚至停止。如 1986 年以来，宁波市为控制地面沉降，通过节约用水等措施，压缩了地下水的开采量，使地面沉降速率有显著下降。1985 年市区地下水开采量为 890 万吨，沉降中心区地面下沉速率为 27.5mm。1986 年地下水开采量减为 681 万吨，沉降速率减为平均 17.5mm。1987 年地下水开采量又减少到 624 万吨，地面沉降速率约为 10mm。

陕西省地质矿产局根据实测获得的丰富资料，对西安市地面沉降进行了定量预测，结果表明，只要适度开采地下水，就可逐步控制西安市地面的沉降，提出合理开采地下水，即每天开采 14.6 万米^{3}时，一些沉降中心可于 1990 年前基本趋于稳定。到 2000 年剩余的沉降中心平均沉降速度为 10.6～12.6mm/a，并趋稳定。

2. *用无污染的优质水向地下进行人工回灌* 1960—1971 年间上海进行了有效的人工回灌，这几年内上海地面以回弹为主，年平均回弹上升 3mm。1964 年以来，压缩市区棉纺系统的地下水开采量，1978 年供给该系统的地下水开采量仅为 1964 年的 27.4%。

人工回灌的方式：①深井灌注，靠机械将地表水压入井内；②引渗回灌，将地表水通过渠道引入井孔或引入具下渗能力的积水洼地。有条件的，可考虑在地下水的下游修地下截渗坝，形成局部的地下水库。为此，要设置一些大口径的填砾渗井，开挖填砾渗坑、渗槽等。

在人工回灌中应注意水质问题，一定要用无污染的优质水回灌，以保证地下水不受污染。

3. *加强水井的管理* ①立法，为控制地下水的开采和使用，最有效的办法是制定详细的法律措施，严格管理，以法控水，以控水来控制地面沉降；②对所有的抽水井统计造册建档，进行统一管理；③对新井的开凿要严格审批手续，不准随意打井，防止乱抽水和强行超采深层地下水。

4. *保持地下岩、土体的稳定性* 在地下采矿区充分保留支撑矿柱和对已采空间进行回填，保持矿区岩体的稳定性。在岩溶地区，防止地下水位骤降骤升，保持地下水位高于岩、土层的界面，可防止地面塌陷的发生。为了防止突发性地面塌陷灾害的发生及发展，对可处理的地段按需要在岩、土界面附近一定范围内用双液（水泥、水玻璃）作水平帷幕注浆，以隔断地下水位波动，填充空间及固结溶洞软泥，可收到加固地基，防止塌陷的良好效果。

小　　结

人类越来越关心所居住的地球环境，地质灾害是人类所面临的日益严重的环境问题之一。各种地质灾害的形成具有特定的机制，其发生有一个过程。要准确地预报和积极地防治地震、山崩、滑坡、泥石流、地面沉降和塌陷等地质灾害，必须掌握各种地质灾害的形成机理和活动规律，充分利用各种科学技术和工程技术手段，达到将灾害减小到最低程度的目的。

复习思考题

1. 名词解释：地震、震级、地震烈度、滑坡、泥石流。
2. 地震的成因及表现特点。
3. 世界及中国地震带的分布。
4. 山崩、滑坡、泥石流的成因、危害及防治。
5. 地面沉降和塌陷的成因、危害及防治。

主要参考文献

曹伯勋等，1995，地貌学及第四纪地质学，武汉：中国地质大学出版社
傅良魁，1991，应用地球物理教程，北京：地质出版社
盖保民，1991，地球演化，北京：中国科学技术出版社
管宁锐、赵激林，1991，岩浆岩及变质岩简明教程，东营：石油大学出版社
何起祥，1978，沉积岩和沉积矿床，北京：地质出版社
韩玉发，1983，地质学基础，北京：地质出版社
李善邦，1981，中国地震，北京：地震出版社
李叔达，1983，动力地质学原理，北京：地质出版社
林年丰等，1990，环境水文地质学，北京：地质出版社
刘宝珺，1980，沉积岩石学，北京：地质出版社
罗祖德，1992，20 世纪发生的十大类灾害典型事例，地理知识，第 2 期
金振民，1997，全球环境变化和地球科学面临的新任务，地质科技情报，第 68 期
南京大学地质系，1979，地球化学，北京：科学出版社
邱家骧，1985，岩浆岩石学，北京：地质出版社
饶纪龙，1979，地球化学中的热力学，北京：科学出版社
石文慧，1991，论中国铁路地质灾害问题，地质灾害与防治，第 2 卷，第 1 期
苏文才等，1989，地质学简明教程，上海：华东师范大学出版社
孙荣圭，1984，地质科学史纲，北京：北京大学出版社
唐邦光、吴积善，1990，山地自然灾害（以泥石流为主）及其防治，地理学报，第 45 卷，第 2 期
王家映，1988，地球物理学，武汉：中国地质大学出版社
王子贤、王恒礼，1985，简明地质学史，郑州：河南科学技术出版社
夏邦栋，1984，普通地质学，北京：地质出版社
徐成彦、赵不亿，1988，普通地质学，北京：地质出版社
许至平，1990，普通地质学，北京：煤炭工业出版社
殷纯瑕，1980，地质中的基础化学问题，北京：地质出版社
叶俊林、黄定华、张俊霞，1996，地质学概论，北京：地质出版社
游振东，王方正，1988，变质岩岩石学教程，武汉：中国地质大学出版社
翟鸿模，1991，城市地面沉降的危害与防治，地理知识，第 9 期
张家环，1986，普通地质学，北京：石油工业出版社
张业成，1992，我国地面沉降的基本特征，地质灾害与环境保护，第 3 卷，第 2 期
张倬元、刘汉超，1990，我国外生地质灾害的防治与研究战略，地质灾害与环境保护，第 1 卷，第 1 期
赵懿英、方一亭，1990，现代地质学讲座，南京：南京大学出版社
A.D. 迈尔，1991，孙枢等译，沉积盆地分析原理，北京：石油工业出版社
A.N. 斯特拉莱，1987，丘元禧等译，自然地质学，北京：地质出版社
P.J. 怀利，1980，张崇寿等译，地球是怎样活动的，北京：地质出版社
W.K. 汉布林，1980，地球动力系统，北京：地质出版社
Chernicoff.，S.，Venkatakrishnan，R.，1995，Geology，Worth Publishers
Plummer，C. C.，McGeary，D.，1991，Physical Geology (Fifth Edition)，WCB
Robinson，E.S.，1982，Basic Physical Geology，John Wiley & Sons